工 程 力 学

主 编　宋祥玲　刘　深　孟朝霞

副主编　褚彩萍　陈文娟　于田霞

　　　　焦新伟　贺建才

主 审　苑章义　张立文

北京理工大学出版社
BEIJING INSTITUTE OF TECHNOLOGY PRESS

内 容 简 介

本书充分体现高等职业教育特色，理论与实践并重。书中理论知识实用性强，注重学生综合能力的培养和提升。

全书共分 15 个项目，主要内容有：静力学基础、平面力系、空间力系、轴向拉伸与压缩、圆轴的扭转、剪切和挤压、弯曲、应力状态和强度理论、组合变形、压杆稳定、动载荷与交变应力、运动学基础、点的合成运动和刚体的平面运动、动力学基础、动能定理。全书内容通俗易懂，直观精练，注重技能。每个项目均附有思考题，书后附有答案，便于读者自学和巩固提高本课程知识。

本书内容简单实用，信息量大，既可作为高职高专相关专业教材，也可供成人高校、本科院校的二级职业技术学院、民办高校及有关工程技术人员参考。

图书在版编目（CIP）数据

工程力学 / 宋祥玲，刘深，孟朝霞主编. —北京：北京理工大学出版社，2017.7（2023.8 重印）
ISBN 978-7-5682-4394-0

Ⅰ. ①工…　　Ⅱ. ①宋…　②刘…　③孟…　　Ⅲ. ①工程力学–高等学校–教材　　Ⅳ. ①TB12

中国版本图书馆 CIP 数据核字（2017）第 172967 号

出版发行 / 北京理工大学出版社有限责任公司
社　　址 / 北京市海淀区中关村南大街 5 号
邮　　编 / 100081
电　　话 / （010）68914775（总编室）
　　　　　　（010）82562903（教材售后服务热线）
　　　　　　（010）68948351（其他图书服务热线）
网　　址 / http://www.bitpress.com.cn
经　　销 / 全国各地新华书店
印　　刷 / 北京虎彩文化传播有限公司
开　　本 / 787 毫米×1092 毫米　1/16
印　　张 / 15.5
字　　数 / 387 千字
版　　次 / 2017 年 7 月第 1 版　2023 年 8 月第 5 次印刷
定　　价 / 47.00 元

责任编辑 / 李秀梅
文案编辑 / 杜春英
责任校对 / 周瑞红
责任印制 / 李志强

前　言

"工程力学"是机械、水利和建筑类专业的一门专业技术基础课，在基础课和专业课中起到承前启后的作用，是基础课与工程技术的综合，在专业技术教育中占据极其重要的地位。党的二十大报告指出："加强基础学科、新兴学科、交叉学科建设，加快建设中国特色、世界一流的大学和优势学科"。本书是根据新形势下高职高专院校教学的实际情况，结合新时期高职高专院校工程力学课程教学大纲的基本要求编写的。本书精选了必需、够用的理论知识和实践技能，对部分公式的推导过程进行了详细的介绍，有助于学生对理论知识的理解和消化吸收，给实践提供了良好的理论支撑。

全书由15个项目组成，主要内容有：静力学基础、平面力系、空间力系、轴向拉伸与压缩、圆轴的扭转、剪切和挤压、弯曲、应力状态和强度理论、组合变形、压杆稳定、动载荷与交变应力、运动学基础、点的合成运动和刚体的平面运动、动力学基础、动能定理。每个项目都包含思考题（书后附有答案）。本书内容全面，通俗易懂，简洁明了，适合高职学生学习。栏目设计从简到难，从小到大，从局部到整体，渗透教育教学规律。本课程安排在专业课学习之前开设，为学生未来的专业发展提供知识保证。学好工程力学知识，学生可以掌握构件的设计和验算构件的承载能力，也有助于以后从事设备安装、运行和维护工作。工程力学来源于实践又服务于实践，各部分之间联系紧密，又有较强的系统性。现场观察和实验有助于理论知识的消化和吸收。学习中要循序渐进，一步一个脚印，抓住问题的本质，忽略次要方面，将抽象问题简单化，建立力学模型。

本书由山东水利职业学院宋祥玲、刘深，济宁职业技术学院孟朝霞任主编；山东水利职业学院褚彩萍、陈文娟、于田霞，东营科技职业学院焦新伟，菏泽职业学院贺建才任副主编。具体分工如下：静力学基础、平面力系、空间力系、轴向拉伸与压缩、剪切和挤压、弯曲、压杆稳定、动载荷与交变应力、运动学基础、点的合成运动和刚体的平面运动、动力学基础、动能定理由宋祥玲、孟朝霞编写；应力状态和强度理论、组合变形由刘深编写；圆轴的扭转由褚彩萍、于田霞、焦新伟编写；附录由陈文娟、贺建才编写。全书由宋祥玲统稿。全书由苑章义、张立文审稿。

由于编者水平有限，书中不足之处在所难免，敬请读者批评指正，以便以后改进。如有其他意见或建议，欢迎提出宝贵意见（634179743@qq.com）。

编　者

目　　录

项目 1　静力学基础

1.1　静力学中的基本概念

一、力的概念

力是物体间相互的机械作用，这种作用的效应使物体的运动状态和形状尺寸发生改变。例如，人推车、挑担等都要用力。力广泛存在于物体与物体之间，人与物体之间。力使物体运动状态发生改变的效应称为力的外效应或运动效应；而力使物体发生形状改变的效应称为力的内效应或变形效应。静力学和动力学只研究力的外效应，材料力学则研究力的内效应。

实践表明，力对物体的作用效应取决于三个要素，即力的大小、方向和作用点。

（1）力的大小。它是指物体间机械作用的强弱，度量力的大小，本书采用国际单位制（SI），力的单位是牛顿（用符号 N 表示）或千牛顿（用符号 kN 表示）。

（2）力的方向。它包含方位和指向两个方面，例如当谈到某钢索拉力竖直向上时，竖直是指力的方位，向上是说它的指向。

（3）力的作用点。它是指力在物体上作用的地方，实际上它不是一个点，而是一块面积或体积。当力的作用面积很小时，就看成一个点，如钢索起吊重物时，钢索的拉力就可以认为集中于一点，而称为集中力。当力的作用地方是一块较大的面积时，如蒸汽对活塞的推力，就称作分布力。当物体内每一点都受到力的作用时，如重力，就称作体积力。

上述三要素称为力的三要素，只要有一个发生变化，力的作用效应就发生变化。要确定一个力，必须说明它的大小、方向和作用点。

力是矢量，可以用一个带箭头的有向线段表示，按一定比例画出的线段长度表示力的大小，线段的方位和箭头的指向表示力的方向，线段的起点或终点表示力的作用点。本书中，力矢量用黑体字表示（手写时在字母上加箭头或短横线），力的大小是标量，用普通体字母表示。

力总是成对出现，称为作用力和反作用力，也称为施力物体和受力物体，二者之间没有严格界限。物体之间的相互机械作用可以是接触的，也可以是非接触的，如重力等。

力有多种分类方法，如平面力系和空间力系。也可以分为汇交力系、平行力系和任意力系。如果一物体在力系作用下处于平衡状态，则称这一力系为平衡力系。如一力系用另一力系代替而对物体产生相同的外效应，则称这两个力系互为等效力系。若一个力与一个力系等效，力称为该力系的合力，该力系的各力称为此力的分力。

二、物体的理想模型——刚体

刚体是指受力后不产生变形的物体。理想模型在各学科研究中都非常重要，它的建立和引入突出问题的主要方面，忽略次要因素的影响，因此可简化问题的研究。在静力学中，理想模型包括三个方面的内容：研究对象的理想化、受力分析的理想化，以及接触与连接方式的理想化。

刚体实际上是不存在的，物体受力后或多或少都会发生变形。如果变形可以忽略，物体就可以看作刚体。刚体可以是单个构件，也可以是工程结构整体。

1.2 静力学公理

公理1（二力平衡公理）：作用于一个刚体上的二力，使刚体保持平衡状态的必要与充分条件是：此二力大小相等、方向相反，且沿同一直线。刚体受二力平衡如图1-1所示。

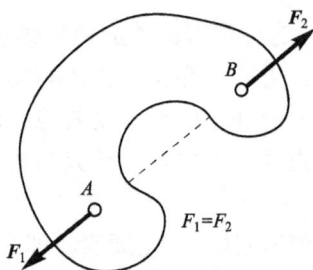

图1-1 刚体受二力平衡

对于只能受拉、不能受压的柔性体，上述二力平衡条件只是必要的，不是充分的，如图1-2所示。

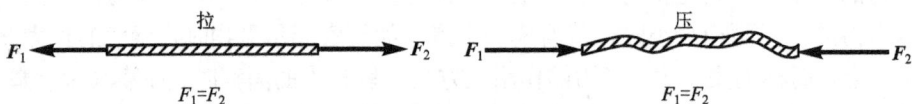

图1-2 柔性体受力

在两个力作用下保持平衡的构件称为二力构件，简称二力杆。二力杆可以是直杆，也可以是曲杆。图1-3中曲杆BC即二力杆。

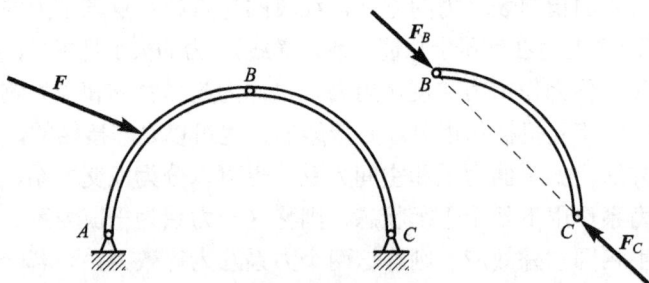

图1-3 二力杆及其受力

公理2（加减平衡力系公理）：在作用于刚体的已知力系中，加上或减去任意平衡力系，不改变原力系对刚体的效应。

公理3（力的平行四边形公理）：作用于物体上同一点的两个力，可以合成为一个力，合力也作用在该点，合力的大小和方向由以这两个力为边构成的平行四边形的对角线来确定，如图1-4所示。

$$F_R = F_1 + F_2$$

公理4（作用与反作用公理）：两个物体间的作用力和反作用力，总是同时存在，且大小相等、方向相反，沿同一直线（简称等值、反向、共线）分别作用在这两个物体上。

公理5（刚化公理）：变形体在某一力系作用下处于平衡状态，若将此变形体刚化为刚体，则其平衡状态保持不变。

图1-4　力的平行四边形规则

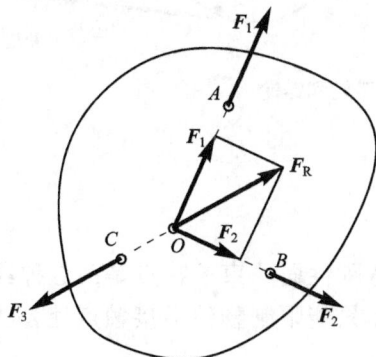

对已知处于平衡状态的变形体，可以应用刚体静力学的平衡理论。

推论1（力的可传性）：刚体力学中，只要保持力的大小和方向不变，将力的作用点沿力的作用线移动，刚体的运动效应不会发生变化。

注意：力的可传性对于变形体并不适用。

推论2（三力平衡汇交定理）：作用在平衡刚体上、作用线处于同一平面内的三个互不平行力的作用线必定汇交于一点，如图1-5所示。

推论3（力的三角形法则）：两个力依次首尾相接，合力从第一个力的始端指向第二个力的末端，如图1-6所示。

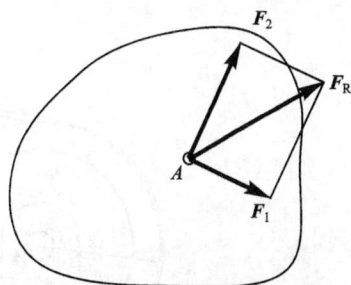

图1-5　三力平衡汇交定理的应用　　　图1-6　力的三角形法则

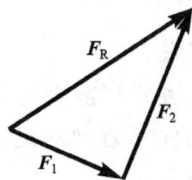

1.3　约束与约束反力

一、柔性约束

由皮带、链条、钢丝绳、柔索等柔性物体所形成的约束称为柔性约束。这类约束只能受拉力不能受压力。约束力作用在与物体的连接点上，作用线沿柔性物体方向，背向物体，通常用 F_T 或 T 表示。

带轮传动机构中，带有紧边和松边之分，但两边所产生的约束力都为拉力，且紧边的拉力要大于松边的拉力。图1-7所示为滑轮缆索，图1-8所示为带轮和链轮。

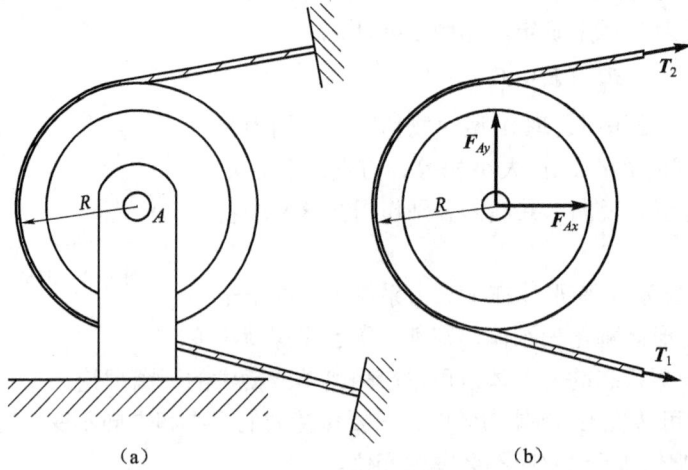

（a） （b）

图 1–7 滑轮缆索

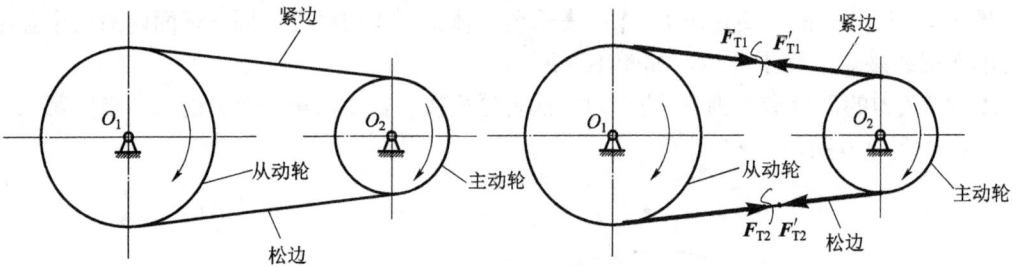

图 1–8 带轮和链轮

二、刚性约束

1. 光滑面约束

光滑指无摩擦或摩擦力可以忽略。光滑刚性面约束的特点是：这种约束不能阻止物体沿接触点切面任何方向的运动或位移，而只能限制物体沿接触点处公法线指向约束方向的运动或位移。

光滑面约束的约束力通过接触点，沿该点公法线并指向被约束物体，一般用 F_N 表示，如图 1–9 所示。

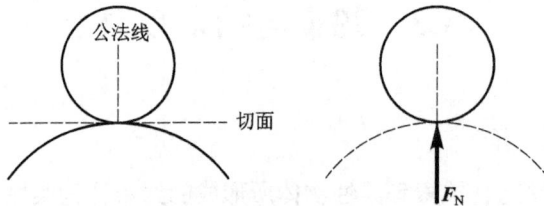

图 1–9 光滑面约束及其受力

2. 光滑圆柱铰链

1）固定铰链支座约束

中间铰中任一构件若与地基或底座相固连，则称为固定铰链支座，如图 1–10 所示。

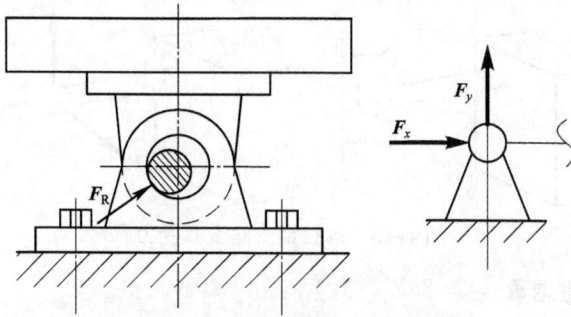

图 1-10 固定铰链支座约束及其受力

2）中间铰链支座约束

将具有相同圆孔的两构件用圆柱形销钉连接起来，称为中间铰链支座约束，如图 1-11 所示。

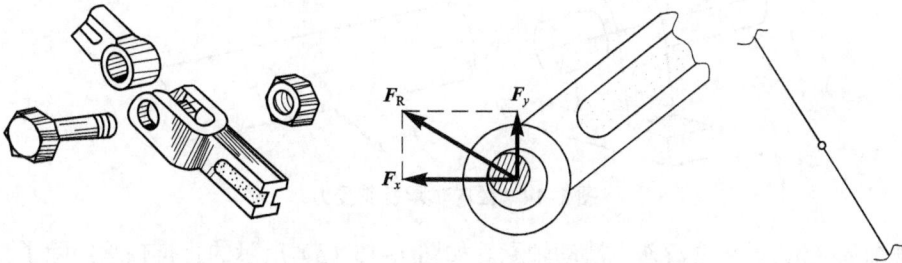

图 1-11 中间铰链支座及其受力

注意：图 1-11 中的 F_R 才是真正的约束力，满足光滑表面接触约束特征，但其方向无法事先确定，故受力分析时将其向坐标轴向投影得到 F_x 和 F_y 作为等效约束力分量。

3）活动铰链支座约束

在铰链支座的底部安装一排滚轮，可使支座沿固定支承面移动，这种支座的约束性质与光滑面约束反力相同，其约束反力必垂直于支承面，且通过铰链中心，如图 1-12 所示，主要用于桥梁、屋架等工程结构中。

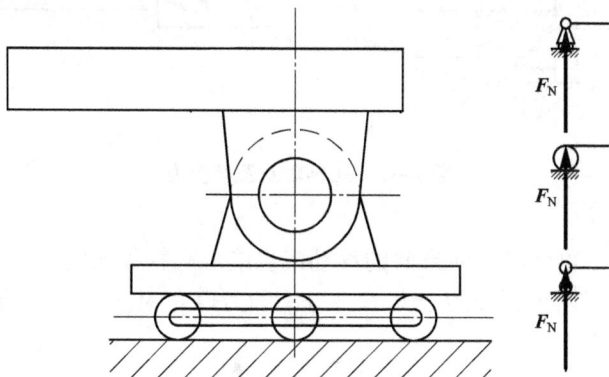

图 1-12 活动铰链支座及其受力

3. 球铰链支座

球铰链是一种空间约束，它能限制物体沿空间任何方向移动，但物体可以绕其球心任意转动。球铰链的约束反力可用三个正交的分力 F_{Ax}、F_{Ay}、F_{Az} 表示，如图 1-13 所示。

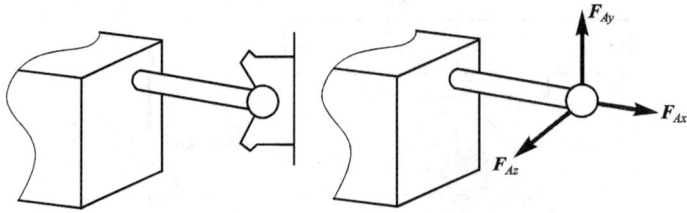

图1-13 球铰链支座及其受力

4. 径向轴承与止推轴承

这两类符合铰链约束定义，允许轴转动，但限制与轴线垂直方向的运动和位移。可归入固定铰链支座，采用固定铰链支座的约束力分析方法。

径向轴承（薄）：包含滚珠、滑动径向轴承，如图1-14所示。

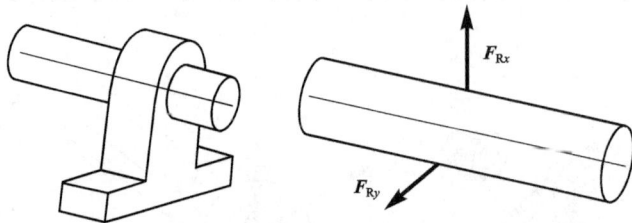

图1-14 径向轴承及其受力

止推轴承（薄）：包含滚珠、滑动轴承。如图1-15（a）所示的止推轴承，除了与向心轴承一样具有作用线不定的径向约束力外，由于限制了轴的轴向运动，因而还有沿轴线方向的约束力，如图1-15（b）所示。

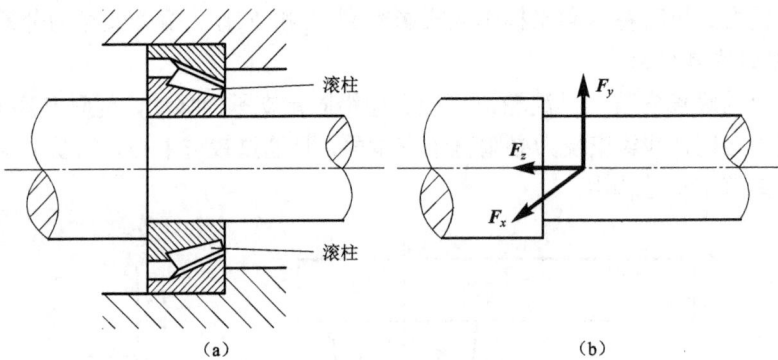

（a）   （b）

图1-15 止推轴承及其受力

5. 固定端约束

固定端约束能限制物体沿任何方向的移动，也能限制物体在约束处的转动。所以，固定端 A 处的约束力可以用两个正交的分力 F_{Ax}、F_{Ay} 和力矩为 M_A 的力偶表示，如图1-16所示。

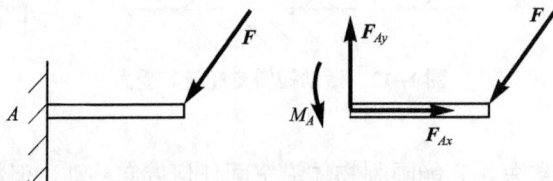

图1-16 固定端约束及其受力

1.4　物体的受力分析

一、受力图的概念

对单个构件只需选择研究对象，而对物体系统则需在选取研究对象后取隔离体。取隔离体是指，将所需研究构件从物体系统中分离出来。这一过程需要解除约束，解除约束后的构件称为隔离体或自由体。

下面分析隔离体受力（包括主动力和约束力），特别是确定各约束力的作用线和指向。

约束力的分析步骤：

（1）分析是否为二力构件。

（2）分析是否为三力构件。

（3）分析是否可利用作用力与反作用力确定约束力的方向。

（4）根据约束类型确定约束力。

二、画受力图的步骤

在所选择的研究对象的隔离体上画出全部主动力和约束力。

画研究对象的受力图一般应按以下步骤进行：

（1）选择研究对象，解除约束，画出其隔离体图。

（2）在隔离体上画出作用在其上的所有主动力（一般为已知力）。

（3）在隔离体的每一个约束处，根据相应步骤画出约束力。

三、例题解答

[例 1–1] 具有光滑表面，重力为 F_W 的圆柱体，放置在刚性光滑墙面与刚性凸台之间，接触点分别为 A 和 B 两点，如图 1–17 所示。试画出圆柱体的受力图。

解：（1）选择研究对象。本例中要求画出圆柱体的受力图，所以只能以圆柱体作为研究对象。

（2）取隔离体。将圆柱体从所受的约束中分离出来，即得到圆柱体的隔离体。

（3）画受力图。

主动力：重力。

约束力：在 A、B 两处的约束力，属于光滑面约束。

于是，可画出圆柱体的受力图，如图 1–18 所示。

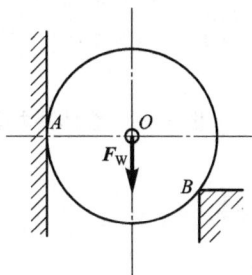

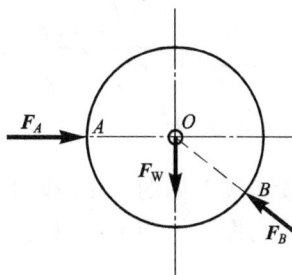

图 1–17　圆柱体　　　　　　图 1–18　圆柱体的受力图

[**例 1-2**] 梁如图 1-19 所示。试画出梁的受力图。

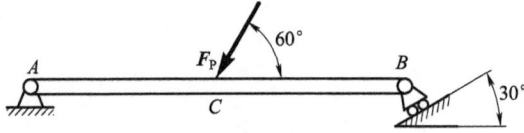

图 1-19　梁

解：（1）选择研究对象。

（2）取隔离体。将 A、B 两处的约束解除，也就是将 AB 梁从所受约束的系统中分离出来。

（3）分析主动力与约束力，画出受力图。

约束力：A 端为固定铰链支座，B 端为辊轴支座。画出梁的受力图，如图 1-20 所示。

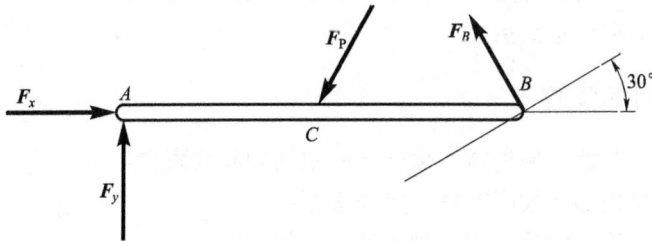

图 1-20　梁的受力图

[**例 1-3**] 如图 1-21 所示，二杆自重不计。试分别画出结构整体以及 AC 杆和 BC 杆的受力图。

解：（1）整体受力图，如图 1-22 所示。

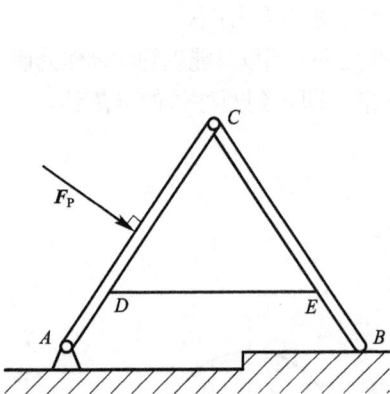

图 1-21　杆

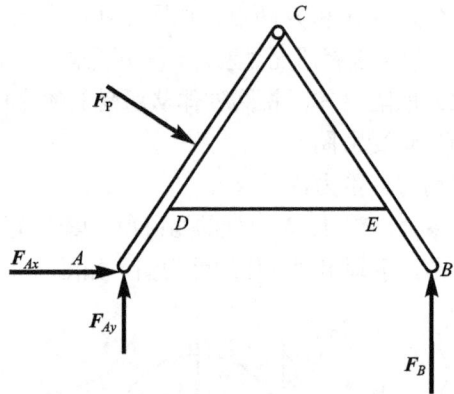

图 1-22　整体受力图

（2）AC 杆的受力图，如图 1-23 和图 1-24 所示。

（3）BC 杆的受力图，如图 1-25 和图 1-26 所示。

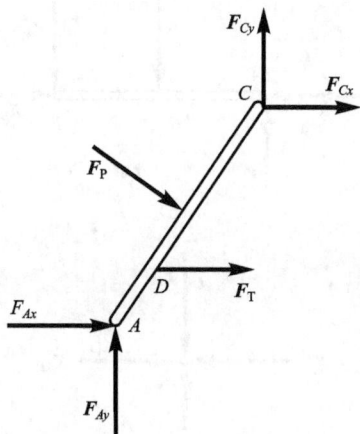

图 1-23 *AC* 杆的受力图（表示法一）

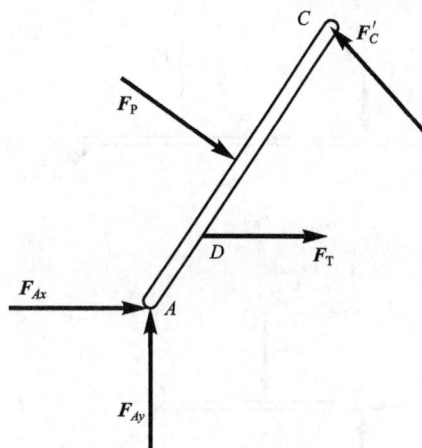

图 1-24 *AC* 杆的受力图（表示法二）

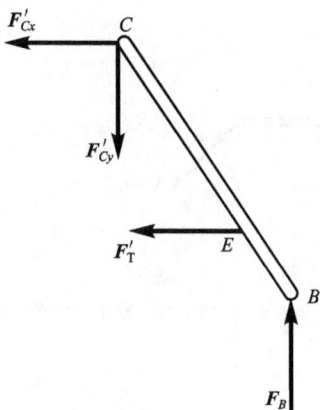

图 1-25 *BC* 杆的受力图（表示法一）

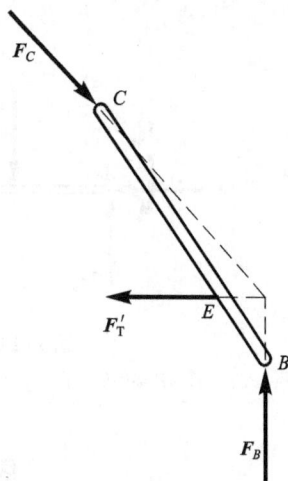

图 1-26 *BC* 杆的受力图（表示法二）

[例 1-4] 一多跨梁 *ABC* 由 *AB* 和 *BC* 用中间铰 *B* 连接而成，支承和载荷情况如图 1-27（a）所示。试画出梁 *AB*、梁 *BC*、销 *B* 及整体的受力图。

解：（1）取出分离体梁 *AB*，其受力图如图 1-27（b）所示。其上作用有主动力 F_1，中间铰 *B* 的销钉对梁 *AB* 的约束力用两正交分力 X_{B1}、Y_{B1} 表示，固定端约束处有两个正交约束力 X_A、Y_A 和一个约束力偶 M_A。

（2）取出分离体梁 *BC*，其受力图如图 1-27（c）所示。其上作用有主动力 F_2，销 *B* 的约束力 X_{B2}、Y_{B2}，活动铰链支座 *C* 的约束力 N_C。

（3）取销 *B* 为研究对象，受力情况如图 1-27（d）所示，销 *B* 受 X'_{B1}、Y'_{B1} 和 X'_{B2}、Y'_{B2} 四个力的作用。销为梁 *AB* 和梁 *BC* 的连接点，其作用是传递梁 *AB* 和 *BC* 之间的作用，约束两梁的运动。从图 1-27（d）可以看出，销 *B* 的受力呈现等值、反向的关系。因此，在一般情况下，若销 *B* 处无主动力作用，则不必考虑销的受力，将梁 *AB* 和 *BC* 间点 *B* 处的受力视为作用力与反作用力即可。

（4）图 1-27（e）所示为整体 *ABC* 的受力图，受到 F_1、F_2、N_C、X_A、Y_A、M_A 的作用，中间铰 *B* 处为内力作用，故不予画出。

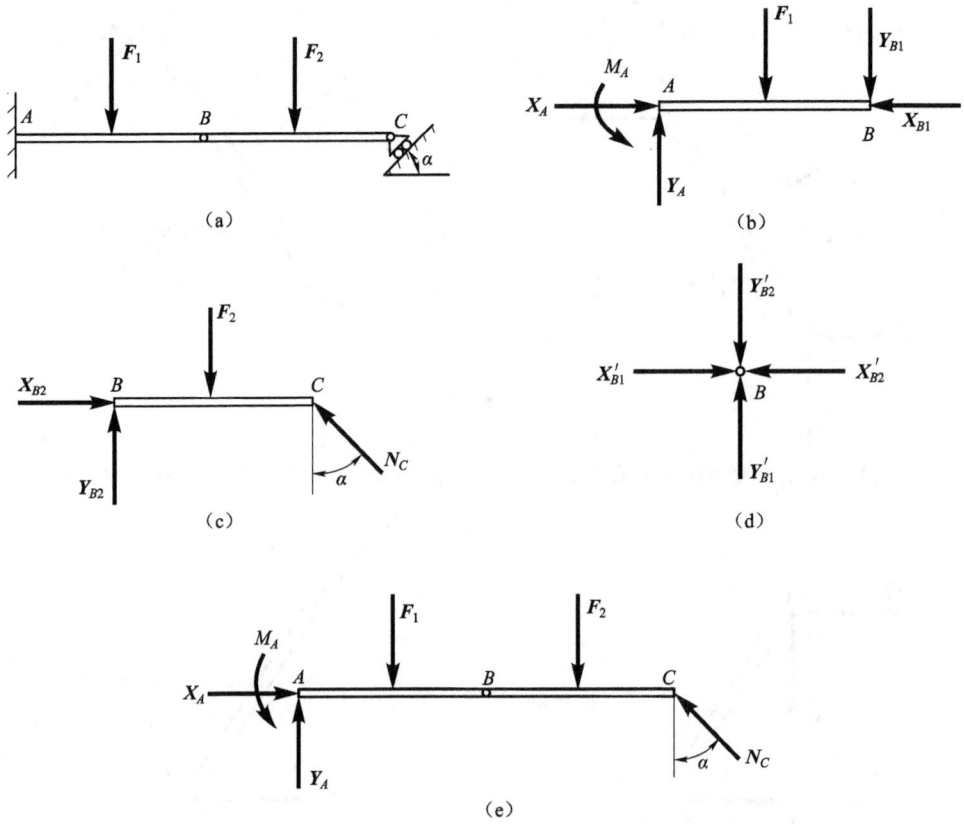

（a）

（b）

（c）

（d）

（e）

图 1-27　多跨梁 *ABC* 受力图

（a）多跨梁 *ABC*；（b）*AB* 梁的受力图；（c）*BC* 梁的受力图；（d）销 *B* 的受力图；（e）整体 *ABC* 的受力图

思　考　题

1. 等腰三角形构架 *ABC* 的顶点 *A*、*B*、*C* 都用铰链连接，底边 *AC* 固定，而 *AB* 边的中点 *D* 作用有平行于固定边 *AC* 的力 ***F***，如图 1-28 所示。不计各杆自重，试画出杆 *AB* 和 *BC* 的受力图。

2. 用力 ***F*** 拉动碾子以轧平路面，重为 ***G*** 的碾子受到一石块的阻碍，如图 1-29 所示。试画出碾子的受力图。

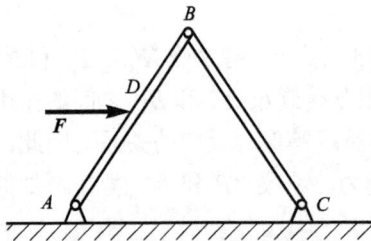

图 1-28　等腰三角形构架

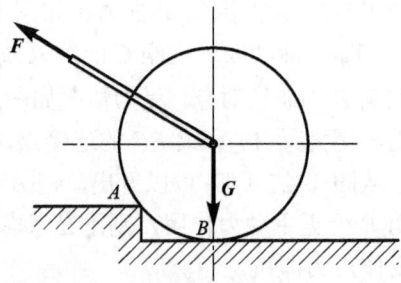

图 1-29　碾子

3. 如图 1-30 所示三铰拱桥，由左、右两半拱铰接而成。设半拱自重不计，在半拱 *AB* 上作用有载荷 *F*，试画出左半拱片 *AB* 的受力图。

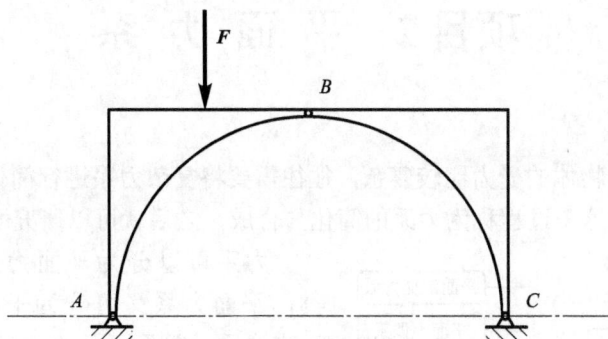

图 1-30　三铰拱桥

4. 如图 1-31 所示，梯子的两部分 *AB* 和 *AC* 在 *A* 点铰接，又在 *D*、*E* 两点用水平绳连接。梯子放在光滑水平面上，若其自重不计，但在 *AB* 的中点 *H* 处作用一铅直载荷 *F*。试分别画出梯子 *AB*、*AC* 部分以及整个系统的受力图。

5. 图 1-32 所示为曲柄冲压机工作简图，皮带轮重为 *G*，冲头 *C* 及连杆 *BC* 的质量忽略不计，冲头 *C* 所受工作阻力为 *Q*。试画出带轮 *A*、连杆 *BC*、冲头 *C* 和整个系统的受力图。

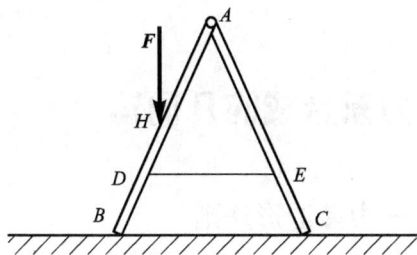

图 1-31　梯子

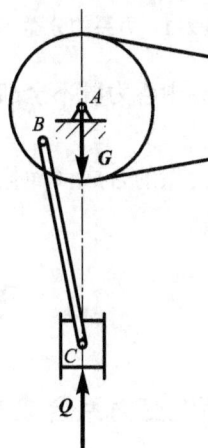

图 1-32　曲柄冲压机工作简图

项目 2 平 面 力 系

在工程实际中，物体的受力比较复杂，往往需要将复杂力系进行简化。我们可以将一个力系简化为一个力，这个过程称为力系的简化与合成，之后就可以研究平衡问题。

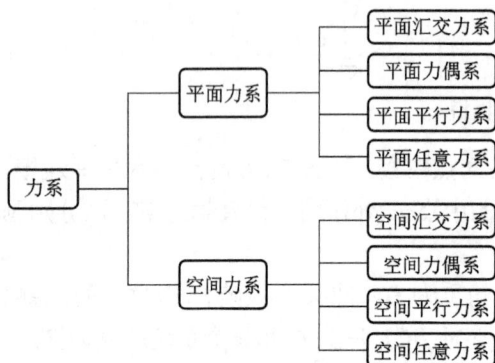

力系可以分为平面力系和空间力系两大类，平面力系又可分为平面特殊力系（平面汇交力系、平面平行力系和平面力偶系）和平面一般力系（平面任意力系）。力系的分类如图 2-1 所示。

所有的外力都作用在一个平面内的力系称为平面力系。

若力系中各力的作用线在同一平面内且相交于一点，该力系称为平面汇交力系。刚体静力学中平面汇交力系可以简化为平面共点力系。

平面平行力系指力系中各力相互平行。平面任意力系指力系中各力既不全部平行，又不全部交于一点。平面力偶系指若干个力偶组成的力系。

```
                    ┌── 平面汇交力系
         ┌── 平面力系 ├── 平面力偶系
         │          ├── 平面平行力系
         │          └── 平面任意力系
力系 ────┤
         │          ┌── 空间汇交力系
         └── 空间力系 ├── 空间力偶系
                    ├── 空间平行力系
                    └── 空间任意力系
```

图 2-1　力系的分类

平面汇交力系的合成（简化）和平面汇交力系的平衡两个问题的研究方法有几何法和解析法两种。

2.1　平面汇交力系合成的几何法

一、平面汇交力系合成的几何法——力多边形法则

用几何作图求合力的方法，称为几何法。

设一刚体受到平面汇交力系 F_1、F_2、F_3、F_4 的作用，各力作用线汇交于 A 点，根据刚体内部力的可传性，可将各力沿其作用线移至汇交点 A，如图 2-2（a）所示。

根据力的平行四边形法则，逐步两两合成合力，最后求得合力 F_R。也可根据三角形法则，任取一点 a，先作力三角形求出 F_1、F_2 的合力 F_{R1}，再作力三角形合成 F_{R1} 与 F_3 得 F_{R2}，最后合成 F_{R2} 与 F_4 得 F_R，如图 2-2（b）所示。多边形 $abcde$ 称为此平面汇交力系的力多边形，矢量 $\overrightarrow{ae}$ 称为此力多边形的封闭边。封闭边矢量 $\overrightarrow{ae}$ 即表示此平面汇交力系合力 F_R 的大小和方向（即合力矢），而合力的作用线仍应通过原汇交点 A。

此力多边形的矢序规则为：各分力的矢量沿着环绕力多边形边界的同一方向首尾相接。由此组成的力多边形 $abcde$ 有一缺口，故称为不封闭的力多边形，而合力矢则应沿相反方向连接此缺口，构成力多边形的封闭边。多边形规则是一般矢量相加的几何解释。根据矢量相

加的交换律，任意变换各分力矢的作图次序，可得形状不同的力多边形，但其合力矢仍然不变，如图 2-2（c）所示。

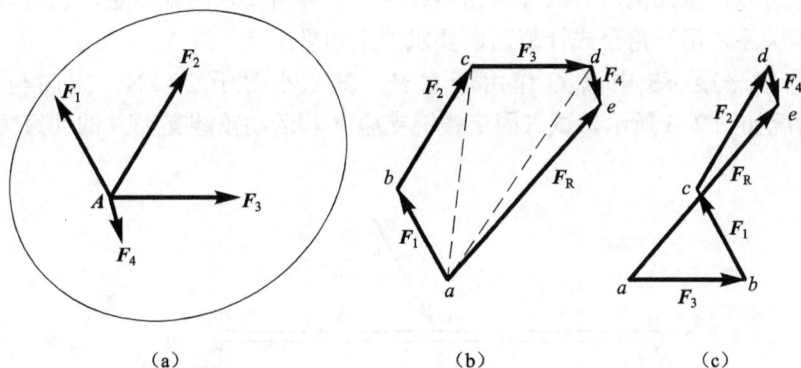

（a）　　　　　　　　　　（b）　　　　　　　　　（c）

图 2-2　力多边形法则

平面汇交力系可简化为一合力，合力的大小与方向等于各分力的矢量和，合力的作用线通过汇交点。设平面汇交力系包含 n 个力，以 F_R 表示它们的合力矢，则有

$$F_R = F_1 + F_2 + \cdots + F_n = \sum_{i=1}^{n} F_i$$

共线力系指的是力系中各力的作用线都沿同一直线。它是平面汇交力系的特殊情况，它的力多边形都在同一直线上，其合力大小等于各分力的代数和。

$$F_R = \sum_{i=1}^{n} F_i$$

二、平面汇交力系平衡的几何条件

该力系的力多边形自行闭合，即力系中各力的矢量和等于零。

$$\sum_{i=1}^{n} F_i = 0$$

平面汇交力系平衡的必要和充分条件是该力系的力多边形自行封闭。这就是平面汇交力系平衡的几何条件。

求解平面汇交力系的平衡问题时可用图解法，即首先选择适当的力的比例尺，画出力的大小和方向；作力多边形时，可任意变换力的次序得到不同形状的力多边形，合成的结果不变；各个力矢量首尾相连，合力矢的方向是从第一个力的起点指向最后一个力的终点；最后用尺子和量角器量得所要求的未知量。也可以根据图形的几何关系，用三角公式计算出所要求的未知量。这两种解题方法称为几何法。

应用几何法求解平面汇交力系平衡问题的步骤如下：

（1）选取研究对象。对于简单问题，可选一个研究对象。对于复杂问题，需选取两个或更多的研究对象。

（2）画受力图。画出研究对象所受的全部主动力和约束反力。画约束反力时，先画出方向或方位已知的力，然后根据二力杆概念或三力平衡汇交定理，确定某些约束反力的方位。

（3）作力多边形，求未知量。选择适当的力的比例尺，从已知力开始，作出该力系的封闭力多边形。可以根据比例用直尺和量角器在图上量得所要求的未知量，也可以根据力多边形图形的几何关系，用三角公式计算出所要求的未知量。

［例 2–1］水平梁 AB 中点 C 作用着力 F，其大小等于 20 kN，方向与梁的轴线成 $60°$，支承情况如图 2–3 所示。试求固定铰链支座 A 和活动铰链支座 B 的约束力。梁的自重不计。

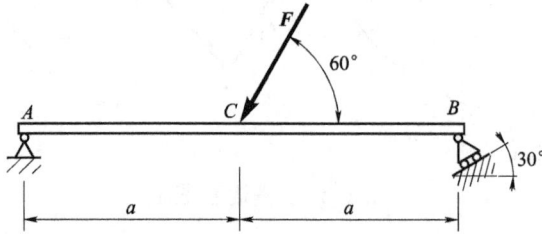

图 2–3　水平梁 AB

解：（1）取梁 AB 为研究对象。

（2）根据三力平衡汇交定理画出受力图。

（3）选定合适的比例尺，作出相应的力三角形。

（4）由力三角形量出：

$$F_A=17.0 \text{ kN}, \quad F_B=10.0 \text{ kN}$$

它们的方向如图 2–4 所示。

可见，用几何法可以求解两个未知量。

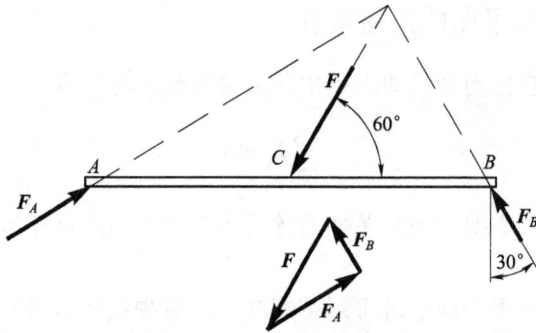

图 2–4　水平梁 AB 的受力图

2.2　平面汇交力系合成的解析法

一、力在正交坐标轴系的投影与分解

由图 2–5 知，若已知力的大小为 F，力与 x 轴、y 轴的夹角分别为 α、β，则

$$F_x = F\cos\alpha$$

$$F_y = F\cos\beta = F\sin\alpha$$

即力在某个轴上的投影等于力的模乘以力与该轴的正向间夹角的余弦。当 α、β 为锐角时，F_x、F_y 均为正值；当 α、β 为钝角时，F_x、F_y 为负值。故力在坐标轴上的投影是个代数量。

如果将力 F 沿正交的 x、y 坐标轴方向分解，则所得分力 F_x、F_y 的大小与力 F 在相应轴上的投影 F_x、F_y 的绝对值相等。但是当 Ox、Oy 两轴不正交时，则没有这个关系。

注意：力的投影是代数量，而力的分量是矢量；投影无所谓作用点，而分力作用在原力的作用点。

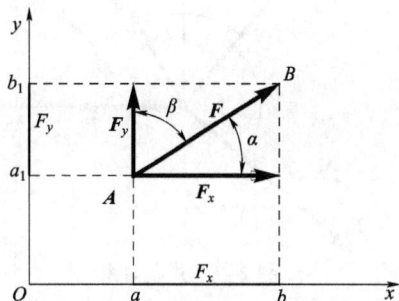

图 2-5 力在正交坐标轴系的投影与分解

按照力的平行四边形法则，将力 F 沿正交坐标轴 x、y 可分解为 F_x 与 F_y，且与力的投影之间有下列关系：

$$F = F_x i + F_y j$$

式中，i 和 j 表示沿 x、y 轴的单位矢量。

二、平面汇交力系合成的解析法

设有 n 个力组成的平面汇交力系作用于一个刚体，建立直角坐标系 Oxy，如图 2-6 所示，此汇交力系的合力 F_R 的解析表达式为

$$F_R = F_{Rx} i + F_{Ry} j$$

式中，F_{Rx} 和 F_{Ry} 为合力 F_R 在 x、y 轴上的投影。

因为

$$F_R = F_{Rx} i + F_{Ry} j = \sum F_i = \sum (F_{ix} i + F_{iy} j)$$
$$= (\sum F_{ix}) i + (\sum F_{iy}) j$$

得

$$F_{Rx} = \sum F_{ix}$$
$$F_{Ry} = \sum F_{iy}$$

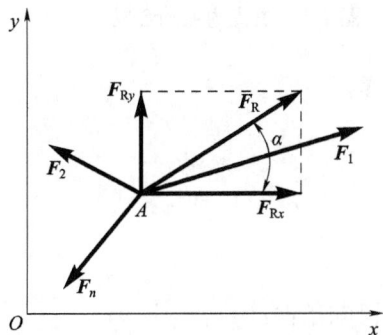

图 2-6 平面汇交力系合成的解析法

称为合力投影定理，即合力在某一轴上的投影等于它的各分力在同一轴上的投影的代数和。

合力的大小和方向余弦为

$$F_R = \sqrt{F_{Rx}^2 + F_{Ry}^2}$$
$$\cos\alpha = \frac{F_{Rx}}{\sqrt{F_{Rx}^2 + F_{Ry}^2}}$$
$$\cos\beta = \frac{F_{Ry}}{\sqrt{F_{Rx}^2 + F_{Ry}^2}}$$

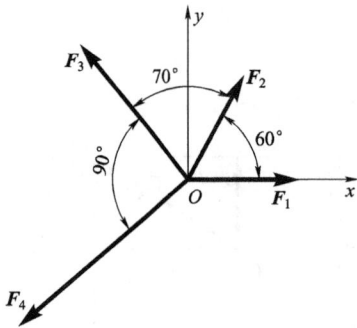

图 2-7 共点力系

式中，$\cos\alpha$ 和 $\cos\beta$ 称为合力 F_R 的方向余弦。

[例 2-2] 已知 $F_1=100\,\text{N}$，$F_2=100\,\text{N}$，$F_3=150\,\text{N}$，$F_4=200\,\text{N}$，方向如图 2-7 所示，求合力。

解：（1）确定坐标系。

（2）求合力的投影（图 2-8）。

$$F_{Rx}=\sum F_{ix}$$
$$=F_1+F_2\cos60°-F_3\cos50°-F_4\cos40°$$
$$=100+100\times0.5-150\times0.643-200\times0.766$$
$$=-99.65\,(\text{N})$$

$$F_{Ry}=\sum F_{iy}$$
$$=F_2\sin60°+F_3\sin50°-F_4\sin40°$$
$$=100\times0.866+150\times0.766-200\times0.643$$
$$=72.9\,(\text{N})$$

所以　　　　$F_R=123.47\,\text{N}$，$\theta=36.188°$

三、平面汇交力系的平衡方程

平面汇交力系平衡的必要与充分条件是该力系的合力为零。即

$$F_R=\sqrt{\left(\sum F_{ix}\right)^2+\left(\sum F_{iy}\right)^2}=0$$

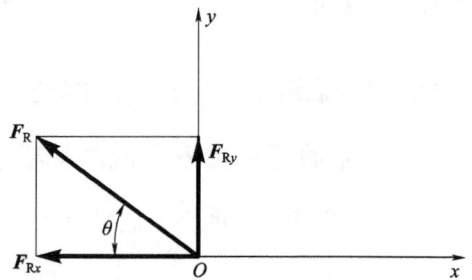

图 2-8 共点力系的合成

或者，力系中所有力在各个坐标轴上投影的代数和分别等于零。

$$\sum F_{ix}=0$$
$$\sum F_{iy}=0$$

上面两式为平衡的充要条件，也叫平衡方程。

解析法求解汇交力系平衡问题的一般步骤：

（1）选分离体，画受力图。分离体选取应最好含题设的已知条件。

（2）建立坐标系。

（3）将各力向各个坐标轴投影，并应用平衡方程求解。

$$\sum F_{ix}=0$$
$$\sum F_{iy}=0$$

2 个方程能求解 2 个未知力。

[例 2-3] 利用铰车绕过定滑轮 B 的绳子吊起一重 $P=20\,\text{kN}$ 的货物，滑轮由两端铰链的水平刚杆 AB 和斜刚杆 BC 支持于点 B（图 2-9（a））。不计铰车的自重，试求杆 AB 和 BC 所受的力。

解：（1）取滑轮 B 轴销作为研究对象。

（2）画出受力图，如图 2-9（b）所示。

（3）列出平衡方程。

$$\sum F_x=0\Rightarrow S_{BC}\cos30°+S_{AB}-T\sin30°=0$$

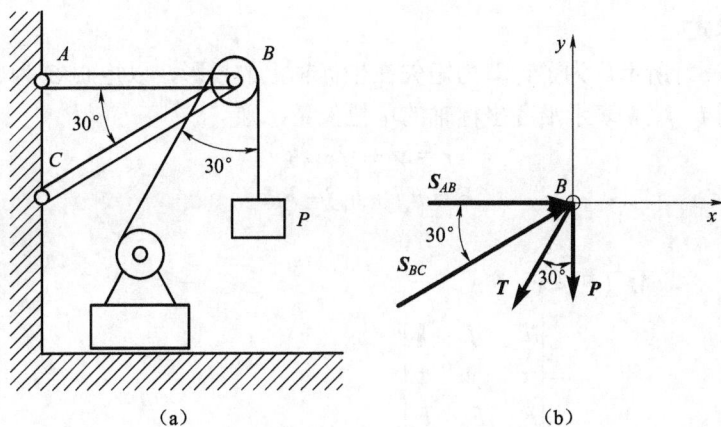

（a）　　　　　　　　　　　　　（b）

图 2-9　铰车及滑轮 *B* 轴销受力

$$\sum F_y = 0 \Rightarrow S_{BC}\sin30° - P - T\cos30° = 0$$

（4）联立求解，得

$$S_{AB} = -54.641\,\text{kN}$$

$$S_{BC} = 74.641\,\text{kN}$$

反力 S_{AB} 为负值，说明该力实际指向与图上假定指向相反。即杆 *AB* 实际上受拉力。

2.3　力矩的概念及计算

一、力对点之矩

力对点之矩：力使物体绕某一点转动效应的度量，是矩心到该力作用点的矢径与力矢的矢量积。

1. 矢量表示式

$$M_O(F) = r \times F$$

$$M_O = Fd$$

其中，点 *O* 称为矩心，垂直距离 *d* 称为力臂，力 *F* 与矩心 *O* 所确定的平面称为力矩作用面，乘积 *Fd* 称为力矩的大小，如图 2-10（a）所示。

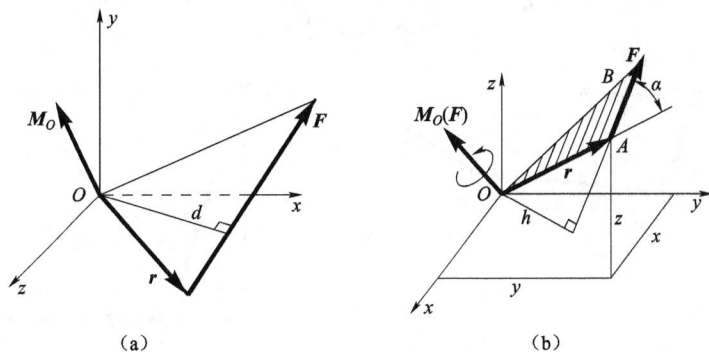

（a）　　　　　　　　　　　　（b）

图 2-10　力对点之矩

2. 解析表示式

如图 2–10（b）所示，为了计算力矩矢在坐标轴上的投影，以矩心 O 为原点引进直角坐标系 $Oxyz$，并用 i、j、k 表示沿各坐标轴的单位矢量，则

$$r = xi + yj + zk$$
$$F = F_x i + F_y j + F_z k$$

于是

$$
\begin{aligned}
M_O(F) &= r \times F \\
&= \begin{vmatrix} i & j & k \\ x & y & z \\ F_x & F_y & F_z \end{vmatrix} \\
&= (yF_z - zF_y)i + (zF_x - xF_z)j + (xF_y - yF_x)k
\end{aligned}
$$

投影

$$M_{Ox}(F) = yF_z - zF_y$$
$$M_{Oy}(F) = zF_x - xF_z$$
$$M_{Oz}(F) = xF_y - yF_x$$

若以 r 表示矩心 O 引向力 F 的作用点的矢径，则矢积 $r \times F$ 的模 $|r \times F|$ 等于该力矩的大小，且其指向与力矩转向符合右手定则。

力对点之矩矢 $M_O(F)$ 的三要素为大小、方位和指向。

（1）$M_O(F)$ 的大小即它的模：

$$\left| M_O(F) \right| = \left| r \times F \right| = Fr\sin\theta = Fh$$

式中，θ 为 r 和 F 正方向间的夹角；h 为矩心到力作用线的垂直距离，称为力臂，如图 2–11 所示。

（2）$M_O(F)$ 的方位：垂直于 r 和 F 所确定的平面。

（3）$M_O(F)$ 的指向：指向由右手定则确定。

由于力矩矢的大小和方向都与矩心的位置有关，故力对点之矩矢的始端必须在力矩中心，不可任意挪动，这种矢量称为定位矢量。

如图 2–12 所示，平面问题中，由于矩心与力矢均在同一个特定的平面内，力矩矢总是垂直于该平面，即力矩的方位不变，指向可用正、负号区别，故力矩由矢量变成了代数量，且有

$$M_O(F) = \pm Fd$$

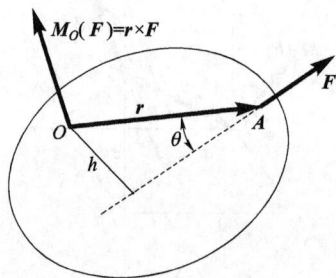

图 2–11　$M_O(F)$ 的大小

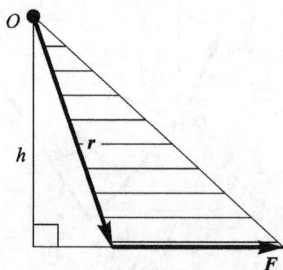

图 2–12　平面问题中力矩的大小

平面问题中力矩作用面是固定不变的，所以力对点之矩是一个代数量。正负规定如下：力使物体绕矩心逆时针转动时为正，反之为负。正负号通常规定如图 2-13 所示。

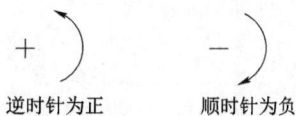

图 2-13 平面问题中力矩的正负号规定

逆时针为正　　顺时针为负

力矩的单位是 N·m 或 kN·m。

力 $\boldsymbol{F}$ 对点 O 的矩记为

$$M_O(\boldsymbol{F}) = -Fh$$

或

$$M_O(\boldsymbol{F}) = -2A_{\triangle OAB}$$

式中，$A_{\triangle OAB}$ 为 $\triangle OAB$ 的面积，如图 2-14 所示。

二、合力矩定理

定理：平面汇交力系的合力对于平面内任一点之矩等于所有各分力对于该点之矩的代数和，即

$$M_O(\boldsymbol{F}_{\mathrm{R}}) = M_O(\boldsymbol{F}_1) + M_O(\boldsymbol{F}_2) + \cdots + M_O(\boldsymbol{F}_n) = \sum M_O(\boldsymbol{F}_i)$$

证明：设平面汇交力系 $\boldsymbol{F}_1$、$\boldsymbol{F}_2$、$\cdots$、$\boldsymbol{F}_n$ 的合力为 $\boldsymbol{F}_{\mathrm{R}}$，即

$$\boldsymbol{F}_{\mathrm{R}} = \boldsymbol{F}_1 + \boldsymbol{F}_2 + \cdots + \boldsymbol{F}_n$$

如图 2-15 所示，用矢径 $\boldsymbol{r}$ 左乘上式两端（作矢积），有

$$\boldsymbol{r} \times \boldsymbol{F}_{\mathrm{R}} = \boldsymbol{r} \times \boldsymbol{F}_1 + \boldsymbol{r} \times \boldsymbol{F}_2 + \cdots + \boldsymbol{r} \times \boldsymbol{F}_n$$

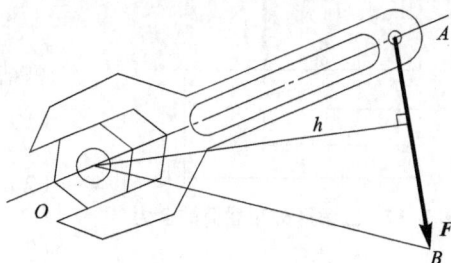

图 2-14 力 $\boldsymbol{F}$ 对点 O 的矩

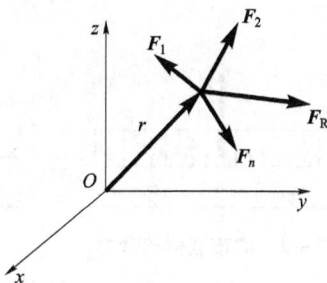

图 2-15 合力矩定理

由于各力与矩心 O 共面，因此上式中各矢积相互平行，矢量和可按代数和进行计算，而各矢量积的大小也就是力对点 O 之矩，故得

$$M_O(\boldsymbol{F}_{\mathrm{R}}) = M_O(\boldsymbol{F}_1) + M_O(\boldsymbol{F}_2) + \cdots + M_O(\boldsymbol{F}_n) = \sum M_O(\boldsymbol{F}_i)$$

定理得证。

必须指出，合力矩定理不仅对平面汇交力系成立，而且对于有合力的其他任何力系都成立。

分布在较大范围内，不能看作集中力的载荷称分布载荷。若分布载荷可以简化为沿物体中心线分布的平行力，则称此力系为平行分布线载荷，简称线载荷。

[**例 2-4**] 已知三角形分布载荷 q、梁长 l，如图 2-16 所示，求合力和合力作用线位置。

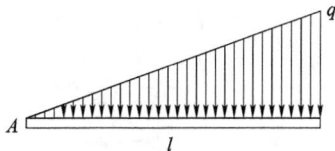

图 2-16 三角形分布载荷

解：合力 $F_{\mathrm{R}} = \displaystyle\int_0^l \frac{x}{l} q \mathrm{d}x = \frac{1}{2} ql$，如图 2-17 所示。

设合力作用线距 A 点为 d，由合力矩定理，合力对 A 点之矩与分布力对 A 点之矩相等，即

$$M_A(\boldsymbol{F}) = F_R d = \int_0^l x \frac{x}{l} q \mathrm{d}x = \frac{1}{3} q l^2$$

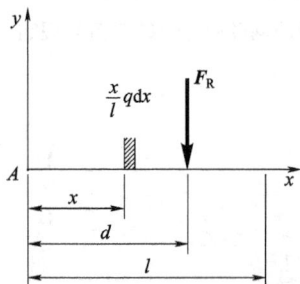

图 2-17　三角形分布载荷的合力

解得

$$d = \frac{\frac{1}{3} q l^2}{F_R} = \frac{\frac{1}{3} q l^2}{\frac{1}{2} q l} = \frac{2}{3} l$$

总结线载荷合力及其合力作用线位置：

（1）均布载荷 $F_R = ql$，如图 2-18 所示。

（2）三角形载荷 $F_R = \frac{1}{2} ql$，如图 2-19 所示。

（3）梯形载荷。可以看作一个三角形载荷和一个均布载荷

的叠加，如图 2-20 所示。

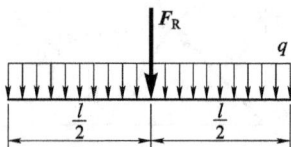

图 2-18　均布载荷的合力

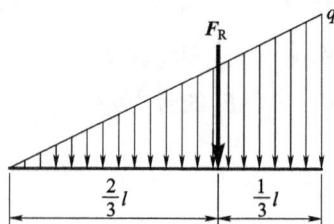

图 2-19　三角形载荷的合力

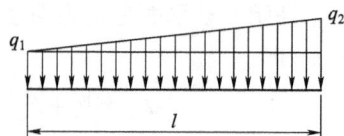

图 2-20　梯形载荷

结论：

（1）合力的大小等于线载荷所组成几何图形的面积。

（2）合力的方向与线载荷的方向相同。

（3）合力的作用线通过载荷图的形心。

[例 2-5] 试计算图 2-21 中力 $\boldsymbol{F}$ 对 A 点之矩。已知 $\boldsymbol{F}$、a、b 和 α。

解：（1）由定义求 $M_A(\boldsymbol{F})$。先确定力臂 h，而找力臂 h 较为麻烦，如图 2-21 所示。

（2）由汇交力系合力矩定理求 $M_A(\boldsymbol{F})$。如图 2-22 所示，现将力 $\boldsymbol{F}$ 分解为互相垂直的两个分力 $\boldsymbol{F}_x$ 和 $\boldsymbol{F}_y$，利用平面汇交力系合力矩定理计算力 $\boldsymbol{F}$ 对 A 点之矩。

$$M_A(\boldsymbol{F}) = M_A(\boldsymbol{F}_x) + M_A(\boldsymbol{F}_y) = -F_x b + F_y a$$

$$= -Fb\cos\alpha + Fa\sin\alpha$$

$$= Fa\sin\alpha - Fb\cos\alpha$$

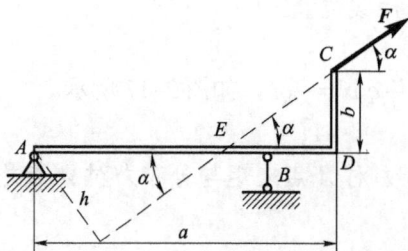

图 2-21　求力臂 h

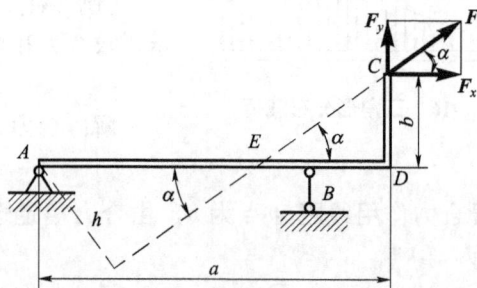

图 2-22　合力矩定理的应用

[例 2-6] 设水深为 h m，水的容重（单位容积的重量）为 γ kN/m³，求单位长度的坝面所承受的静水压力的合力，如图 2-23 所示。

解：作用于坝面的静水压力可简化为沿坝面中心线 OA 分布的水平载荷，且在水面下 x 处的线载荷集度为

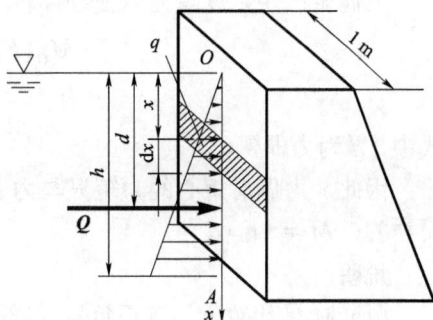

图 2-23　作用于坝面的静水压力

$$q = \frac{\gamma x(1 \times \mathrm{d}x)}{\mathrm{d}x} = \gamma x \, (\mathrm{kN}/\mathrm{m})$$

可见载荷集度与水的深度成正比，按此绘出的载荷图为图 2-23 所示的三角形。坝面所受的静水压力的合力 Q 的大小为

$$Q = \int_0^h q\,\mathrm{d}x = \int_0^h \gamma x\,\mathrm{d}x = \frac{1}{2}\gamma h^2 \, (\mathrm{kN})$$

且此合力 Q 应与原分布载荷平行。如令 Q 的作用线到水面的距离为 d，则由合力矩定理，有

$$Qd = \int_0^h xq\,\mathrm{d}x = \int_0^h \gamma x^2\,\mathrm{d}x = \frac{1}{3}\gamma h^3 \, (\mathrm{kN}\cdot\mathrm{m})$$

所以

$$d = \frac{\int_0^h xq\,\mathrm{d}x}{Q} = \frac{2}{3}h \, (\mathrm{m})$$

此 d 值确定了合力 Q 作用线的位置。

2.4　力偶及平面力偶系的合成

一、力偶及力偶矩

力偶（couple）：大小相等，方向相反，作用线平行的两个力。力偶也是一个特殊力系，如图 2-24 所示。

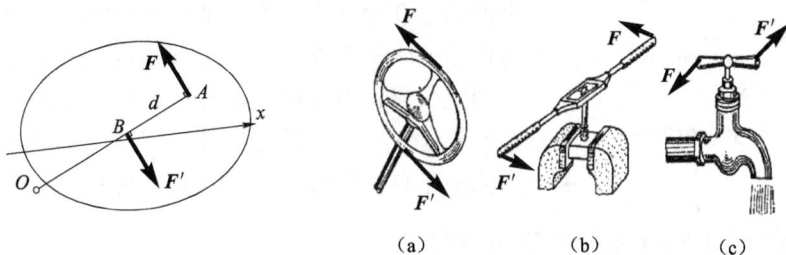

（a）　　　　　（b）　　　　　（c）

图 2-24　力偶

因为 $\boldsymbol{F} = -\boldsymbol{F}'$，力偶在任一轴上的投影：$F_{Rx} = 0$。所以力偶没有合力，力偶不能与一个力等效。

力偶矩：用以度量力偶使物体转动的效应。

$$M_O(\boldsymbol{F}, \boldsymbol{F}') = M_O(\boldsymbol{F}) + M_O(\boldsymbol{F}')$$
$$= F \cdot (d + \overline{OB}) - F' \cdot \overline{OB} = F \cdot d$$

式中，d 为力偶臂。

因此，力偶对矩心的力矩只与力 $\boldsymbol{F}$ 与力偶臂 d 的乘积有关，与矩心无关。所以力偶可以简写为：$M = \pm F \cdot d$。

说明：

（1）M 是代数量，有正负号，逆时针为正，顺时针为负。

（2）F、d 都不独立，只有力偶矩 $M = \pm Fd$ 是独立量。

（3）如图 2-25 所示，M 的值 $M = \pm 2A_{\triangle ABC}$。

（4）单位：$N \cdot m$，$kN \cdot m$。

用面积表示力偶是为了证明定理或说明一些问题。作用在物体上的一些表示等效，如图 2-26 所示。

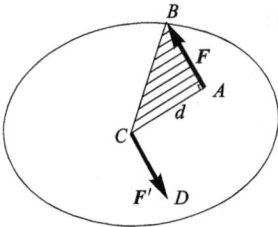

图 2-25　力偶矩的值　　　　　图 2-26　力偶矩的等效表示

二、力偶的性质

性质 1：力偶无合力。$\{\boldsymbol{F}, \boldsymbol{F}'\}$ 力偶的矢量和 $\boldsymbol{F}_R$ 为零。因此，力偶不能和一个力等效（平衡），但可以和力偶等效（平衡）。

性质 2：只要保持力偶矩矢量不变，力偶可在作用面内任意移动和转动，其对刚体的作用效果不变。

性质 3：保持力偶矩矢量不变，分别改变力和力偶臂大小 $(\boldsymbol{F}, d)$，其作用效果不变。

力偶的臂和力的大小都不是力偶的特征量，只有力偶矩才是力偶作用的唯一量度。M 为力偶的矩，如图 2-27 所示。

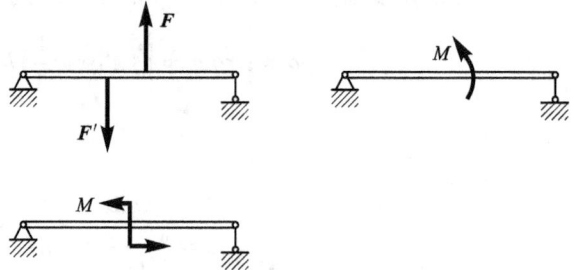

图 2-27　力偶矩的等效表示

力偶矩矢量：力偶对刚体的转动效应的量度。注：力偶矩矢量垂直于力偶所在的平面，其大小和方向与矩心的选取无关。力偶矩是自由矢量，其方向亦可由右手定则确定。

三、平面力偶系的合成和平衡条件

力偶系：由两个或两个以上力偶组成的特殊力系。

任意个在空间分布的力偶，可以合成一个合力偶，合力偶矩矢量等于原力偶系中所有力偶矩矢量之和。即

$$M = M_1 + M_2 + \cdots + M_n = \sum_{i=1}^{n} M_i$$

平面力偶系平衡的必要与充分条件是：力偶系中各力偶矩的代数和等于零，即

$$\sum_{i=1}^{n} M_i = 0$$

[例 2-7] 如图 2-28 所示，在一钻床上水平放置工件，在工件上同时钻四个等直径的孔，每个钻头的力偶矩为 $m_1=m_2=m_3=m_4=15\,\text{N}\cdot\text{m}$，求工件的总切削力偶矩和 A、B 端水平反力。

解： 合力偶矩

$$M = m_1 + m_2 + m_3 + m_4 = 4 \times (-15) = -60\,(\text{N}\cdot\text{m})$$

平面力偶系平衡，故有

$$N_B \times 0.2 - m_1 - m_2 - m_3 - m_4 = 0$$

所以

$$N_B = \frac{60}{0.2} = 300\,(\text{N})$$

所以

$$N_A = N_B = 300\,(\text{N})$$

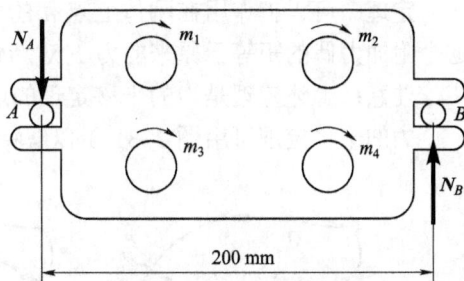

图 2-28　钻床工件受力图

[例 2-8] 图 2-29 所示铰链四连杆机构 $OABO_1$ 处于平衡位置。已知 $OA=40\,\text{cm}$，$O_1B=60\,\text{cm}$，$m_1=1\,\text{N}\cdot\text{m}$，$\alpha=30°$，各杆自重不计。试求力偶矩 m_2 的大小及杆 AB 所受的力。

解： AB 为二力杆，受拉力，A、B 两点拉力相等，拉力大小假设为 S，OA 杆和 O_1B 杆受力如图 2-30 所示。

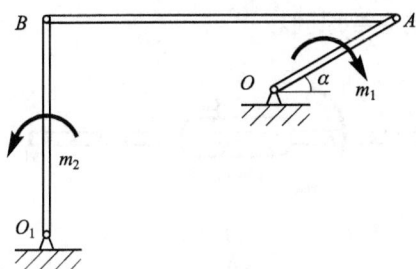

图 2-29　铰链四连杆机构

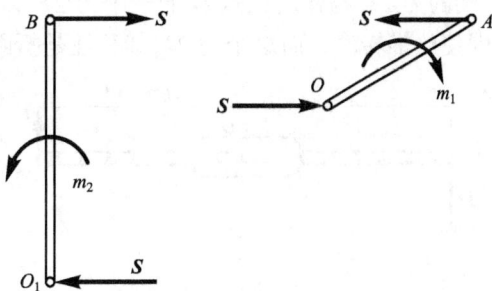

图 2-30　OA 杆和 O_1B 杆受力图

$$S_A = S_B = S$$

取 OA 杆为研究对象：

$$\sum m_i = 0$$
$$0.4\sin 30° S - m_1 = 0 \tag{1}$$

取 O_1B 杆为研究对象：

$$\sum m_i = 0$$
$$m_2 - 0.6S = 0 \tag{2}$$

联立式（1）和式（2）得

$$S = 5\,\text{N}$$
$$m_2 = 3\,\text{N}\cdot\text{m}$$

2.5 平面任意力系的简化

力系的简化，就是将由若干力和力偶所组成的一般力系变为一个力或一个力偶，或者一个力和一个力偶的简单但等效的情形。

一、力的平移定理

定理：可以把作用在刚体上点 A 的力 F 平行移到任一点 O，但必须同时附加一个力偶，这个附加力偶的矩等于原来的力 F 对新作用点 O 的矩。点 O 为简化中心。

注意：上述定理是力的平移定理的逆步骤，亦可把一个力和一个力偶合成一个力。

力的平移定理可用图 2–31 予以解释。

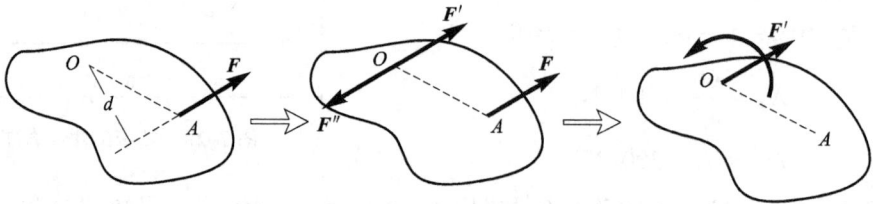

图 2–31　力的平移定理

力的平移定理可以用来解释一些实际问题。例如用丝锥攻丝时，必须用双手握扳手，而且用力要相等。为什么不允许用一只手扳动扳手呢？如图 2–32（c）所示，因为作用在扳手 AB 一端的力 $2F$ 与作用在点 O 的一个力 $2F$ 和一个为 M' 的力偶矩（图 2–32（d））等效。这个力偶使丝锥转动，而这个力 $2F$ 却往往是折断丝锥的主要原因。

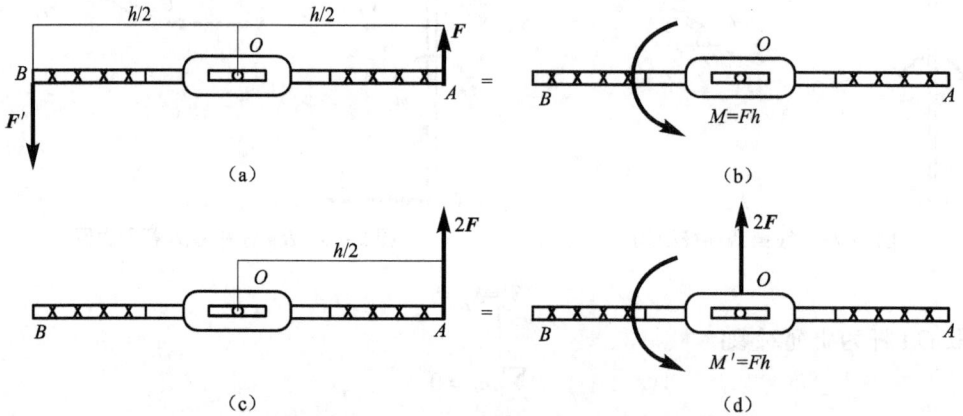

图 2–32　力的平移定理在实际中的应用

二、平面任意力系向作用面内一点简化

平面力系向点 O 简化得到一平面汇交力系和一平面力偶系，如图 2–33 所示。

$$R' = \sum_{i=1}^{n} F_i$$

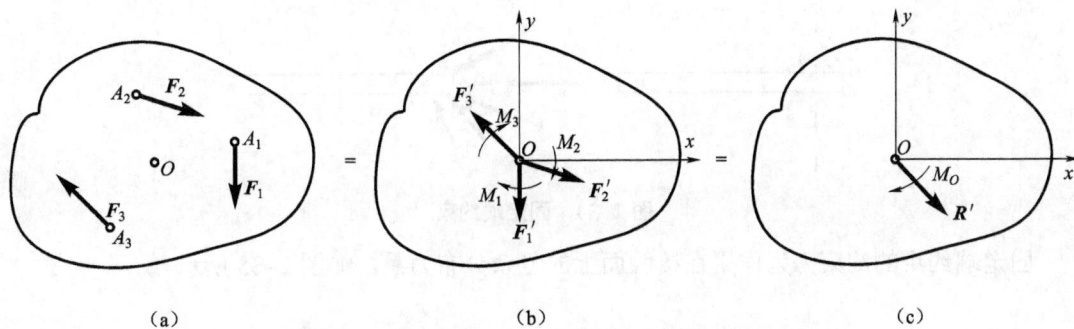

图 2-33　平面任意力系向作用面内一点简化的结果

$$M_O = \sum_{i=1}^{n} M_O(\boldsymbol{F}_i) = \sum_{i=1}^{n}(r_i \times \boldsymbol{F}_i)$$

主矢：平面任意力系中各力的矢量和。

$$\boldsymbol{R}' = \sum_{i=1}^{n} \boldsymbol{F}_i$$

主矩：平面任意力系中各力对任选简化中心 O 的力矩代数和，称为该力系对简化中心 O 的主矩。

$$M_O = \sum_{i=1}^{n} M_O(\boldsymbol{F}_i)$$

主矢与简化中心的位置无关，而主矩与简化中心的位置有关。

为了求出力系的主矢 $\boldsymbol{R}'$ 的大小和方向，可应用解析法。通过 O 点取坐标系 Oxy，如图 2-33（b）所示，则有

$$R'_x = F_{1x} + F_{2x} + \cdots + F_{nx} = \sum_{i=1}^{n} F_{ix}$$

$$R'_y = F_{1y} + F_{2y} + \cdots + F_{ny} = \sum_{i=1}^{n} F_{iy}$$

式中，R'_x 和 R'_y 以及 F_{1x}，F_{2x}，$\cdots$，F_{nx} 和 F_{1y}，F_{2y}，$\cdots$，F_{ny} 分别为主矢 $\boldsymbol{R}'$ 以及原力系中各力 $\boldsymbol{F}_1$，$\boldsymbol{F}_2$，$\cdots$，$\boldsymbol{F}_n$ 在 x 轴和 y 轴上的投影。

于是主矢 $\boldsymbol{R}'$ 的大小和方向余弦分别如下式确定：

$$R' = \sqrt{(R'_x)^2 + (R'_y)^2} = \sqrt{\left(\sum F_x\right)^2 + \left(\sum F_y\right)^2}$$

$$\cos\alpha = \frac{R'_x}{R'}$$

$$\cos\beta = \frac{R'_y}{R'}$$

式中，α 和 β 分别为主矢与 x 轴、y 轴的夹角。

力系简化可以应用在固定端约束力分析上，如图 2-34 所示。固定端约束：一个物体的一端完全固定在另一物体上所构成的约束。这时约束物体既限制了被约束物体的移动，又限制了被约束物体的转动。

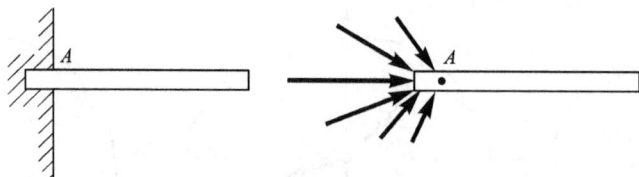

图 2-34　固定端约束

固定端约束的约束力为作用在接触面上的复杂分布力系，如图 2-35 所示。

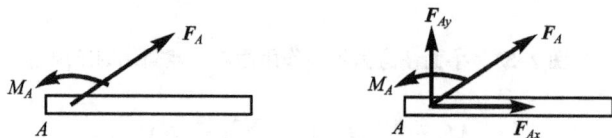

图 2-35　固定端约束的约束力

三、平面任意力系的简化结果分析

以下是空间力系简化后的结果。平面力系中可以把主矩看作标量，在空间力系中应看作矢量。所以平面力系只包含下面（1）、（2）、（3）和（4）中的①这四种情形。

（1）$R'=0$，$M_O=0$ 平衡力系（与简化中心的位置无关）。

（2）$R'=0$，$M_O \neq 0$ 合力偶（与简化中心的位置无关）。

（3）$R' \neq 0$，$M_O=0$ 合力（合力作用线过简化中心）。

（4）$R' \neq 0$，$M_O \neq 0$ 还可以进一步简化：

① $R' \perp M_O$。

② $R' /\!/ M_O$。

③ R' 既不平行也不垂直于 M_O。

如图 2-36 所示，$R' \neq 0$，$M_O \neq 0$，且 $R' \perp M_O$。

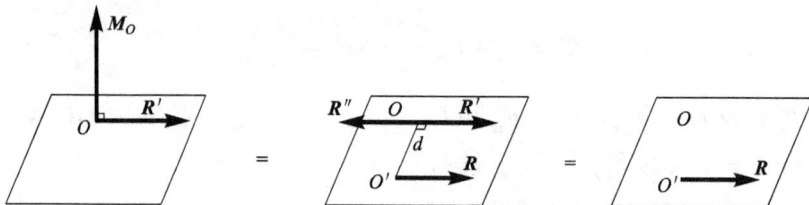

图 2-36　$R' \perp M_O$ 时平面任意力系向作用面内一点简化的结果

合力的作用线离简化中心 O 的距离为

$$d = \frac{|M_O|}{R'}$$

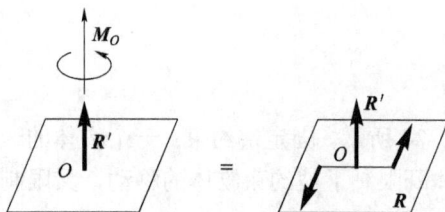

图 2-37　右手螺旋

$R' \neq 0$，$M_O \neq 0$，且 $R' /\!/ M_O$。

此时无法进一步合成，这就是简化的最后结果。这种力与力偶作用面垂直的情形称为力螺旋。R' 与 M_O 同向时，称为右手螺旋；R' 与 M_O 反向时，称为左手螺旋。图 2-37 所示为一右手螺旋。

$R' \neq 0$，$M_O \neq 0$，同时两者既不平行，又不垂直。

此时可将 M_O 分解为两个分力偶 M_O'' 和 M_O'，它们分别垂直于 R' 和平行于 R'，则 M_O'' 和 R' 可用作用于点 O' 的力 R 来代替，最终得一通过点 O' 的力螺旋，如图 2–38 所示。

[例 2–9] 试求图 2–39 所示平面力系向 O 点简化的结果及最简形式。

解：选 O 为简化中心。

$$\sum F_x = 100\text{ N}，\quad \sum F_y = 0$$

所以
$$R = 100\text{ N}$$

$$M_O = \sum M_O(F) = -500 \times 0.8 - 100 \times$$
$$2 + 500 \times \frac{3}{5} \times 2.6 - 80$$
$$= 100\,(\text{N} \cdot \text{m})$$

$$OO' = \frac{100}{100} = 1\,(\text{m})$$

最简结果为作用于 O' 的一个力，如图 2–40 所示。

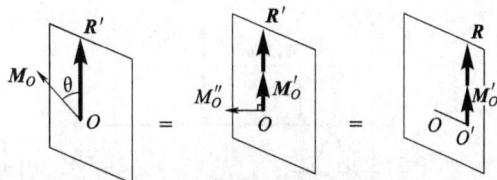

图 2–38 R' 既不平行也不垂直于 M_O 时平面任意力系向作用面内一点简化的结果

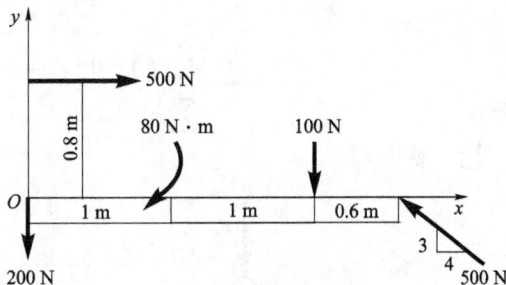

图 2–39 平面力系

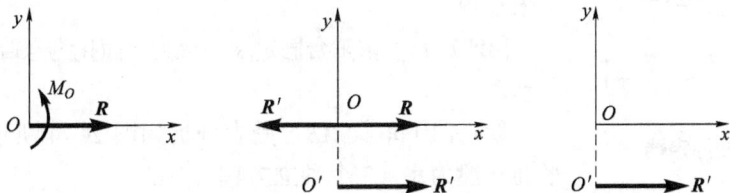

图 2–40 最终简化结果

2.6 平面力系的静力学平衡

一、平面一般力系的平衡条件与平衡方程

平面一般力系（任意力系）平衡的必要和充分条件为：力系的主矢和对于任一点的主矩都等于零。这些平衡条件可用解析式表示为平衡方程。

（1）基本式：$\sum F_x = 0,\ \sum F_y = 0,\ \sum M_O(F) = 0$。

（2）两矩式：$\sum F_x = 0,\ \sum M_A(F) = 0,\ \sum M_B(F) = 0$。

附加条件：A、B 连线不能垂直于投影轴。

（3）三矩式：$\sum M_A(F) = 0,\ \sum M_B(F) = 0,\ \sum M_C(F) = 0$。

附加条件：A、B、C 三点不共线。

[例 2–10] 求图 2–41 所示结构的支座反力。

解：（1）取 AB 杆为研究对象，画受力图如图 2–42 所示。

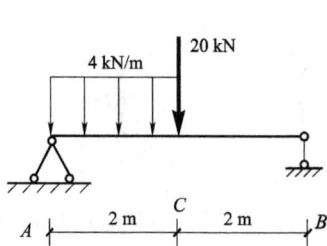

图 2-41 简支梁

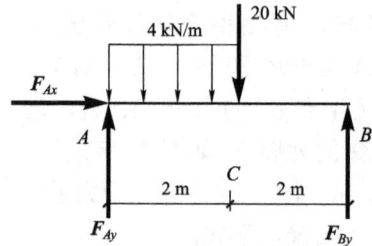

图 2-42 简支梁受力图

（2）列平衡方程。

$$\sum F_x = 0 \Rightarrow F_{Ax} = 0$$

$$\sum M_A(F) = 0 \Rightarrow -4 \times 2 \times 1 - 20 \times 2 + 4F_{By} = 0$$

$$\sum F_y = 0 \Rightarrow F_{Ay} - 4 \times 2 - 20 + F_{By} = 0$$

（3）解方程。

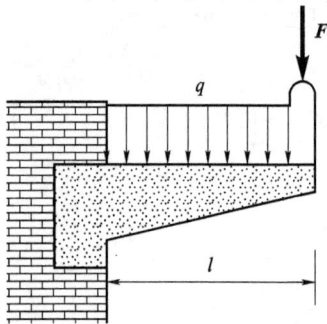

图 2-43 阳台固定端

$$F_{Ax} = 0$$

$$F_{Ay} = 16 \text{ kN} \quad (\uparrow)$$

$$F_{By} = 12 \text{ kN} \quad (\uparrow)$$

注意：平面一般力系只能列出 3 个独立方程，只能求出 3 个未知数。

[**例 2-11**] 求阳台固定端约束力（简化为悬臂梁），如图 2-43 所示。

解：（1）取梁 AB，受力分析如图 2-44 所示。力系类型：平面一般力系（3 个独立方程）。

（2）建坐标系，列平衡方程，如图 2-45 所示。

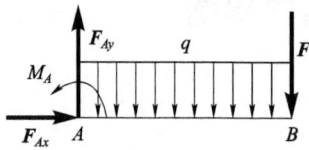

图 2-44 悬臂梁受力图

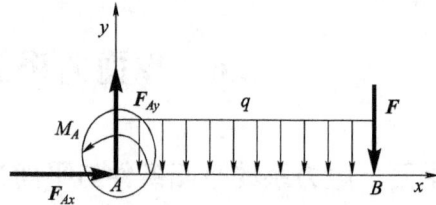

图 2-45 悬臂梁受力图

$$\sum F_x = 0 \Rightarrow F_{Ax} = 0$$

$$\sum F_y = 0 \Rightarrow F_{Ay} - ql - F = 0$$

$$\sum M_A = 0 \Rightarrow M_A - \frac{ql^2}{2} - Fl = 0$$

（3）解方程。

$$F_{Ax} = 0$$

$$F_{Ay} = ql + F(\uparrow)$$

$$M_A = \frac{ql^2}{2} + Fl \; (\curvearrowleft)$$

二、几种特殊平面力系的平衡方程

（1）平面汇交力系：$\sum F_x = 0$，$\sum F_y = 0$。

（2）平面平行力系：$\sum F_y = 0$，$\sum M_O(\boldsymbol{F}) = 0$。

（3）平面力偶系：$\sum M = 0$。

[例 2-12] 如图 2-46 所示，重物 P=20 kN，用钢丝绳挂在支架的滑轮 B 上，钢丝绳的另一端水平绕在铰车 D 上。杆 AB 与 BC 铰接，并以铰链 A、C 与墙连接。如两杆与滑轮的自重不计并忽略铰链中的摩擦和滑轮的大小，试求平衡时杆 AB 和 BC 所受的力。

解： 取滑轮 B 为研究对象，忽略滑轮的大小，得一平面汇交力系。设杆 AB 受拉，杆 BC 受压，受力图及坐标如图 2-47 所示。

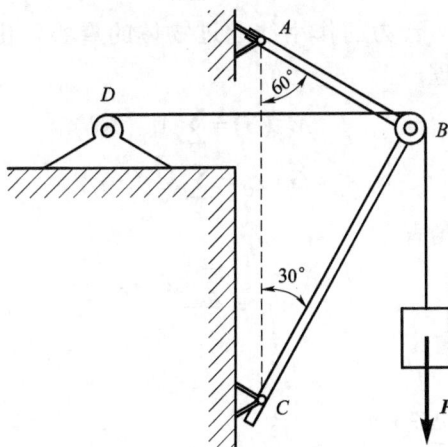

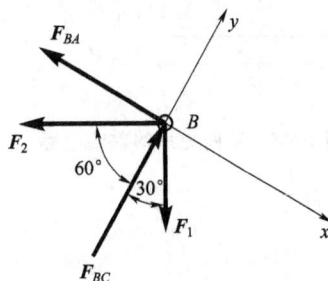

图 2-46　简易吊车　　　　图 2-47　滑轮 B 受力图

列平衡方程：

$$\sum F_x = 0 \Rightarrow -F_{BA} + F_1 \sin 30° - F_2 \sin 60° = 0$$

$$\sum F_y = 0 \Rightarrow F_{BC} - F_1 \cos 30° - F_2 \cos 60° = 0$$

显然，$F_1 = F_2 = P$，解方程得

$$F_{BA} = -0.366P = -7.321 \, \text{kN}（压杆）$$

$$F_{BC} = 1.366P = 27.321 \, \text{kN}（压杆）$$

2.7　重心和形心

一、重心和形心的坐标公式

地球表面或表面附近的物体都会受到地心引力。任一物体事实上都可看成由无数个微元体组成，这些微元体的体积小至可看成质点。任一微元体所受重力（即地球的吸引力）ΔG_i，

其作用点的坐标（x_i，y_i，z_i）与微元体的位置坐标相同。所有这些重力构成一个汇交于地心的汇交力系，由于地球半径远大于地面上物体的尺寸，这个力系可看作一同向的平行力系，而此力系的合力称为物体的重力。重力就是地球对物体的吸引力。物体重力的合力作用点称为物体的重心。无论物体怎样放置，重心总是一个确定的点，重心的位置保持不变。

平行力系合力的特点：如果有合力，则合力作用线上将有一确定的点 C，当原力系各力的大小和作用点保持不变，而将各力绕各自作用点转过同一角度时，则合力也绕 C 点转过同一角度。C 点称为平行力系的中心。对重力来说，则为重心。

重心的位置对于物体的相对位置是确定的，与物体在空间的位置无关。

重心位置的确定在实际中有许多应用。例如，电机、汽车、船舶、飞机以及许多旋转机械的设计、制造、试验和使用，常需要计算或测定其重心的位置。

1. 重心坐标的一般公式

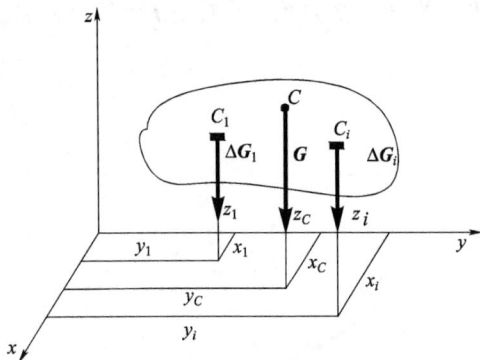

图 2-48 所示为一个空间力系，则

$$G = \sum \Delta G_i$$

合力的作用线通过物体的重心，由合力矩定理：

$$M_y(G) = \sum M_y(\Delta G_i)$$

即

$$G \cdot x_C = \sum M_y(\Delta G_i)$$

于是有

$$x_C = \frac{\sum \Delta G_i \cdot x_i}{G}$$

图 2-48 空间力系的重心坐标

同理有

$$y_C = \frac{\sum \Delta G_i \cdot y_i}{G}$$

为确定 z_C，将各力绕 y 轴转 $90°$，得

$$z_C = \frac{\sum \Delta G_i \cdot z_i}{G}$$

在重心坐标公式中，若将 $G=mg$，$G_i=m_ig$ 代入并消去 g，可得物体的质心坐标公式如下：

$$x_C = \frac{\sum \Delta m_i \cdot x_i}{m}$$

$$y_C = \frac{\sum \Delta m_i \cdot y_i}{m}$$

$$z_C = \frac{\sum \Delta m_i \cdot z_i}{m}$$

2. 均质物体的重心坐标公式

若物体为均质的，设其密度为 ρ，总体积为 V，微元的体积为 V_i，则 $G=\rho gV$，$G_i=\rho gV_i$，代入重心坐标公式，即可得到均质物体的形心坐标公式如下：

$$x_C = \frac{\sum \Delta V_i \cdot x_i}{V}$$

$$y_C = \frac{\sum \Delta V_i \cdot y_i}{V}$$

$$z_C = \frac{\sum \Delta V_i \cdot z_i}{V}$$

式中，$V = \sum V_i$。在均质重力场中，均质物体的重心、质心和形心的位置重合。

3. 均质等厚薄板的重心和平面图形的形心

均质等厚薄板的重心（平面组合图形形心）公式：

$$x_C = \frac{\sum \Delta A_i \cdot x_i}{A}$$

$$y_C = \frac{\sum \Delta A_i \cdot y_i}{A}$$

$$z_C = 0$$

令式中的

$$\sum \Delta A_i \cdot X_i = A \cdot x_C = S_y$$

$$\sum \Delta A_i \cdot y_i = A \cdot y_C = S_x$$

则 S_y、S_x 分别称为平面图形对 y 轴和 x 轴的静矩或截面一次矩。

二、确定重心和形心位置的具体方法

工程中，几种常见的求物体重心的方法简介如下：

1. 对称法

凡是具有对称面、对称轴或对称中心的简单形状的均质物体，其重心一定在它的对称面、对称轴和对称中心上。对称法求重心的应用如图 2–49 所示。

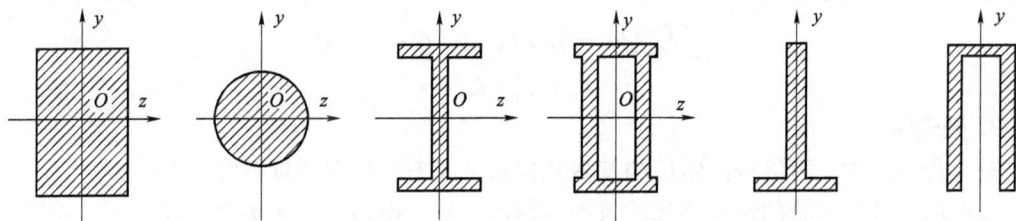

图 2–49　应用对称法求重心

2. 试验法

对于形状复杂，不便于利用公式计算的物体，常用试验法确定其重心位置。常用的试验法有悬挂法和称重法。

1）悬挂法

利用二力平衡公理，将物体用绳悬挂两次，重心必定在两次绳延长线的交点上。

悬挂法确定物体的重心方法如图 2–50 所示。

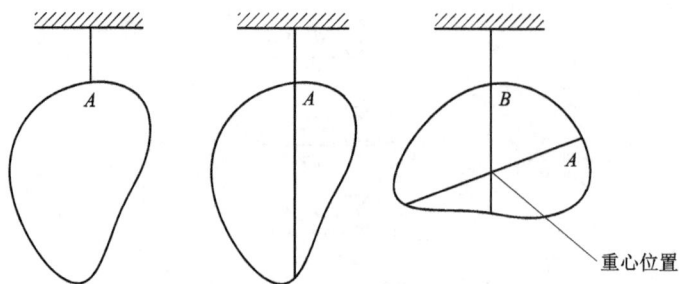

图 2-50 悬挂法确定物体的重心

2）称重法

对于体积庞大或形状复杂的零件以及由许多构件所组成的机械，常用称重法来测定其重心的位置。例如，用称重法来测定连杆重心位置，如图 2-51 所示。

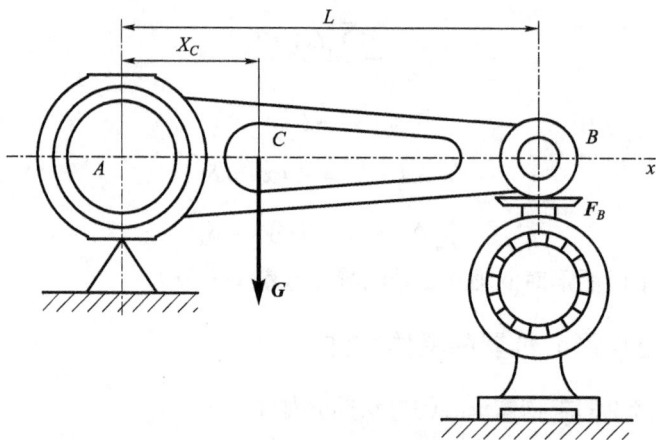

图 2-51 称重法确定物体的重心

设连杆的重力为 G，重心 C 点与连杆左端的点相距为 X_C，量出两支点的距离 L，由磅秤读出 B 端的约束力 F_B，则由

$$\sum M_A(\boldsymbol{F}) = 0 \Rightarrow F_B \cdot L - G \cdot X_C = 0$$

得

$$X_C = F_B \cdot L / G$$

3. 查表法

在工程手册中，可以查出常用的基本几何形体的形心位置计算公式。

一些简单几何形状的均质物体的重心（形心）都可由积分公式求得。表 2-1 列出了几种常用物体的重心（形心），可供查用。工程中常用的型钢（如工字钢、角钢、槽钢等）截面的形心可从机械设计手册中查得。

表 2-1 常见简单形状均质物体的重心位置

名称	图形	形心坐标	线长、面积、体积
三角形		在三中线交点，$y_c = \dfrac{1}{3}h$	面积：$A = \dfrac{1}{2}ah$

名称	图形	形心坐标	线长、面积、体积
梯形		在上、下底边中线连线上，$y_c = \dfrac{h(a+2b)}{3(a+b)}$	面积：$A = \dfrac{h}{2}(a+b)$
圆弧		$x_c = \dfrac{R\sin\alpha}{\alpha}$（$\alpha$ 以弧度计） 半圆弧$\left(\alpha = \dfrac{\pi}{2}\right)$：$x_c = \dfrac{2R}{\pi}$	弧长：$l = 2\alpha \times R$
扇形		$x_c = \dfrac{2R\sin\alpha}{3\alpha}$（$\alpha$ 以弧度计） 半圆面$\left(\alpha = \dfrac{\pi}{2}\right)$：$x_c = \dfrac{4R}{3\pi}$	面积：$A = \alpha R^2$
弓形		$x_c = \dfrac{4R\sin^3\alpha}{3(2\alpha - \sin 2\alpha)}$	面积：$A = \dfrac{R^2(2\alpha - \sin 2\alpha)}{2}$
抛物线面		$x_c = \dfrac{3}{5}a$ $y_c = \dfrac{3}{8}b$	面积：$A = \dfrac{2}{3}ab$
抛物线面		$x_c = \dfrac{3}{4}a$ $y_c = \dfrac{3}{10}b$	面积：$A = \dfrac{1}{3}ab$
半球形体		$z_c = \dfrac{3}{8}R$	体积：$V = \dfrac{2}{3}\pi R^3$

4. 组合法

工程中的零部件往往是由几个简单基本图形组合而成的，在计算它们的形心时，可先将其分割为几块基本图形，利用查表法查出每块图形的形心位置与面积，然后利用形心计算公式求出整体的形心位置。此法称为组合法或分割法。负面积法仍然用分割法的公式，只不过去掉部分的面积用负值表示。

[例 2-13] 热轧不等边角钢的横截面近似简化图形如图 2-52 所示，求该截面形心的位置。

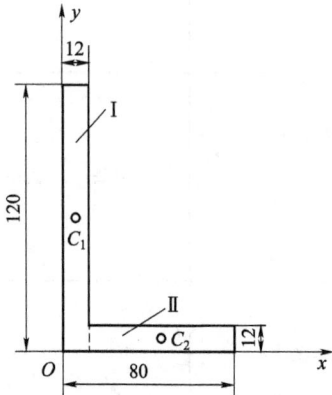

图 2-52　热轧不等边角钢的横截面近似简化图形

解：

方法一：分割法。

根据图形的组合情况，可将该截面分割成两个矩形 I 和 II，C_1 和 C_2 分别为两个矩形的形心。取坐标系 Oxy 如图 2-52 所示，则矩形 I 、 II 的面积和形心坐标分别为

$$A_1=120 \text{ mm}\times12 \text{ mm}=1\,440 \text{ mm}^2$$

$$x_1=6 \text{ mm}$$

$$y_1=60 \text{ mm}$$

$$A_2=(80-12)\text{mm}\times12 \text{ mm}=816 \text{ mm}^2$$

$$x_2=12 \text{ mm}+\frac{(80-12)\text{mm}}{2}=46 \text{ mm}$$

$$y_2=6 \text{ mm}$$

$$x_C=\frac{\sum\Delta A_i\cdot x_i}{A}=\frac{A_1\cdot x_1+A_2\cdot x_2}{A}=\frac{1\,440\times6+816\times46}{1\,440+816}=20.468\,(\text{mm})$$

$$y_C=\frac{\sum\Delta A_i\cdot y_i}{A}=\frac{A_1\cdot y_1+A_2\cdot y_2}{A}=\frac{1\,440\times60+816\times6}{1\,440+816}=40.468\,(\text{mm})$$

即所求截面形心 C 点的坐标为（20.468 mm，40.468 mm）

方法二：负面积法。

用负面积法求形心，计算简图如图 2-53 所示。

$$A_1=80 \text{ mm}\times120 \text{ mm}=9\,600 \text{ mm}^2$$

$$x_1=40 \text{ mm}$$

$$y_1=60 \text{ mm}$$

$$A_2=-108 \text{ mm}\times68 \text{ mm}=-7\,344 \text{ mm}^2$$

$$x_2=12 \text{ mm}+(80-12)\text{mm}/2=46 \text{ mm}$$

$$y_2=12 \text{ mm}+(120-12)\text{mm}/2=66 \text{ mm}$$

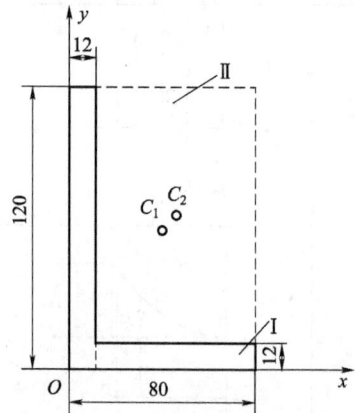

图 2-53　热轧不等边角钢的横截面近似简化图形

$$x_C=\frac{\sum\Delta A_i\cdot x_i}{A}=\frac{A_1\cdot x_1+A_2\cdot x_2}{A}=\frac{9\,600\times40-7\,344\times46}{9\,600-7\,344}=20.468\,(\text{mm})$$

$$y_C=\frac{\sum\Delta A_i\cdot y_i}{A}=\frac{A_1\cdot y_1+A_2\cdot y_2}{A}=\frac{9\,600\times60-7\,344\times66}{9\,600-7\,344}=40.468\,(\text{mm})$$

由于将去掉部分的面积作为负值，故方法二又称为负面积法。

[**例 2-14**] 试求图 2-54 所示图形的形心。已知 R=100 mm，r_2=30 mm，r_3=17 mm。

解： 由于该图形有对称轴，形心必在对称轴上，建立坐标系 Oxy 如图 2-54 所示，只需求出 y_C，将图形看成由三部分组成，各自的面积及形心坐标分别为

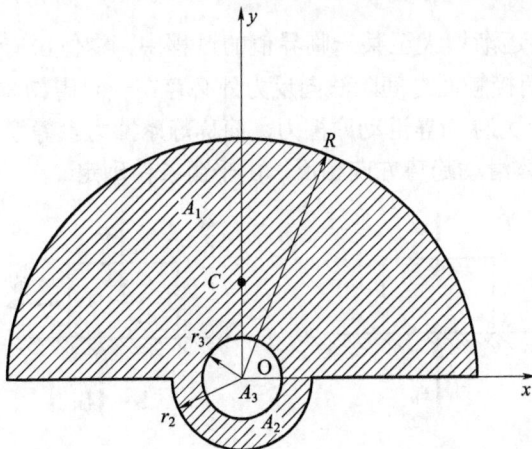

图 2-54 复杂图形的形心

（1）半径为 R 的半圆面：

$$A_1=\pi R^2/2=\pi\times(100 \text{ mm})^2/2=15\,707.963 \text{ mm}^2$$

$$y_1=4R/(3\pi)=4\times100 \text{ mm}/(3\pi)=42.441 \text{ mm}$$

（2）半径为 r_2 的半圆面：

$$A_2=\pi r_2^2/2=\pi\times(30 \text{ mm})^2/2=1\,413.717 \text{ mm}^2$$

$$y_2=-4r_2/(3\pi)=-4\times30 \text{ mm}/(3\pi)=-12.732 \text{ mm}$$

（3）被挖掉的半径为 r_3 的圆面：

$$A_3=-\pi r_3^2=-\pi(17 \text{ mm})^2=-907.920 \text{ mm}^2$$

$$y_3=0$$

（4）求图形的形心坐标。由平面图形的形心公式可求得

$$y_C=\frac{\sum\Delta A_i\cdot y_i}{A}=\frac{A_1\cdot y_1+A_2\cdot y_2+A_3\cdot y_3}{A}$$

$$=\frac{15\,707.963\times42.441+1\,413.717\times(-12.732)-907.920\times0}{15\,707.963+1\,413.717-907.920}=40.007（\text{mm}）$$

即所求截面形心 C 点的坐标为（0，40.007 mm）。

2.8 摩擦及其平衡问题

摩擦可分为滑动摩擦和滚动摩擦。本节主要介绍静滑动摩擦及考虑摩擦时物体的平衡问题。

一、滑动摩擦

两个相互接触的物体，如有相对滑动或滑动趋势，这时在接触面间彼此会产生阻碍相对

滑动的切向阻力，这种阻力称为滑动摩擦力。为了研究滑动摩擦的规律，可做如下实验：将重力为 G 的物体放在表面粗糙的固定水平面上，这时物体在重力 G 与法向反力 F_N 的作用下处于平衡，如图 2–55（a）所示。若给物体一水平拉力 F_P，并由零逐渐增大，物体将发生相对滑动或有滑动趋势。现讨论以下几种情形。

1. 静摩擦力

在拉力 F_P 的值由零逐渐增大至某一临界值的过程中，物体虽有向右滑动的趋势但仍保持静止状态，这说明在两接触面之间除法向反力外必存在一阻碍物体滑动的切向阻力 F，如图 2–55（b）所示。这个力称为静滑动摩擦力，简称静摩擦力。静摩擦力 F 的大小随主动力 F_P 而改变，其方向与物体滑动趋势方向相反，由平衡条件确定。

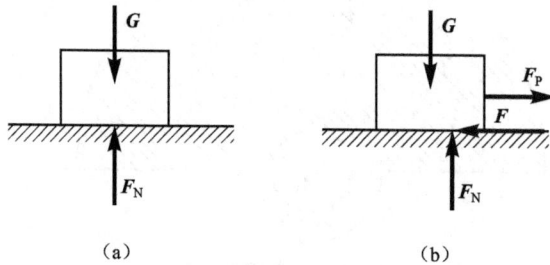

（a）　　　　　　　　　（b）

图 2–55　滑动摩擦

2. 最大静摩擦力

当拉力 F_P 达到某一临界值时，物体处于将要滑动而未滑动的临界状态，即力 F_P 再增大一点，物体即开始滑动。这时，静摩擦力达到最大值，称为最大静滑动摩擦力，简称最大静摩擦力，以 F_{max} 表示。

大量实验证明，最大静摩擦力的大小与两物体间的正压力（法向反力）成正比，即

$$F_{max} = f_s F_N$$

上式称为静滑动摩擦定律（又称库仑摩擦定律）。式中 f_s 称为静摩擦因数，它的大小与两接触物体的材料与表面情况有关，而与接触面的大小无关，一般可由实验测定，其数值可在机械工程手册中查到。

3. 动摩擦力

当拉力 F_P 再增大，只要稍大于 F_{max}，物体就开始向右滑动，这时物体间的摩擦力称为滑动摩擦力，简称动摩擦力，以 F' 表示。

实验证明，动摩擦力的大小也与两物体间的正压力（即法向反力）成正比，即

$$F' = f F_N$$

这就是动摩擦定律。式中 f 称为动摩擦因数，它主要取决于接触面材料的表面情况。一般情况下，f 略小于 f_s，可近似认为 $f = f_s$。

以上分析说明，考虑滑动摩擦问题时，要分清物体处于静止、临界平衡和滑动三种情况中的哪种状态，然后选用相应的方法进行计算。

滑动摩擦定律提供了利用摩擦和减小摩擦的途径。若要增大摩擦力，可以通过加大正压力和增大摩擦因数来实现。例如，在带传动中，要增加胶带和胶带轮之间的摩擦，可用张紧轮，也可采用 V 形胶带代替平胶带的方法。又如，火车在下雪后行驶时，要在铁轨上撒细沙，

以增大摩擦因数，避免打滑等。另外，要减小摩擦时可以设法减小摩擦因数，在机器中常用降低接触表面的粗糙度或加润滑剂等方法，以减小摩擦和损耗。

二、摩擦角和自锁

仍以前述实验为例，物体受力 F_P 作用仍静止时，把它所受的法向反力 F_N 和切向摩擦力 F 合成为一个反力 F_R，称为全约束反力，或全反力。它与接触面法线间的夹角为 φ，如图 2-56（a）所示，由此得

$$\tan\varphi = \frac{F}{F_N}$$

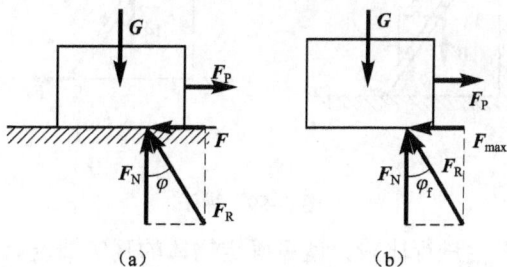

图 2-56　摩擦角

φ 角将随主动力的变化而变化，当物体处于平衡的临界状态时，静摩擦力达到最大静摩擦力 F_{max}，φ 角也将达到相应的最大值 φ_f，称为临界摩擦角，简称摩擦角，如图 2-56（b）所示。此时有

$$\tan\varphi_f = \frac{F_{max}}{F_N} = \frac{f_s F_N}{F_N} = f_s$$

上式表明，静摩擦因数等于摩擦角的正切。

由于静摩擦力不能超过其最大值 F_{max}，因此 φ 角总是小于等于摩擦角 φ_f，即 $0 \leq \varphi \leq \varphi_f$，即全反力的作用线不可能超出摩擦角的范围。

由此可知：

（1）当主动力的合力 F_Q 的作用线在摩擦角 φ_f 以内时，由二力平衡公理可知，全反力 F_R 与之平衡，如图 2-57 所示。因此，只要主动力合力的作用线与接触面法线间的夹角 α 不超过 φ_f，即

$$\alpha \leq \varphi_f$$

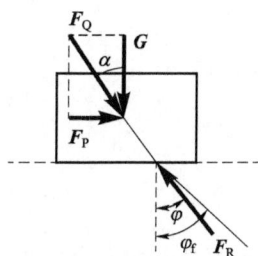

图 2-57　摩擦自锁

则不论该合力的大小如何，物体总处于平衡状态，这种现象称为摩擦自锁。上式称为自锁条件。利用自锁原理可设计某些机构或夹具，如千斤顶、压榨机、圆锥销等，使之始终保持在平衡状态下工作。

（2）当主动力合力的作用线与接触面法线间的夹角 $\alpha > \varphi_f$ 时，全反力不可能与之平衡，因此不论这个力多么小，物体一定会滑动。工程上，例如对于传动机构，利用这个道理可避免自锁使机构不致卡死。

摩擦锥：如果物体与支承面的静摩擦系数在各个方向都相同，则摩擦角范围在空间就形成一个锥体，称为摩擦锥，如图 2-58 所示。

三、考虑摩擦时的平衡问题

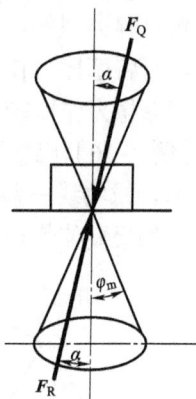

图 2-58　摩擦锥

考虑有摩擦的平衡问题，要加上静摩擦力。静摩擦力的方向总是与相对滑动趋势的方向相反，不能假定。静摩擦力的大小有一个变化范围，相应的平衡问题的解答也具有一个范围。通常都是对物体将动而未动的临界状态进行分析，列出 $F_{fmax} = f_s F_N$ 作为补充方程。

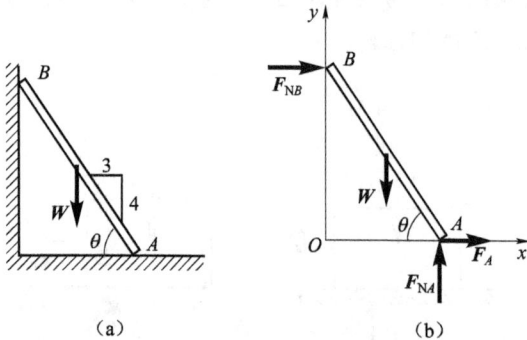

图 2-59 梯子

[例 2-15] 图 2-59（a）所示一重为 200 N 的梯子 AB 一端靠在铅垂的墙壁上，另一端搁置在水平地面上，$\theta = \arctan\dfrac{4}{3}$。假设梯子与墙壁间为光滑约束，而与地面之间存在摩擦，静摩擦因数 $f_s = 0.5$。问梯子是处于静止还是会滑倒？此时，摩擦力的大小为多少？

解： 解这类问题时，可先假定物体静止，求出此时物体所受的约束反力与静摩擦力 F，把所求得的 F 与可能达到的最大静摩擦力 F_{max} 进行比较，就可确定物体的真实情况。

取梯子为研究对象。其受力图及所取坐标轴如图 2-59（b）所示。此时，设梯子 A 端有向左滑动的趋势。由平衡方程

$$\sum F_x = 0 \Rightarrow F_A + F_{NB} = 0$$

$$\sum F_y = 0 \Rightarrow F_{NA} - W = 0$$

$$\sum M_A(\boldsymbol{F}) = 0 \Rightarrow W\frac{l}{2}\cos\theta - F_{NB}l\sin\theta = 0$$

得

$$F_{NA} = W = 200 \text{ N}$$

$$F_A = -F_{NB} = -\frac{1}{2}W\cot\theta = -75 \text{ N}$$

根据静摩擦定律，可能达到的最大静摩擦力

$$F_{Amax} = f_s F_{NA} = 0.5 \times 200 \text{ N} = 100 \text{ N}$$

求得的静摩擦力为负值，说明它真实的指向与假设方向相反，即梯子应具有向右的趋势，又因为 $|F_A| < F_{Amax}$，说明梯子处于静止状态。

对这种类型的摩擦平衡问题，即已知作用在物体上的主动力，需判断物体是否处于平衡状态，可将摩擦力作为一般约束反力来处理。然后用平衡方程求出所受的摩擦力，并通过与最大静摩擦力作比较，判断物体所处的状态。

[例 2-16] 已知图 2-60 所示重力 $G = 100$ N，$\alpha = 30°$，物块与斜面间摩擦系数 $f_s = 0.38$，$f = 0.37$，求物块与斜面间的摩擦力。试问物块在斜面上是静止、下滑还是上滑？如图 2-61 所示，如果要使物块上滑，则作用在物块并与斜面平行的力 F 至少应多大？

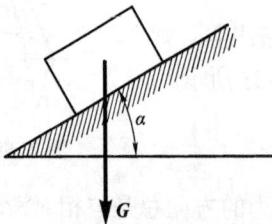

图 2-60 物块

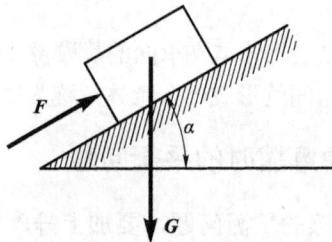

图 2-61 物块上滑

物块受主动力 G 的作用，不可能上滑，只能是静止或下滑，所以 F_f 方向如图 2-62 所示。

要使物块上滑，F_f 方向如图 2-63 所示。

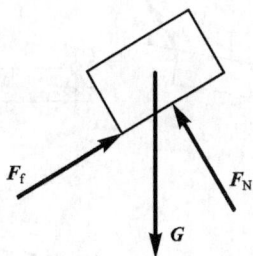

图 2-62 物块静止或下滑   图 2-63 物块上滑

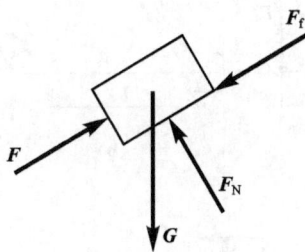

解：物体可产生的最大静摩擦力：

$$F_{fmax}=f_s F_N=f_s G\cos 30°=0.38×100×0.866=32.909（N）$$

假设物体处于静止状态，可列平衡方程：

$$F_f-G\sin 30°=0$$

$$F_f=G\sin 30°=100×0.5=50 (N)>F_{fmax}$$

而物体处于静止状态条件为

$$0≤F_f≤F_{fmax}$$

所以，物体在斜面上处于下滑状态。此时物体与斜面间的摩擦力为动摩擦力。

$$F_f'= fF_N = 0.37×100×0.866 = 32.043（N）$$

使物体上滑的条件为

$$F_f'≤F-G\sin 30°$$

即

$$F≥F_f'+G\sin 30° = fG\cos 30° + G\sin 30°$$
$$= 0.37×100×0.866+100×0.5$$
$$= 82.043（N）$$

思 考 题

1. 在长方形平板的 O、A、B、C 点上分别作用有四个力：$F_1=1$ kN，$F_2=2$ kN，$F_3=F_4=3$ kN，如图 2-64 所示，试求以上四个力构成的力系对点 O 的简化结果，以及该力系最后的合成结果。

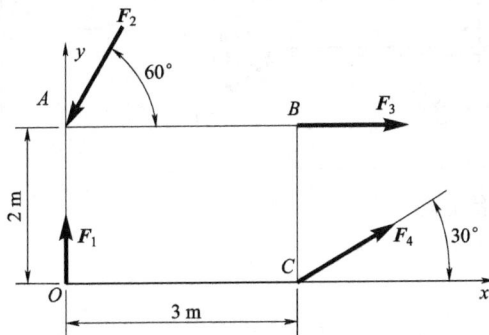

图 2-64 长方形平板

2. 分别计算图 2-65 中力 **F** 对于 **O** 点之矩。

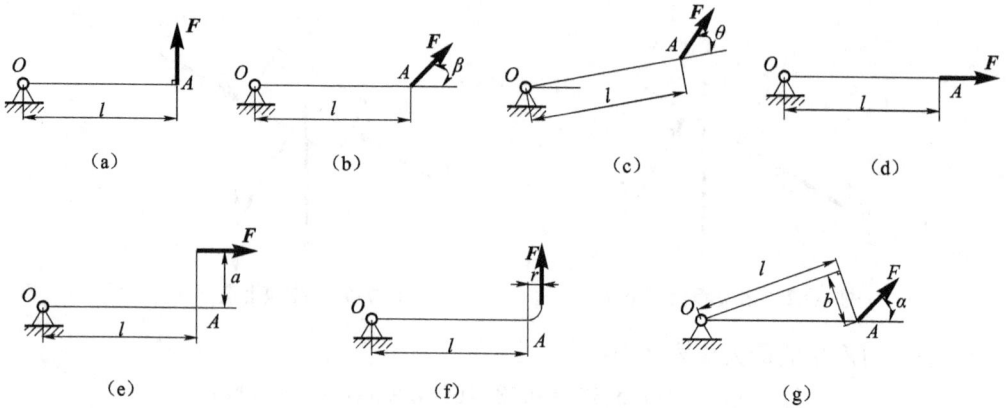

（a） （b） （c） （d）

（e） （f） （g）

图 2-65 求 F 对于 O 点之矩

3. 如图 2-66 所示结构，求 A、B 处反力。

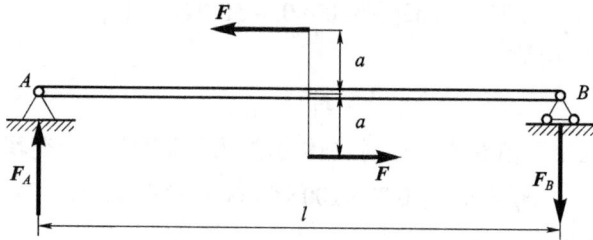

图 2-66 简支梁

4. 如图 2-67 所示结构，求 A、B 处反力。

5. 砖夹宽 280 mm，爪 *AHB* 和 *BCED* 在 *B* 点处铰接，尺寸如图 2-68 所示。被提起的砖重力为 **G**，提举力 **F** 作用在砖夹中心线上。若砖夹与砖之间的静摩擦因数 $f_s = 0.5$，则尺寸 *b* 应为多大才能保证砖夹住不滑掉？

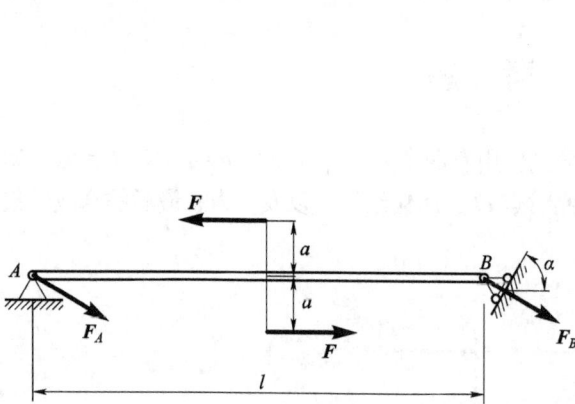

图 2-67 简支梁

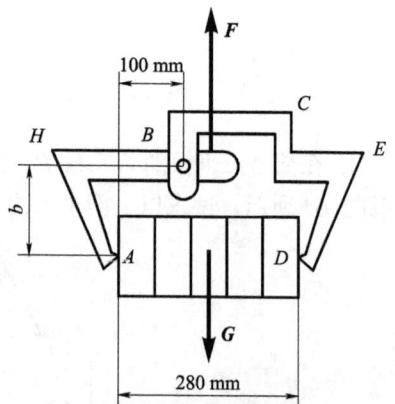

图 2-68 砖夹

项目 3 空 间 力 系

空间力系的定义：作用在物体上各力的作用线不在同一个平面内的力系。

空间力系的分类 { 汇交力系：各力的作用线交于一点。
平行力系：各力的作用线互相平行。
一般力系：各力的作用线在空间任意分布。

3.1 力在空间直角坐标轴上的投影

研究空间力系应先掌握力在空间直角坐标轴上投影的计算，一般有直接投影法和间接投影法两种方法。

一、直接投影法（一次投影法）

如图 3–1（a）所示，已知一力 F 在空间直角坐标轴 x、y、z 的正向之间的夹角分别为 α、β、γ，则 F 在 x、y、z 轴上的投影记作 F_x、F_y、F_z，故有

$$直接投影法公式 \begin{cases} F_x = \pm F\cos\alpha \\ F_y = \pm F\cos\beta \\ F_z = \pm F\cos\gamma \end{cases}$$

式中，$\cos\alpha$、$\cos\beta$、$\cos\gamma$ 为力 F 对 x、y、z 轴的方向余弦，故力在轴上的投影是代数量，符号与平面力系在轴上的投影规定相同。

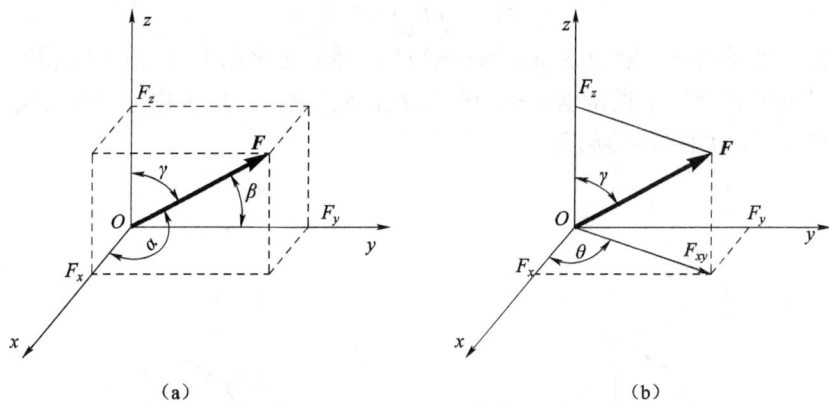

（a）   （b）

图 3–1 力在空间直角坐标轴上的投影

二、间接投影法（二次投影法）

当力 F 与每个坐标轴的夹角不易全部求得，但 F 与图 3–1（b）所示的夹角已知或容易

求得时，将力 F 投影到 xy 面，再将 F_{xy} 投影到 x、y 轴上。

$$间接投影法公式\begin{cases} F_x = \pm F\sin\gamma\cos\theta \\ F_y = \pm F\sin\gamma\sin\theta \\ F_z = \pm F\cos\gamma \end{cases}$$

3.2 力对轴之矩

一、定义

力对轴之矩是力使物体绕轴转动效果的度量。

二、力对轴之矩的求解

力对轴之矩如图 3-2 所示。

1. F 作用面与轴垂直

力对 z 轴之矩，就是力对 O 点之矩，因此有

$$M_z(F)=M_O(F)=\pm Fd$$

符号规定：从轴的正向看，使物体绕轴逆时针方向转为正，反之为负。

2. F 作用面与轴垂直并与轴正交

$$M_z(F)=0$$

3. F 作用面与轴共面（F 与 z 轴平行）

$$M_z(F)=0$$

4. F 作用面不在与轴垂直的平面内，也不与轴平行或相交

（1）力对轴之矩等于这个力在垂直于轴的平面上的分力对平面与轴的交点的矩。即

$$M_z(F)=M_O(F_{xy})=\pm F_{xy}d$$

先求出力 F 在垂直于 z 轴的平面上的投影 F_{xy}，然后按平面上力对 O 点之矩进行计算。

（2）先求出力 F 沿三个直角坐标轴的分力 F_x、F_y、F_z，然后根据力对轴之矩的定义和合力矩定理进行计算，如图 3-3 所示。

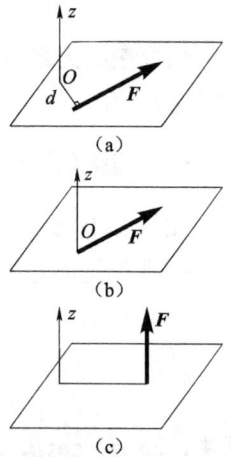

图 3-2 力对轴之矩

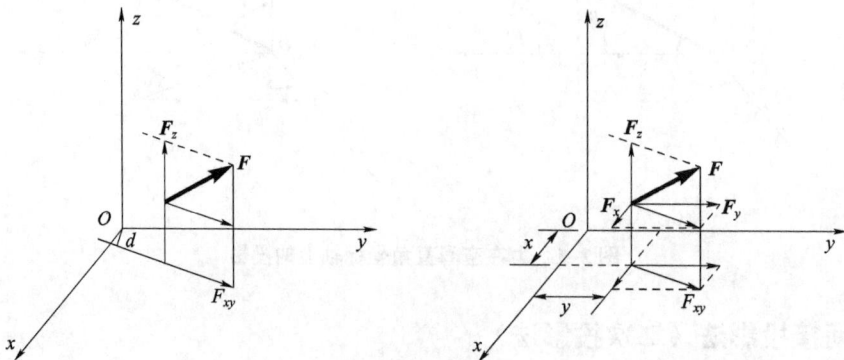

图 3-3 力对轴之矩

$$M_x(\boldsymbol{F}) = M_x(\boldsymbol{F}_z) + M_x(\boldsymbol{F}_y) = yF_z - zF_y$$
$$M_y(\boldsymbol{F}) = M_y(\boldsymbol{F}_x) + M_y(\boldsymbol{F}_z) = zF_x - xF_z$$
$$M_z(\boldsymbol{F}) = M_z(\boldsymbol{F}_y) + M_z(\boldsymbol{F}_x) = xF_y - yF_x$$

（3）空间力系的合力矩定理：空间力系的合力对某轴之矩等于各分力对此轴之矩的代数和。

三、力对轴之矩与力对点之矩的关系

力对轴之矩：

$$M_x(\boldsymbol{F}) = yF_z - zF_y$$
$$M_y(\boldsymbol{F}) = zF_x - xF_z$$
$$M_z(\boldsymbol{F}) = xF_y - yF_x$$

力对点之矩在各坐标轴上的投影：

$$\left.\begin{array}{l} M_{Ox} = yF_z - zF_y \\ M_{Oy} = zF_x - xF_z \\ M_{Oz} = xF_y - yF_x \end{array}\right\} \Rightarrow \left\{\begin{array}{l} M_x(\boldsymbol{F}) = M_{Ox} \\ M_y(\boldsymbol{F}) = M_{Oy} \\ M_z(\boldsymbol{F}) = M_{Oz} \end{array}\right.$$

结论：力对点之矩在过该点的某一轴上的投影等于力对该轴之矩 ⇔ 力对轴之矩等于力对轴上任意一点之矩在该轴上的投影。

[**例 3-1**] 如图 3-4 所示，在棱长为 b 的正方体上作用有一力 $\boldsymbol{F}$，求该力对 x、y、z 轴之矩。

解：$M_x(\boldsymbol{F}) = Fb$，$M_y(\boldsymbol{F}) = 0$，$M_z(\boldsymbol{F}) = 0$。

[**例 3-2**] 图 3-5 所示为直角三棱柱。其上作用力系：$F_1 = 200\,\text{N}$，$F_2 = F_2' = 100\,\text{N}$，试求该力系在各轴上的投影及对轴之矩。

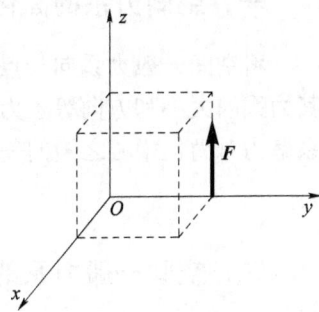

图 3-4 力对轴之矩

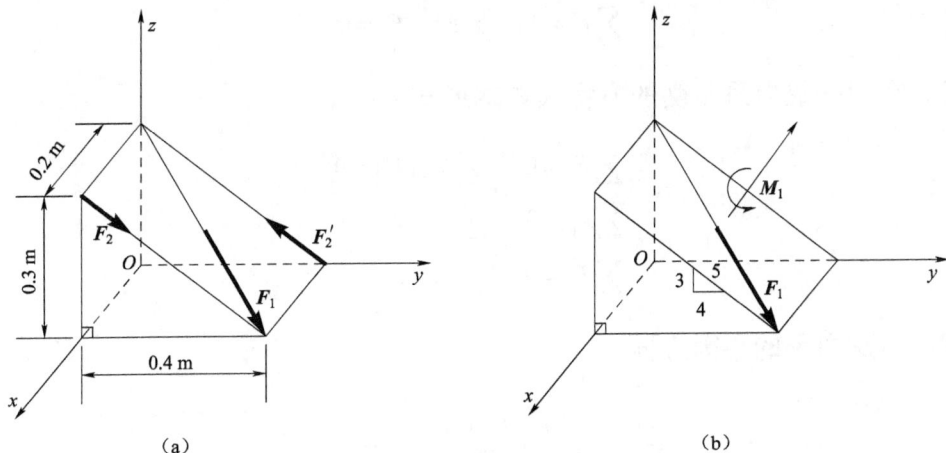

（a）

（b）

图 3-5 直角三棱柱

解：$\boldsymbol{F}_1$ 在轴上的投影可按直接投影法计算，对轴之矩可用力对轴之矩的解析式计算；$\boldsymbol{F}_2$ 与 $\boldsymbol{F}_2'$ 组成一个空间力偶矩矢，$M_1 = F_2 \times 0.2 = 20\,\text{N·m}$，如图 3-5（b）所示，对轴之矩直接投影即可。

$$F_x = F_1 \frac{0.2}{\sqrt{0.2^2 + 0.3^2 + 0.4^2}} = 200 \times \frac{2}{\sqrt{29}} = 74.278\,(\text{N})$$

$$F_y = F_1 \frac{4}{\sqrt{29}} = 200 \times \frac{4}{\sqrt{29}} = 148.556\,(\text{N})$$

$$F_z = -F_1 \frac{3}{\sqrt{29}} = -200 \times \frac{3}{\sqrt{29}} = -111.417\,(\text{N})$$

$$M_x = yF_z - zF_y = -0.4 \times 111.417 = -44.567\,(\text{N}\cdot\text{m})$$

$$M_y = zF_x - xF_z + \frac{3}{5}M_1 = 0.2 \times 111.417 + 12 = 34.283\,(\text{N}\cdot\text{m})$$

$$M_z = xF_y - yF_x + \frac{4}{5}M_1 = 0.2 \times 148.556 - 0.4 \times 74.278 + 16 = 16\,(\text{N}\cdot\text{m})$$

3.3 空间力系的平衡

一、空间力系的简化

将空间一般力系向一点简化，简化后一般得到一力和一力偶。这个力作用于简化中心，其力系的大小和方向等于力系诸力的矢量和，称为原力系的主矢。这个力偶的力偶矩等于力系诸力对简化中心之矩的矢量和，称为原力系对简化中心的主矩。即

$$R = \sum F, \quad M_O = \sum M_O(F)$$

二、空间一般力系的必要和充分条件

$$R = 0, \quad M_O = 0$$

或

$$\sum F = 0, \quad \sum M_O(F) = 0$$

三、空间一般力系平衡的方程（基本形式）

$$\sum F_x = 0, \quad \sum M_x(F) = 0$$
$$\sum F_y = 0, \quad \sum M_y(F) = 0$$
$$\sum F_z = 0, \quad \sum M_z(F) = 0$$

四、特殊力系的平衡方程

空间汇交力系：

$$\sum F_x = 0, \quad \sum F_y = 0, \quad \sum F_z = 0$$

空间力偶系：

$$\sum M_x(F) = 0, \quad \sum M_y(F) = 0, \quad \sum M_z(F) = 0$$

空间平行力系：

$$\sum F_z = 0 , \quad \sum M_x(\boldsymbol{F}) = 0 , \quad \sum M_y(\boldsymbol{F}) = 0$$

[例 3-3] 如图 3-6 所示均质长方形板 *ABCD* 重 *G*=200 N，用球形铰链 *A* 和碟形铰链 *B* 固定在墙上，并用绳 *EC* 维持在水平位置，求绳的拉力和支座的反力。

解： 以板为研究对象，受力如图 3-7 所示，建立图 3-7 所示的坐标系。

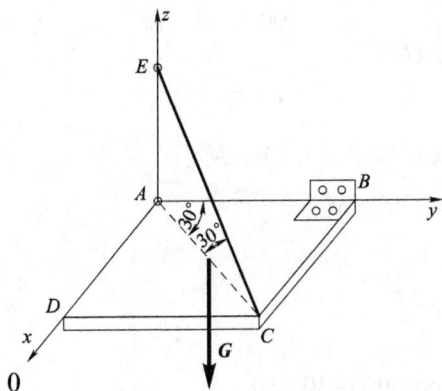

图 3-6 均质长方形板

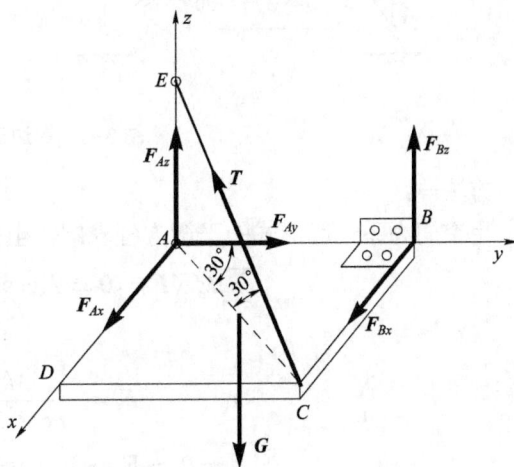

图 3-7 均质长方形板受力图

$$\sum M_z(\boldsymbol{F}) = 0 \Rightarrow -F_{Bx}\overline{AB} = 0$$

$$\sum M_y(\boldsymbol{F}) = 0 \Rightarrow \frac{1}{2}G\overline{AD} - T\sin30°\overline{AD} = 0$$

$$\sum M_x(\boldsymbol{F}) = 0 \Rightarrow T\sin30°\overline{AB} + F_{Bz}\overline{AB} - \frac{1}{2}G\overline{AB} = 0$$

$$\sum F_y = 0 \Rightarrow F_{Ay} - T\cos^2 30° = 0$$

$$\sum F_x = 0 \Rightarrow F_{Ax} + F_{Bx} - T\cos30°\sin30° = 0$$

$$\sum F_z = 0 \Rightarrow F_{Az} + F_{Bz} + T\sin30° - G = 0$$

解之得

$$F_{Bx} = F_{Bz} = 0 , \quad T = 200\,\text{N} , \quad F_{Ax} = 86.603\,\text{N} , \quad F_{Ay} = 150\,\text{N} , \quad F_{Az} = 100\,\text{N}$$

[例 3-4] 边长为 *a* 的等边三角形板 *ABC* 用三根铅直杆 1、2、3 和三根与水平面各成30° 的斜杆 4、5、6 支撑在水平位置。在板的平面内作用有力偶 *M*，如图 3-8（a）所示。板和各杆的自重不计，求各杆的内力。

解： 因支撑三角板的杆都是二力杆，故用截面法将各杆截开，取三角板为研究对象，受力如图 3-8（b）所示。它们构成空间一般力系，有六个未知量，可用空间一般力系平衡方程求解。下面分别用三种方法求解。

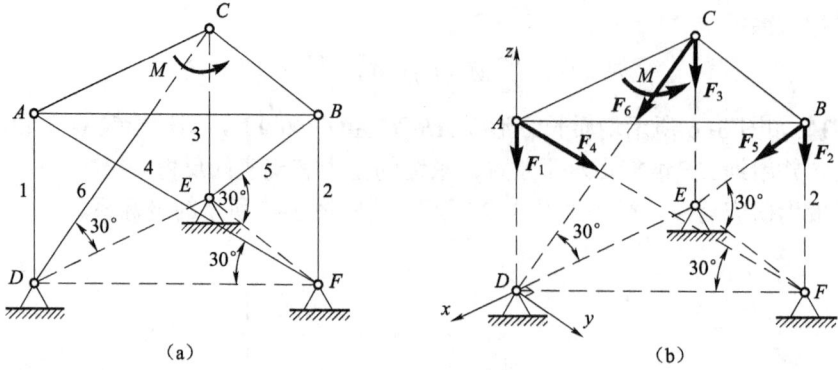

图 3-8 等边三角形板 *ABC*

方法一:

用空间力系一般形式的平衡方程求解,坐标系 *Dxyz* 如图 3-8(b)所示。

$$\sum M_z(F)=0 \Rightarrow F_5\cos30° \cdot a\cos30° + M = 0$$

得

$$F_5 = -\frac{M}{a\cos^2 30°} = -\frac{4M}{3a}$$

$$\sum F_y = 0 \Rightarrow F_4\cos30°\cos30° - F_5\cos30°\cos30° = 0$$

得

$$F_4 = F_5 = -\frac{4M}{3a}$$

$$\sum F_x = 0 \Rightarrow F_6\cos30° - F_4\cos30°\sin30° - F_5\cos30°\sin30° = 0$$

得

$$F_6 = (F_4 + F_5)\sin30° = -\frac{4M}{3a}$$

$$\sum M_x(F)=0 \Rightarrow -F_2 a\cos30° - F_4\sin30° \cdot a\cos30° = 0$$

得

$$F_2 = -F_4\sin30° = \frac{2M}{3a}$$

$$\sum M_y(F)=0 \Rightarrow -F_3 a - F_2 a\sin30° - F_4\sin30° \cdot a\sin30° - F_5\sin30° \cdot a = 0$$

得

$$F_3 = (-F_2 - F_4\sin30° - F_5)\sin30° = \frac{2M}{3a}$$

$$\sum F_z = 0 \Rightarrow -F_1 - F_2 - F_3 - F_4\sin30° - F_5\sin30° - F_6\sin30° = 0$$

得

$$F_1 = -F_2 - F_3 - (F_4 + F_5 + F_6)\sin30° = \frac{2M}{3a}$$

上述求得的结果为各杆内力的大小,负号说明杆件受压。

在上面的分析中，我们应用了空间任意力系平衡方程的基本形式。与平面任意力系一样，空间任意力系平衡方程也有其他形式。我们可以根据需要选择投影轴或力矩轴，用力矩方程部分或全部地代替上述中的三个投影方程。

方法二：

$$\sum M_z(\boldsymbol{F}) = 0 \Rightarrow F_5\cos30° \cdot a\cos30° + M = 0$$

得

$$F_5 = -\frac{M}{a\cos^2 30°} = -\frac{4M}{3a}$$

$$\sum M_{FB}(\boldsymbol{F}) = 0 \Rightarrow F_6\cos30° \cdot a\cos30° + M = 0$$

得

$$F_6 = -\frac{4M}{3a}$$

$$\sum M_{EC}(\boldsymbol{F}) = 0 \Rightarrow F_4\cos30° \cdot a\cos30° + M = 0$$

得

$$F_4 = -\frac{4M}{3a}$$

$$\sum M_{AB}(\boldsymbol{F}) = 0 \Rightarrow -F_3 a\cos30° - F_6\sin30° \cdot a\cos30° = 0$$

得

$$F_3 = \frac{2M}{3a}$$

$$\sum M_{AC}(\boldsymbol{F}) = 0 \Rightarrow F_2 a\cos30° + F_5\sin30° \cdot a\cos30° = 0$$

得

$$F_2 = -F_5\sin30° = \frac{2M}{3a}$$

$$\sum M_{BC}(\boldsymbol{F}) = 0 \Rightarrow -F_1 a\cos30° - F_4\sin30° \cdot a\cos30° = 0$$

得

$$F_1 = -F_4\sin30° = \frac{2M}{3a}$$

方法三：

本题中，结构对称，载荷也对称，所以反力也应该对称，即

$$F_1 = F_2 = F_3, F_4 = F_5 = F_6$$

因此，只要列出两个平衡方程，就可求出各杆内力。

讨论：

（1）由上述三种方法可知，合理选择投影轴和力矩轴对求解空间力系的平衡问题尤为重要。同时，不一定总要使三个力矩轴分别与投影轴重合，而且也不一定要采用三个投影式和三个力矩标准形式的平衡方程求解。只要根据具体问题灵活选用，就能使求解简便。

（2）根据结构对称或载荷对称条件，也会给求解带来方便。

选不同力矩轴和投影轴建立平衡方程有一定的限制。当然，要判别任意写出的六个平衡方程是否独立是一个比较复杂的问题。但是，如果一个方程能解出一个未知量，这不仅避免了解联立方程，而且这个方程也一定是独立的。所以，在列平衡方程的其他形式时，要尽可能地使方程中只含有一个未知数。

思 考 题

1. 如图 3-9 所示，沿立方体的对角线 AK 作用一力 F，已知 F=143 N，AB=12 cm，BC=4 cm，CK=3 cm。试求：力 F 在 x、y、z 轴上的投影及对三个坐标轴的矩。

2. 重力为 P 的物体用杆 AB 和位于同一水平面的绳索 AC 与 AD 支承，如图 3-10 所示。已知 P=1 000 N，CE=ED=12 cm，EA=24 cm，β=45°，不计杆重。求绳索的拉力和杆所受的力。

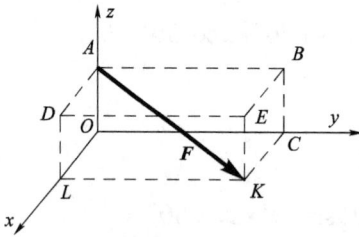

图 3-9　力 F

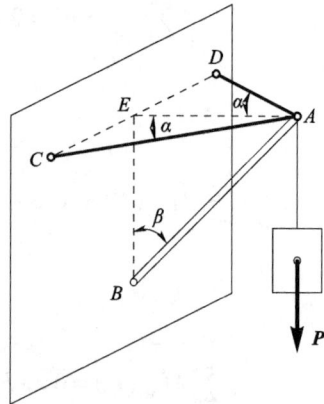

图 3-10　重力为 P 的物体

项目 4　轴向拉伸与压缩

4.1　轴向拉伸与压缩的概念、轴力与轴力图

一、轴向拉伸与压缩的概念

轴向拉压的受力特点：外力的合力作用线与杆的轴线重合。

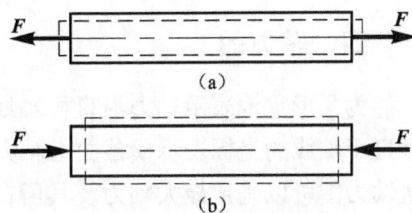

轴向拉压的变形特点：

轴向拉伸：杆的变形是轴向伸长，横向缩短。

轴向压缩：杆的变形是轴向缩短，横向变粗。

拉压变形简图如图 4—1 所示。

图 4—1　拉压变形简图

(a) 拉伸；(b) 压缩

二、截面法

内力的计算是分析构件强度、刚度、稳定性等问题的基础。求内力的一般方法是截面法。

截面法的基本步骤：

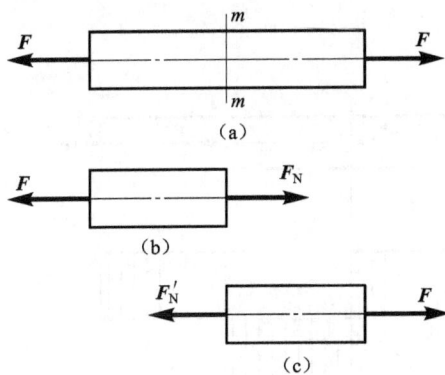

图 4—2　截面法

（1）截开：在所求内力处，假想地用截面将杆件切开。

（2）代替：任取一部分，弃去部分对留下部分的作用以内力（力或力偶）代替。

（3）平衡：对留下的部分建立平衡方程，求未知内力（此时截开面上的内力对所留部分而言是外力）。

以图 4—2（a）所示拉杆为例，欲求拉杆任一截面 m—m 上的内力，可假想地用一平面将杆件沿截面 m—m 截为两段，任取其中一段，如左段，作为研究对象，并将右段杆对左段杆的作用以内力 F_N 代替。

由于原来整个杆件处于平衡状态，被截开后的各段也必然仍处于平衡状态，所以左段杆除受力 F 作用外，截面 m—m 上必定有作用力 F_N 与之平衡，如图 4—2（b）所示，该力就是右段杆对左段杆的作用力，亦即 m—m 截面上的内力。

列出左段杆的平衡方程

$$\sum F_{ix} = 0 \Rightarrow F_N - F = 0$$

得

$$F_N = F$$

若以右段杆为研究对象，如图 4—2（c）所示，同样可得

$$\sum F_{ix} = 0 \Rightarrow F_N' - F = 0$$

$$F_N' = F$$

实际上，F_N 与 F_N' 是一对作用力与反作用力。因此，对同一截面，如果选取不同的研究对象，所求得的内力必然数值相等，方向相反。

由于轴向拉伸或压缩时杆件横截面上内力 F_N 与外力 F 共线，且与杆件轴线重合，所以这里的内力 F_N 称为轴力。轴力的正负号表示杆件不同的变形：杆件拉伸时，轴力背离截面，取正号；杆件压缩时，轴力指向截面，取负号。

三、轴力

轴力的作用线与轴线重合，轴力单位为牛顿（N）。无论取左段还是右段，两段轴力大小相等，方向相反。同一位置，左、右侧截面内力分量必须具有相同的正负号。

四、轴力图

为了形象地表示轴力沿直杆轴线的变化规律，可用平行于轴线的坐标表示截面位置，用垂直于轴线的坐标表示横截面上轴力的数值，画出轴力与截面位置的关系图线，称为轴力图。从轴力图可以确定最大轴力及其所在的截面位置。习惯上将正轴力（拉伸时的内力）画在上方，负轴力（压缩时的内力）画在下方。

[例 4-1] 等截面直杆受力如图 4-3 所示，作杆件的内力图，并确定危险面。

轴力图如图 4-4 所示。

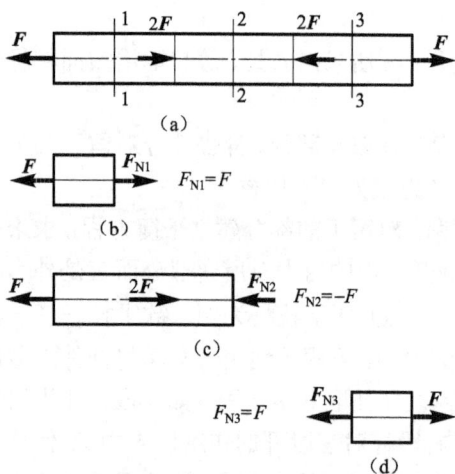

图 4-3 截面法

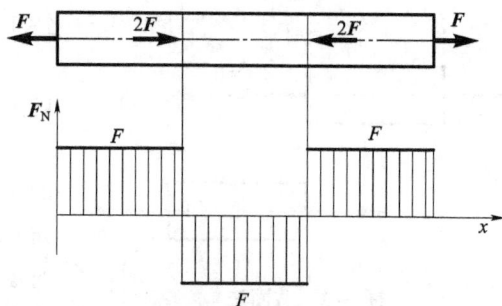

图 4-4 轴力图

如果杆件受到的外力多于两个，则杆件不同横截面上有不同的轴力。轴力图 F_N 的图像表示：

（1）反映出轴力与截面位置的变化关系，较直观。

（2）反映出最大轴力的数值及其所在面的位置，即危险截面位置，为强度计算提供依据。

4.2　轴向拉压时截面上的应力（横截面、斜截面）剪应力互等定律

一、拉伸和压缩时横截面上的正应力

设想杆件是由许多纵向纤维所组成的，根据平面假设，拉杆变形后所有纵向纤维的伸长一定都相等。由于材料是均匀的，可以推断，横截面上的内力也是均匀分布的，即应力为常量，而且方向都垂直于横截面，如图 4-5 所示，此时的应力称为正应力，以 σ 表示，其值的计算公式为

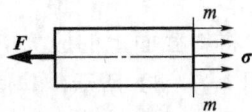

图 4-5　等直杆横截面应力分析

$$\sigma = \frac{F_N}{A}$$

式中，σ 为横截面上的正应力；F_N 为横截面上的轴力；A 为横截面面积。

正应力的符号规定与轴力相同。拉伸时的正应力为正，压缩时的正应力为负。

应力的单位是帕斯卡（Pascal）（国际单位），简称为帕（Pa）。$1\,Pa = 1\,N/m^2$。由于帕斯卡这一单位太小，工程中常用兆帕（MPa）或吉帕（GPa）作为应力单位。$1\,MPa = 10^6\,Pa = 10^6\,N/m^2$，$1\,GPa = 10^9\,Pa$。

二、斜截面上的应力分析

图 4-6（a）所示为一受轴向拉伸的等直杆，今研究与横截面成 α 角的斜截面 $K-K$ 上的应力情况。由截面法求得斜截面上的轴力，如图 4-6（b）所示为

$$F_N = F$$

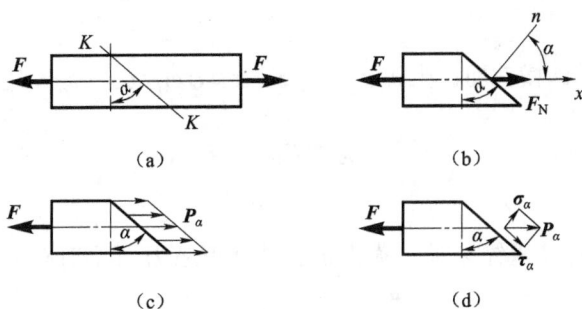

图 4-6　斜截面上的应力分析

依照横截面上正应力分布的推理方法，可得斜截面上应力 P_α 也是均匀分布的，如图 4-6（c）所示，其值为

$$P_\alpha = \frac{F_N}{A_\alpha}$$

式中，A_α 为斜截面面积。

若横截面面积为 A，则

$$A_\alpha = \frac{A}{\cos\alpha}$$

将后式代入前式，可得

$$P_\alpha = \frac{F_N}{A}\cos\alpha = \sigma\cos\alpha$$

式中，$\sigma = \dfrac{F_N}{A}$，为横截面上的正应力。

将斜截面上的应力 $\boldsymbol{P}_\alpha$ 分解为垂直于斜截面的正应力 $\boldsymbol{\sigma}_\alpha$ 和平行于斜截面的剪应力 $\boldsymbol{\tau}_\alpha$，如图 4-6（d）所示，其值分别为

$$\sigma_\alpha = P_\alpha\cos\alpha = \sigma\cos^2\alpha$$

$$\tau_\alpha = P_\alpha\sin\alpha = \frac{1}{2}\sigma\sin 2\alpha$$

斜截面上剪应力的方向用正负号来区别，具体规定如下：取研究对象内任一点为矩心，剪应力绕该点有顺时针转动的趋势时，剪应力为正，反之为负，如图 4-7 所示。

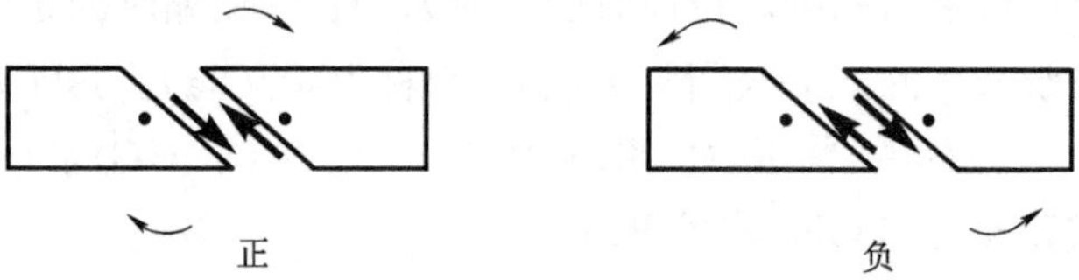

正　　　　　　　　　　　　　负

（a）　　　　　　　　　　　（b）

图 4-7　斜截面上剪应力的方向

由式 $\sigma_\alpha = P_\alpha\cos\alpha = \sigma\cos^2\alpha$，$\tau_\alpha = P_\alpha\sin\alpha = \dfrac{1}{2}\sigma\sin 2\alpha$ 可知，杆件承受拉伸或压缩时，斜截面上既有正应力，又有剪应力，它们的大小均为角 α 的函数，即两种应力均随斜截面方位的变化而变化。

（1）当 $\alpha = 0°$ 时，即横截面，由式 $\sigma_\alpha = P_\alpha\cos\alpha = \sigma\cos^2\alpha$，$\tau_\alpha = P_\alpha\sin\alpha = \dfrac{1}{2}\sigma\sin 2\alpha$ 得

$$\sigma_{\alpha=0°} = \sigma_{max} = \sigma$$

$$\tau_{\alpha=0°} = 0$$

即当杆件承受拉伸（压缩）时，横截面上只有正应力而无剪应力，且正应力值达到最大值。

（2）当 $\alpha = 45°$ 时，有

$$\sigma_{\alpha=45°} = \frac{1}{2}\sigma$$

$$\tau_{\alpha=45°} = \tau_{max} = \frac{1}{2}\sigma$$

即当杆件受到轴向拉伸（压缩）时，在与横截面成 45° 的斜面上，产生最大剪应力。

（3）当 $\beta = \alpha + 90°$ 时（见图 4-8），有

$$\tau_{\alpha+90°} = \frac{1}{2}\sigma \sin 2(\alpha + 90°) = -\frac{1}{2}\sigma \sin 2\alpha = -\tau_\alpha$$

上式说明，两个互相垂直截面上的剪应力必同时存在，且大小相等，符号相反。这一关系称为剪应力互等双生定理，简称剪应力互等定理。

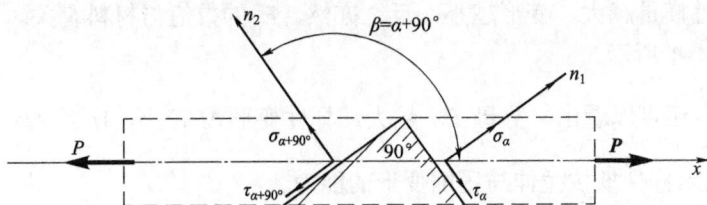

图 4-8　两个互相垂直截面上的剪应力

4.3　拉伸与压缩时的变形

一、纵向变形与胡克定律

杆件受轴向拉伸与压缩作用时，长度方向发生的尺寸改变称为纵向变形，如图 4-9 所示。

$$\Delta l = l_1 - l$$

式中，Δl 为绝对变形。拉伸时 Δl 为正值，压缩时 Δl 为负值。Δl 的单位常用毫米（mm）。

绝对变形只能反映杆件总的变形量，而不能说明杆件的变形程度。为了说明杆件的变形程度，常用单位长度上的纵向变形即 $\frac{\Delta l}{l}$ 来度量，这个比值称为相对变形或线应变，以 ε 表示，即

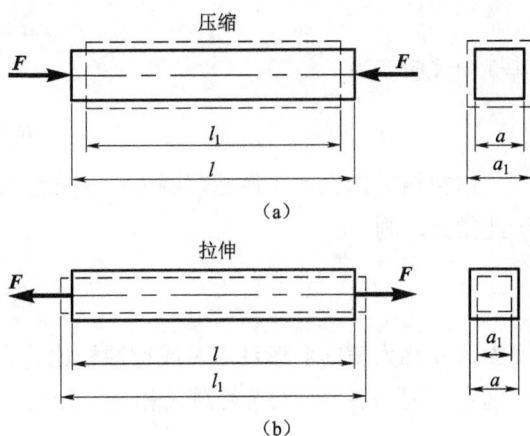

图 4-9　拉伸与压缩时的变形

$$\varepsilon = \frac{\Delta l}{l}$$

线应变是量纲为 1 的量，其正负号的意义与绝对变形相同。

二、胡克定律

试验研究指出，在弹性范围以内，杆件的绝对变形 Δl 与所施加的外力大小 F 及杆件长度 l 成正比，而与杆件的横截面面积 A 成反比，即

$$\Delta l \propto \frac{Fl}{A}$$

引入与杆件材料有关的比例系数 E，上式可写为

$$\Delta l = \frac{Fl}{EA}$$

由于 $F_N = F$，上式又可写为

$$\Delta l = \frac{F_N l}{EA}$$

这一比例关系称为胡克定律。比例系数 E 称为材料的拉压弹性模量，它表示材料抵抗拉（压）变形的能力，弹性模量越大，变形越小，反之亦然，E 的数值与材料有关。工程中常用材料的弹性模量如表 4-1 所示。

从式 $\Delta l = \dfrac{F_N l}{EA}$ 还可以看出，分母 EA 越大，杆件变形 Δl 越小，所以 EA 称为杆件的抗拉（压）刚度，它表示杆件抵抗拉伸与压缩变形的能力。

将 $\sigma = \dfrac{F_N}{A}$ 和 $\varepsilon = \dfrac{\Delta l}{l}$ 代入式 $\Delta l = \dfrac{F_N l}{EA}$，可得胡克定律的另一表达式：

$$\sigma = E\varepsilon$$

上式表明，在弹性范围内，杆件横截面上的正应力与纵向线应变成正比。

三、横向变形与泊松比

若杆件变形前的横向尺寸为 a，拉伸后缩小为 a_1（见图 4-9），则杆件的横向变形为

$$\Delta a = a_1 - a$$

其横向线应变为

$$\varepsilon_1 = \frac{\Delta a}{a}$$

试验结果指出，在弹性范围内，横向应变与纵向应变之比的绝对值为一常数，若以 μ 表示此常数，则

$$\mu = \left| \frac{\varepsilon_1}{\varepsilon} \right|$$

式中，μ 称为横向变形系数，或称泊松比。它是一个量纲为 1 的量，其值随材料而异，由试验确定。因为 ε_1 与 ε 的符号总是相反，故有

$$\varepsilon_1 = -\mu\varepsilon$$

弹性模量和泊松比都是表示材料弹性的重要物理量，一些常用材料的值如表 4-1 所示。

表 4-1　几种常用材料的 E、μ、G 的值

材料名称	E/GPa	μ	G/GPa
灰口铸铁	115~160	0.23~0.27	46.7~63.0
低碳钢	200~220	0.25~0.33	80.0~82.7
合金钢	190~220	0.24~0.33	76.6~82.7
钢及其合金	74~130	0.31~0.42	28.2~45.8
铝及硬铝合金	71	0.33	26.7
混凝土	15~36	0.16~0.18	—
橡胶	0.008	0.47	—
木材（顺纹）	10~12	0.054	—

[例4-2] 已知阶梯形直杆受力如图 4-10（a）所示，材料的弹性模量 $E = 200\,\text{GPa}$，杆各段的横截面面积分别为 $A_{AB} = A_{BC} = 1\,500\,\text{mm}^2$，$A_{CD} = 1\,000\,\text{mm}^2$。要求：

（1）作轴力图。

（2）计算杆的总伸长量。

解：（1）画轴力图。因为在 A、B、C、D 处都有集中力作用，所以 AB、BC 和 CD 杆三段杆的轴力各不相同。应用截面法得

$$F_{NAB} = 300 - 100 - 300 = -100\,(\text{kN})$$

$$F_{NBC} = 300 - 100 = 200\,(\text{kN})$$

$$F_{NCD} = 300\,(\text{kN})$$

轴力图如图 4-10（b）所示。

（2）求杆的总伸长量。因为杆各段轴力不等，且横截面积也不完全相同，因而必须分段计算各段的变形，然后求和。各段杆的轴向变形分别为

$$\Delta l_{AB} = \frac{F_{NAB}l_{AB}}{EA_{AB}} = \frac{-100 \times 10^3 \times 300}{200 \times 10^3 \times 1\,500} = -0.1\,(\text{mm})$$

$$\Delta l_{BC} = \frac{F_{NBC}l_{BC}}{EA_{BC}} = \frac{200 \times 10^3 \times 300}{200 \times 10^3 \times 1\,500} = 0.2\,(\text{mm})$$

$$\Delta l_{CD} = \frac{F_{NCD}l_{CD}}{EA_{CD}} = \frac{300 \times 10^3 \times 300}{200 \times 10^3 \times 1\,000} = 0.45\,(\text{mm})$$

杆的总伸长量为

$$\Delta l = \sum_{i=1}^{3} \Delta l_i = -0.1 + 0.2 + 0.45 = 0.55\,(\text{mm})$$

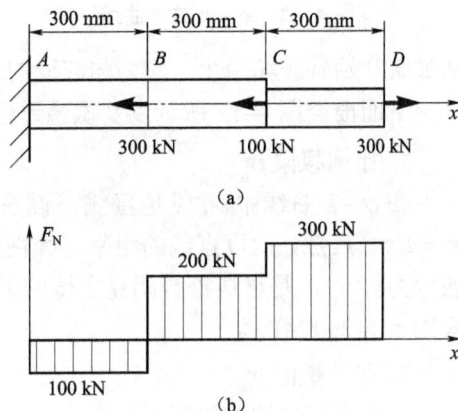

图 4-10 阶梯形直杆受力

4.4 材料拉伸与压缩时的力学性能

材料的机械性质，是材料在外力的作用下表现出的变形、破坏等方面的特性。材料从加载直至破坏整个过程中表现出来的反映材料变形性能、强度性能等特征方面的指标只能通过试验测定。

一、低碳钢拉伸时材料的力学性能

低碳钢：含碳量在 0.25% 以下的碳素钢。

试件：圆截面标准试件，$l=10d$ 或 $l=5d$。

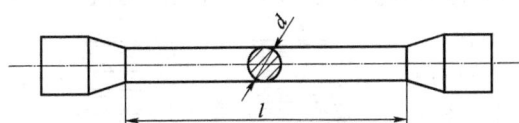

图 4-11 标准试件

试验条件：常温、静载。

标准试件如图 4-11 所示。

当试样被夹持在试验机上进行试验时，试样受到由零逐渐增大的拉力 F 作用，同时发生变形。若记录各时刻的拉力 F，以及与各拉力 F

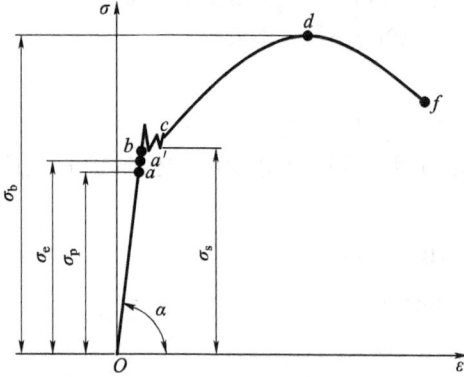

图 4-12　$\sigma - \varepsilon$ 关系曲线

对应的试件标距 l 长度内的变形 Δl，直至试件被破坏为止。由此便能绘出 F 与 Δl 的关系曲线，称为拉伸图或 $F - \Delta l$ 曲线。为了消除试件尺寸的影响，以反映材料本身的性能，将拉伸图的纵坐标 F 除以试件的横截面面积 A，即 $\dfrac{F}{A}$；横坐标 Δl 除以试件的标距 l，即 $\dfrac{\Delta l}{l}$。由于 $\dfrac{F}{A} = \sigma$，$\dfrac{\Delta l}{l} = \varepsilon$，故纵坐标为 σ，横坐标为 ε，于是得到 $\sigma - \varepsilon$ 关系曲线，如图 4-12 所示，称为应力应变图。一般试验机上都连接电脑，可以自动绘制出应力应变图。它表示从加载开始到破坏为止，应力与应变的对应关系。

下面根据图 4-12 所示以及试验过程中的现象，讨论低碳钢拉伸时的力学性能。

1. 比例极限 σ_p

在 $\sigma - \varepsilon$ 曲线中 oa 段是直线，说明试件的应变与应力成正比关系，材料符合胡克定律 $\sigma = E\varepsilon$。显然，此段直线的斜率与弹性模量 E 的数值相等。与图上直线部分的最高点 a 对应的应力值 σ_p，是材料符合胡克定律的最大应力值，称为材料的比例极限。Q235 钢的比例极限为 $\sigma_p = 200\,\text{MPa}$。

2. 弹性极限 σ_e

在应力超过比例极限后，图上 aa' 线段已不是直线，说明应力和应变不再成正比，但所发生的变形仍然是弹性的。与 a' 对应的应力 σ_e 是材料发生弹性变形的极限值，称为弹性极限。Q235 钢弹性极限 σ_e 值也接近 200 MPa。因此，在实际应用中，对比例极限与弹性极限通常不作严格区分。

3. 屈服极限 σ_s

在应力超过比例极限以后，图形中出现一段近似水平的小锯齿形线段 bc，说明此阶段的应力虽有波动，但几乎没有增加，却发生了较大的变形。这种应力变化不大、应变显著增加的现象称为材料的屈服。屈服阶段除第一次下降的最小应力外的最低应力称为屈服极限，以 σ_s 表示。Q235 钢的屈服极限大约为 235 MPa。如果试件表面光滑，此时可以看到试件表面有与轴线成 45° 方向的条纹，这是由材料沿试件最大剪应力面发生滑移引起的，通常称为滑移线。

在工程上，一般不允许材料发生塑性变形，故屈服极限是材料的重要强度指标。

4. 强度极限 σ_b

过了屈服阶段，图形变为上升的曲线，说明材料恢复了对变形的抵抗能力，这种现象称为材料的强化。对应于曲线的最高点 d 的应力，即试件断裂前能够承受的最大应力值，称为强度极限，以 σ_b 表示。Q235 钢的 σ_b 为 376～460 MPa。

应力达到强度极限以后，试件出现局部收缩，称为颈缩现象，如图 4-13 所示。由于颈缩处截面积迅速减小，导致试件最后在此处断裂。

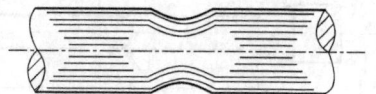

图 4-13　颈缩

5. 延伸率和断面收缩率

试件被拉断以后，其标距由原来的长度 l 增加到 l_1，断口处的横截面面积由原来的 A 减为 A_1。$l_1 - l$ 是试件在标距内的塑性变形量，它与 l 之比通常用百分数表示，称为延伸率 δ，即

$$\delta = \frac{l_1 - l}{l} \times 100\%$$

试件断口处横截面面积的相对变化率，称为断面收缩率，用符号 ψ 表示，即

$$\psi = \frac{A - A_1}{A} \times 100\%$$

延伸率和断面收缩率是衡量材料塑性的重要指标。δ、ψ 值越大，说明材料的塑性越好。当材料的延伸率 $\delta \geqslant 5\%$ 时称为塑性材料，$\delta < 5\%$ 时称为脆性材料。Q235 钢的 $\delta = 20\% \sim 30\%$，是典型的塑性材料。

二、铸铁的拉伸试验

铸铁拉伸时的 $\sigma - \varepsilon$ 曲线如图 4-14 所示，图中没有明显的直线部分，也没有屈服和颈缩现象，试件的断裂是突然的。

铸铁的延伸率 $\delta = 0.5\% \sim 0.6\%$，是典型的脆性材料。衡量此类脆性材料强度的唯一指标是强度极限 σ_b。

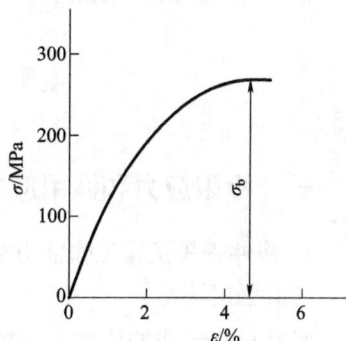

图 4-14 铸铁拉伸时的 $\sigma - \varepsilon$ 曲线

三、材料压缩时的力学性能

金属材料的压缩试件为短圆柱形，如图 4-15 所示，圆柱的高度一般为直径的 $2.5 \sim 5.5$ 倍。

1. 低碳钢的压缩试验

如图 4-16 所示，实线部分为 Q235 钢压缩时的 $\sigma - \varepsilon$ 曲线，虚线部分为 Q235 钢拉伸时的 $\sigma - \varepsilon$ 曲线。由 4-16 图可见，在屈服阶段以前，压缩与拉伸的 $\sigma - \varepsilon$ 曲线基本相同，说明低碳钢在拉伸、压缩时的弹性模量 E、比例极限 σ_p 和屈服极限 σ_s 是相同的，只是在超过屈服极限以后，试件越压越扁，横截面面积不断增大，抗压能力不断提高，试件只会压扁而不会断裂，因此无法测出低碳钢的抗压强度极限 σ_b。

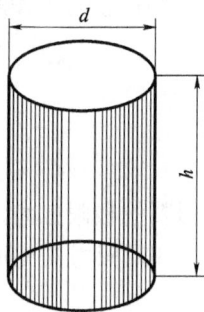

图 4-15 压缩试件

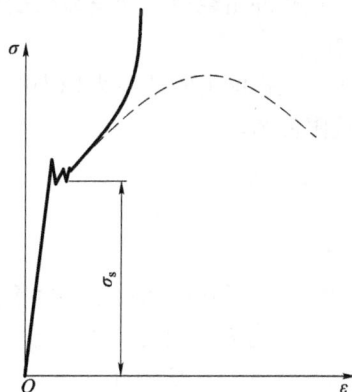

图 4-16 Q235 钢拉伸和压缩时的 $\sigma - \varepsilon$ 曲线

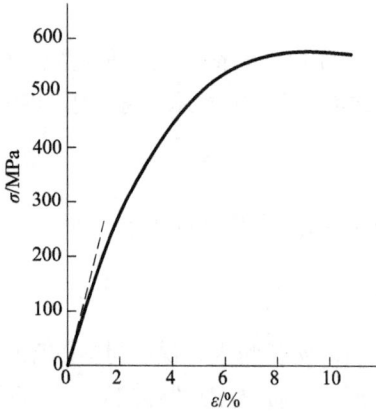

图 4-17　铸铁拉伸和压缩时的 $\sigma-\varepsilon$ 曲线

2. 铸铁的压缩试验

如图 4-17 所示，实线部分是铸铁压缩时的 $\sigma-\varepsilon$ 曲线，虚线部分是铸铁拉伸时的 $\sigma-\varepsilon$ 曲线。由图 4-17 可见，在铸铁拉伸和压缩的 $\sigma-\varepsilon$ 曲线中，均没有明显的直线部分，材料只近似地服从胡克定律。铸铁压缩时也没有屈服阶段，但铸铁压缩时的强度极限为拉伸时的 4～5 倍，所以铸铁多用于承受压力的构件。

铸铁在压缩时有明显的变形，断裂前，试件略呈鼓形。破坏时的断面与轴线成 25°～45°。

4.5　拉伸与压缩的强度计算

一、极限应力和许用应力

1. 构件丧失正常工作能力的几种情况

（1）强度不足。

脆性材料制成的构件，在拉力下，变形很小时会突然脆断，即断裂失效。塑性材料制成的构件，当工作应力达到材料的屈服极限 σ_s 时出现塑性变形，由于不能保持原有的形状和尺寸，已不能正常工作，即塑性失效。把脆性材料试件的断裂和塑性材料试件出现塑性变形统称为失效。受压短杆的压溃、压扁同样也是失效。

（2）刚度不足。

机床主轴变形过大，虽未出现塑性变形，但也不能满足加工精度；双杠横梁在运动员重力作用下发生过大的变形。

（3）稳定性不足。

受压细长杆件被压弯，如用针扎孔时，针发生了弯曲。

（4）另外，还有冲击载荷、交变载荷引起的失效。

2. 极限应力

材料丧失正常工作能力时的应力称为极限应力，用 σ_0 表示。构件正常工作时，必须保证工作应力低于极限应力。

塑性材料：$\sigma_0 = \sigma_s$。

脆性材料：$\sigma_0 = \sigma_b$。

3. 许用应力

为了保证构件安全工作，构件中实际产生的应力必须低于材料的极限应力，材料允许承受的最大应力，则称为许用应力，用符号 $[\sigma]$ 表示。极限应力与许用应力的比值称为安全系数，用 n 表示，许用应力可表示为

$$[\sigma] = \frac{\sigma_0}{n}$$

为保证构件正常工作，必须有

$$\sigma_{max} \leqslant \frac{\sigma_0}{n}$$

对于塑性材料，$\sigma_0 = \sigma_s$，$n = n_s$，故

$$[\sigma] = \frac{\sigma_s}{n_s}$$

式中，n_s 为屈服安全系数。

对于脆性材料，$\sigma_0 = \sigma_b$，$n = n_b$，故

$$[\sigma] = \frac{\sigma_b}{n_b}$$

式中，n_b 为断裂安全系数。

二、安全系数

1. 强度计算中有些数据与实际有差距的原因

（1）材料本身并非理想均匀的，测出的力学性能在一定范围内变动，材料越不均匀，变动范围越大。

（2）载荷估计不准，常常忽略风载、突发事件等影响。

（3）公式本身应用了平面假设，与实际有差别。

（4）构件的外形及所受外力较复杂，计算时需进行简化，因此工作应力均有一定程度的近似性。

2. 构件安全储备

（1）构件的工作环境较差，腐蚀、磨损等处安全系数要大。

（2）构件破坏后造成严重后果，安全系数要略大。飞机上零件的安全系数要比拖拉机上零件的安全系数大，而拖拉机上零件的安全系数要比自行车上零件的安全系数大。

一般情况下，塑性材料屈服安全系数取 $n_s = 1.2 \sim 2.5$；脆性材料的断裂安全系数取 $n_b = 2.0 \sim 3.5$，甚至有时取 $n_b = 3 \sim 9$。

三、强度计算

杆件中最大应力所在的横截面称为危险截面。为了保证构件具有足够的强度，必须使危险截面的应力不超过材料的许用应力，即

$$\sigma_{max} = \frac{F_N}{A} \leqslant [\sigma]$$

式中，F_N 为危险截面的内力；A 为横截面面积。

（1）强度校核：

$$\sigma_{max} = \frac{F_N}{A} \leqslant [\sigma]$$

（2）设计截面尺寸：

$$A \geqslant \frac{F_N}{[\sigma]}$$

（3）确定许可载荷：

$$F_N \leqslant [\sigma] \cdot A$$

[例4-3] 螺纹内径 $d = 15$ mm 的螺栓，紧固时所承受的预紧力 $F = 22$ kN。若已知螺栓的许用应力 $[\sigma] = 150$ MPa，试校核螺栓的强度是否足够。

解：（1）确定螺栓所受轴力。应用截面法，很容易求得螺栓所受的轴力即预紧力，有

$$F_N = F = 22 \text{ kN}$$

（2）计算螺栓横截面上的正应力。根据拉伸与压缩杆件横截面上正应力计算公式 $[\sigma] = \dfrac{F_N}{A}$，螺栓在预紧力作用下，横截面上的正应力为

$$[\sigma] = \frac{F_N}{A} = \frac{F}{\dfrac{\pi d^2}{4}} = \frac{4 \times 22 \times 10^3}{\pi \times 15^2} = 124.495 \text{（MPa）}$$

（3）应用强度条件进行校核。已知许用应力为

$$[\sigma] = 150 \text{ MPa}$$

螺栓横截面上的实际应力为

$$[\sigma] = 124.495 \text{ MPa} < [\sigma] = 150 \text{ MPa}$$

所以，螺栓的强度是足够的。

[例 4-4] 图 4-18（a）所示为一钢木结构的起吊架，AB 为木杆，其横截面面积 $A_{AB} = 10^4$ mm²，许用压应力 $[\sigma]_{AB} = 7$ MPa；BC 为钢杆，其横截面面积为 $A_{BC} = 600$ mm²，许用应力 $[\sigma]_{BC} = 160$ MPa。试求 B 处可承受的最大载荷 Q。

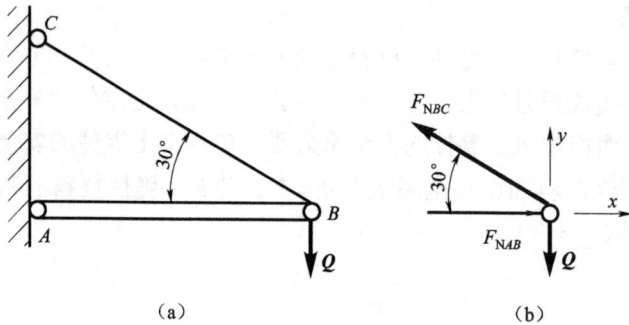

（a） （b）

图 4-18 钢木结构起吊架

解：（1）受力分析。用截面法截取 B 铰为研究对象，画受力图如图 4-18（b）所示。由平衡条件可求得各杆轴力 F_{NAB} 和 F_{NBC} 与载荷 Q 的关系。

$$\sum F_y = 0 \Rightarrow F_{NBC} \sin 30° - Q = 0$$

$$F_{NBC} = \frac{Q}{\sin 30°} = 2Q$$

$$\sum F_x = 0 \Rightarrow F_{NAB} - F_{NBC} \cos 30° = 0$$

所以

$$F_{NAB} = F_{NBC} \cos 30° = 2Q \cdot \frac{\sqrt{3}}{2} = \sqrt{3} Q$$

（2）求最大许可载荷。由式 $F_N \leqslant [\sigma] \cdot A$ 得木材的许可载荷为

$$F_{NAB} \leqslant [\sigma]_{AB} \cdot A_{AB}$$

即

$$\sqrt{3}Q \leqslant 10^4 \times 7$$

得

$$Q \leqslant 40\,414.519\,N = 40.415\,kN$$

钢杆的许可载荷为

$$F_{NBC} \leqslant [\sigma]_{BC} \cdot A_{BC}$$

即

$$2Q \leqslant 160 \times 600$$

得

$$Q \leqslant 48\,000\,N = 48\,kN$$

为保证结构安全，B 铰处可吊起的许可载荷 Q 应取 40.415 kN、48 kN 中的较小值，即

$$Q_{max} = 40.415\,kN$$

4.6 拉压杆的超静定问题

一、超静定问题的概念

在某些情况下，研究对象未知数的数目多于静力学平衡方程的数目，这时就不能单凭静力学平衡方程求解未知力了。这种问题称超静定（静不定）问题。未知力数目与独立平衡方程数目之差，称为超静定次数。如图 4-19 所示，AB 杆的受力图为一共线力系，只可列出一个平衡方程，但有两个未知约束反力 R_A 和 R_B。

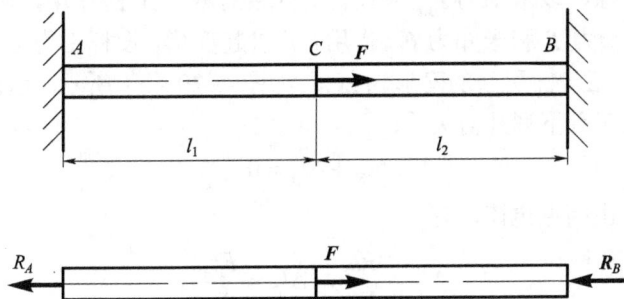

图 4-19 超静定结构

二、超静定问题的解法

在求解超静定问题时，除了利用静力学平衡方程以外，还必须考虑杆件的实际变形情况，列出变形的补充方程，并使补充方程的数目等于超静定次数。结构在正常工作时，其各部分的变形之间必然存在着一定的几何关系，称为变形协调条件。解超静定问题的关键在于，根据变形协调条件写出几何方程，然后将联系杆件的变形与内力之间的物理关系（如胡克定律）代入变形几何方程，即得所需的补充方程。下面通过具体例子加以说明。

[例 4-5] 两端固定的等直杆 AB，在 C 处承受轴向力 F，如图 4-20（a）所示，杆的抗压刚度为 EA，试求两端的支反力。

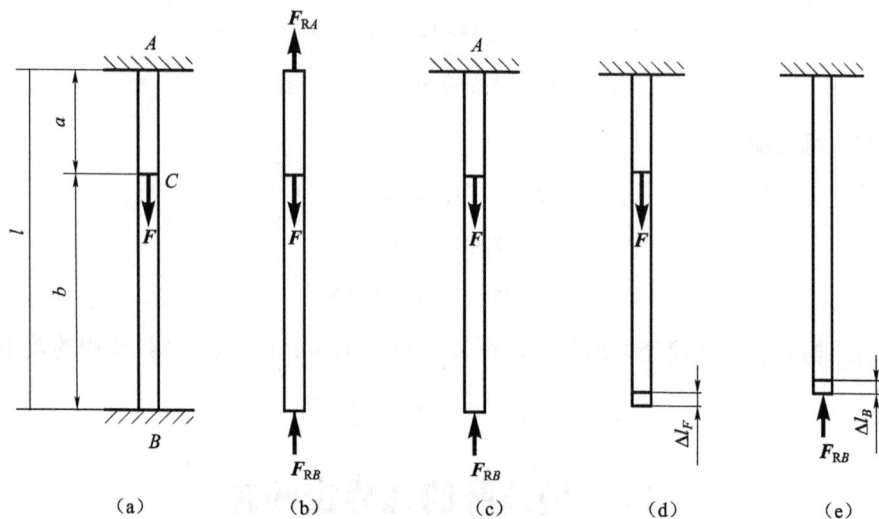

图 4-20 一次超静定问题

解：根据前面的分析可知，该结构为一次超静定问题，需找一个补充方程。为此，从下列三个方面来分析。

（1）静力方面。杆的受力如图 4-20（b）所示，可写出一个平衡方程为

$$\sum F_y = 0 \Rightarrow F_{RA} + F_{RB} - F = 0$$

（2）几何方面。由于是一次超静定问题，所以有一个多余约束，假设取下固定端 B 为多余约束，暂时将它解除，以未知力 F_{RB} 来代替此约束对杆 AB 的作用，则得一静定杆，如图 4-20（c）所示，受已知力 F 和未知力 F_{RB} 作用，并引起变形。设杆由力 F 引起的变形为 Δl_F，如图 4-20（d）所示；由 F_{RB} 引起的变形为 Δl_B，如图 4-20（e）所示。但由于 B 端是固定的，不能上下移动，因此应有下列几何关系：

$$\Delta l_F + \Delta l_B = 0$$

（3）物理方面。由胡克定律，有

$$\Delta l_F = \frac{Fa}{EA}, \quad \Delta l_B = \frac{F_{RB}l}{EA}$$

将式 $\Delta l_F = \frac{Fa}{EA}$，$\Delta l_B = -\frac{F_{RB}l}{EA}$ 代入式 $\Delta l_F + \Delta l_B = 0$，即得补充方程

$$\frac{Fa}{EA} - \frac{F_{RB}l}{EA} = 0$$

最后，解方程得

$$F_{RA} = \frac{Fb}{l}, \quad F_{RB} = \frac{Fa}{l}$$

求出反力后，即可用截面法分别求得 AC 段和 BC 段的轴力。

4.7 应力集中与材料疲劳

一、应力集中

等截面直杆受轴向拉压时，横截面上的应力均匀分布。由于工程需要，有些构件必须有切口、切槽、油孔、螺纹、轴肩等，故这些部位的截面尺寸会发生突变。那么在尺寸突变处应力如何分布呢？

带有圆孔的平板，在圆孔附近的局部区域内，应力的数值剧烈增加，而在离开这一区域稍远的地方，应力迅速降低而趋于均匀。这种因杆件外形突然变化而引起局部应力急剧增大的现象，称为应力集中。

应力的分布规律如图 4-21 所示。

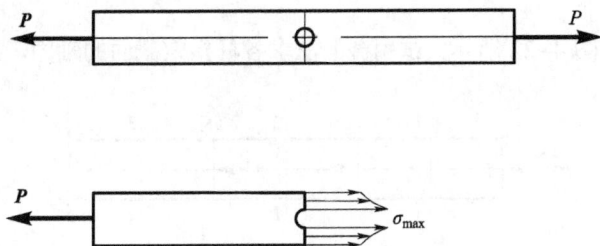

图 4-21 应力集中

理论应力集中系数

$$K = \frac{\sigma_{max}}{\sigma_m}$$

式中，σ_{max} 为局部最大应力；σ_m 为削弱处的平均应力。

二、应力集中对构件强度的影响

1. 构件的形状尺寸对应力集中的影响

尺寸变化越急剧、角越尖、孔越小，应力集中的程度越严重。

2. 构件材料对应力集中的影响

1）静载荷作用下

由塑性材料所制成的构件对应力集中的敏感程度较小，塑性材料、静载荷作用下可不考虑应力集中的影响。由内部组织均匀的脆性材料制成的构件必须考虑应力集中的影响，当 σ_{max} 达到 σ_b 时，该处首先产生破坏。陶瓷、玻璃等内部组织均匀的脆性材料尽量避免尺寸突变。内部组织不均匀的脆性材料制成的构件，灰铸铁构件内部的不均匀和缺陷往往是引起应力集中的主要因素，而零件外形改变所引起的应力集中可能成为次要因素，对零件的承载力不一定造成明显影响。

2）动载荷作用下

无论是塑性材料制成的构件还是脆性材料制成的构件，都必须考虑应力集中的影响。动载荷作用下，应力集中往往是零件破坏的根源。

3）应力集中的用处

可以利用应力集中达到构件较易断裂的目的，如食品或药品包装袋上的 V 形孔；售货员卖布时先剪一个小口，再用力撕开；用金刚石划痕，再轻敲，就可以在一块较大的玻璃上切下一小块规则形状。

注意：

（1）角越尖，孔越小，尺寸变化越急剧，应力集中程度越严重。

（2）在构件上开孔、开槽时采用圆形、椭圆形或带圆角的形状，避免或禁开方形及带尖角的孔槽；在截面改变处采用圆弧过渡，且尽量增大圆弧倒角半径。

（3）可以利用应力集中达到构件较易断裂的目的。

（4）不同材料与受力情况对于应力集中的敏感程度不同。

思 考 题

1. 拉杆或压杆如图 4-22 所示。试用截面法求各杆指定截面的轴力，并画出各杆的轴力图。

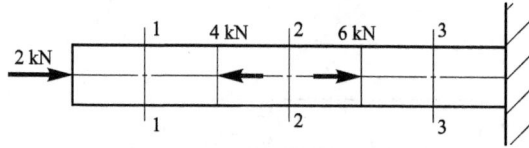

图 4-22　拉压杆

2. 圆截面阶梯状杆件如图 4-23 所示，受到 $F = 150\,\text{kN}$ 的轴向拉力作用。已知中间部分的直径 $d_1 = 30\,\text{mm}$，两端部分的直径 $d_2 = 50\,\text{mm}$，整个杆件长度 $l = 250\,\text{mm}$，中间部分杆件长度 $l_1 = 150\,\text{mm}$，$E = 200\,\text{GPa}$。试求：各部分横截面上的正应力 σ 以及整个杆件的总伸长量。

3. 三脚架结构如图 4-24 所示。已知 AB 杆为钢杆，其横截面面积 $A_1 = 600\,\text{mm}^2$，许用应力 $[\sigma_1] = 140\,\text{MPa}$；$BC$ 杆为木杆，横截面面积 $A_2 = 3 \times 10^4\,\text{mm}^2$，许用应力 $[\sigma_2] = 3.5\,\text{MPa}$。试求许可荷载 $[F]$。

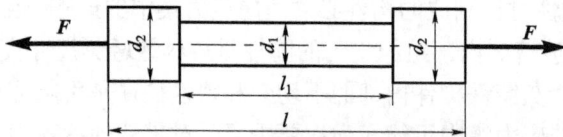

图 4-23　圆截面阶梯状杆件

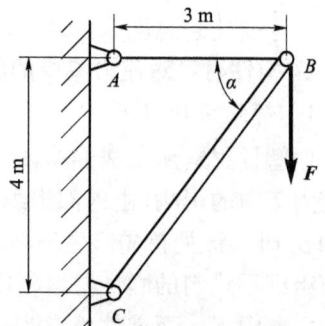

图 4-24　三脚架结构

项目5 圆轴的扭转

扭转的定义：杆的两端承受大小相等、方向相反、作用平面垂直于杆件轴线的两个力偶，杆的任意两横截面将绕轴线转动，这种受力与变形的形式称为扭转。

5.1 扭转的概念及外力偶矩计算

一、扭转的概念

机械中的轴类零件往往承受扭转，例如图 5-1 所示的汽车传动轴，左端受到联轴器的主动力偶作用，右端受到阻抗力偶作用。轴的两端在这样一对大小相等、方向相反、作用面与轴线垂直的力偶作用下，轴的各截面都绕其轴线发生相对转动，这种变形就是扭转变形。

又如图 5-2（a）所示的带传动轮和齿轮传动轴，也承受扭转变形，但除此之外，还承受弯曲变形，属于组合变形。图 5-2（b）是只考虑了扭转变形的情况。

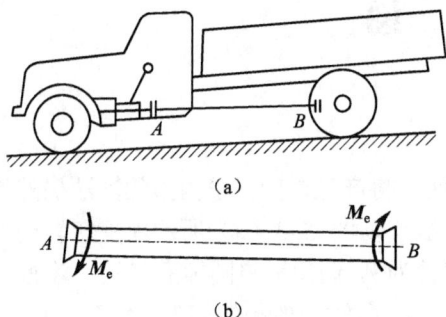

（a）

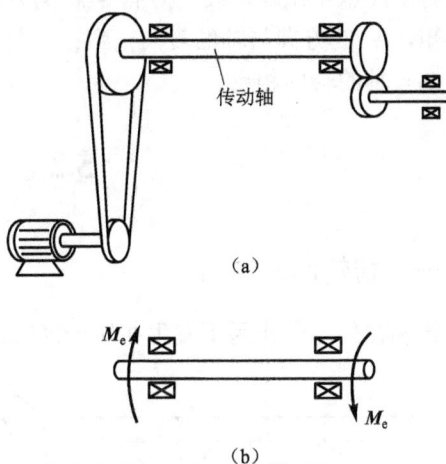

（a）

（b）

（b）

图 5-1 汽车传动轴及其受力示意图   图 5-2 带传动轮和齿轮传动轴

工程上发生扭转变形的构件，大多数是具有圆形或圆环形截面的直轴。本项目只研究等截面圆轴扭转时的外力、内力、应力和变形，并讨论轴的强度计算和刚度计算。

二、外力偶矩的计算

作用在轴上的外力偶矩 M_e，通常不是直接给出其数值的，而是给出轴的转速 n 和所传递的功率 P，这时，由功率和转速来计算力偶矩的公式为

$$M_e = 9\,550\frac{P}{n}(\text{N}\cdot\text{m})$$

式中，P 的单位为千瓦（kW）；n 的单位为转/分（r/min）。

上式的推导原理如下：

由物理学可知，力偶在单位时间内所做的功，即功率 P，等于力偶矩 M 的大小与角速度 ω 之积。

$$P = M\omega$$

工程中，功率常用 kW 作单位，转速常用 r/min 作单位。

$$P\times10^3 = M\cdot\frac{2\pi n}{60}$$

得

$$M = 9\,549\frac{P}{n} \text{ 或 } M = 9\,550\frac{P}{n}$$

式中，M 的单位为 N·m；P 的单位为 kW；n 的单位为 r/min。

工程中功率单位有时也用马力，1马力=735.5 W，可得

$$M = 7\,024\frac{P}{n}$$

式中，M 的单位为 N·m；P 的单位为马力；n 的单位为 r/min。

特别注意：在确定某个力偶矩 m 的方向时，凡是输入功率的齿轮、带轮作用的转矩为主动力矩，m 的方向与轴的转向一致；凡是输出功率的齿轮、带轮作用的转矩为阻力转矩，m 的方向与轴的转向相反。

5.2 扭 矩 图

一、扭转时的内力

圆轴在外力偶作用下发生扭转变形时，其横截面上将产生内力。求内力的方法仍然用截面法。以图 5–3（a）所示承受扭转变形的圆轴为例，假想地将圆轴沿着任一截面 1—1 切开，并取 A 部分作为研究对象，如图 5–3（b）所示。由于整个轴是平衡的，所以 A 部分也处于平衡状态。轴上已知的外力偶矩为 M_e，因为力偶只能用力偶来平衡，显然截面 1—1 上的内力合成的结果应该是一个内力偶矩，用符号 T 表示，方向如图 5–3（b）中所示，其大小由 A 部分的平衡条件 $\sum m = 0$ 可求得：

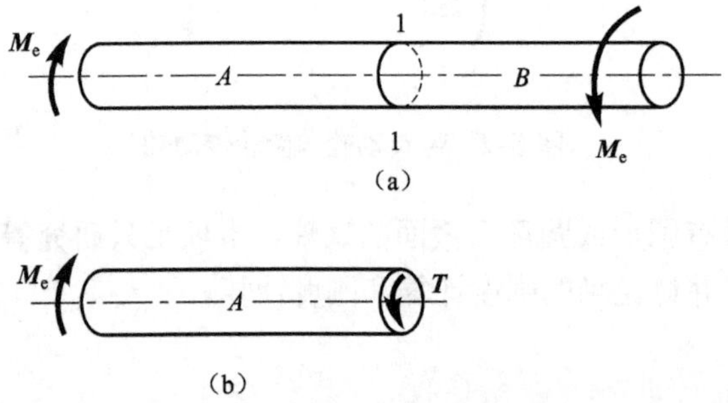

图 5–3 圆转扭转受力示意图

$$T - M_e = 0$$

即
$$T = M_e$$

T 称为截面 1—1 上的扭矩，它的单位与外力偶矩相同，常用单位为牛·米（N·m）。

扭矩的正负号规定如下：用右手螺旋法则将扭矩表示为矢量，即右手的四指弯曲方向表示扭矩的转向，大拇指表示扭矩矢量的指向。若扭矩矢量的方向与横截面外法线方向一致，则扭矩为正，如图 5-4（a）（b）所示；反之则扭矩为负，如图 5-4（c）（d）所示。因此，同一截面左右两侧的扭矩，不但数值相等而且符号相等。

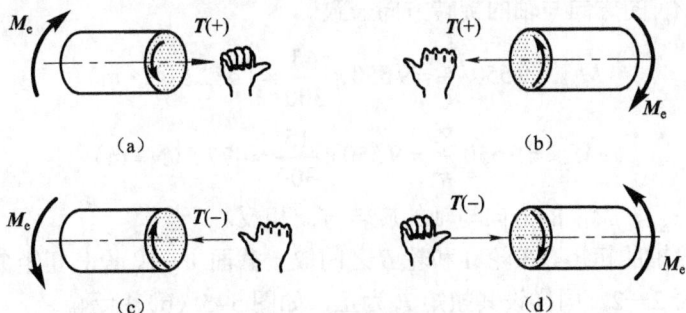

图 5-4　扭矩符号判断方法

二、扭矩图

一般情况下，轴内各个截面的扭矩不尽相同。为了显示整个轴上各截面扭矩沿轴线的变化规律，以便分析最大的扭矩（T_{max}）所在的截面，常采用图线进行表示。表示扭矩沿轴线变化情况的图线称为扭矩图。

在作扭矩图时，横坐标表示各个横截面的位置，纵坐标表示相应横截面上的扭矩。扭矩为正时，扭矩线在横坐标上方；扭矩为负时，扭矩线在横坐标下方。下面举例说明扭矩图的绘制方法。

［例 5-1］图 5-5（a）所示为一齿轮轴。已知轴的转速 $n = 300$ r/min，主动齿轮 A 的输入功率为 $P_A = 60$ kW，从动齿轮 B 和 C 输出功率分别为 $P_B = 45$ kW，$P_C = 15$ kW。

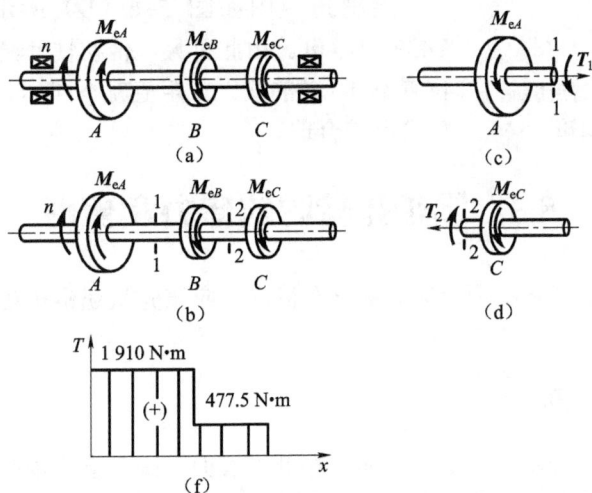

图 5-5　齿轮轴及其所受扭矩

（1）试用截面法求各段轴的扭矩。

（2）绘制扭矩图。

（3）如果将从动齿轮 B 和轮 C 分别安排在主动轮 A 的两侧，求最大扭矩值 T_{max}。

解：（1）计算外力偶矩。

$$M_{eA} = 9\,550\,\frac{P_A}{n} = 9\,550 \times \frac{60}{300} = 1910\,(\text{N} \cdot \text{m})$$

主动力偶矩 M_{eA} 的方向与轴的旋转方向一致。

$$M_{eB} = 9\,550\,\frac{P_B}{n} = 9\,550 \times \frac{45}{300} = 1\,432.5\,(\text{N} \cdot \text{m})$$

$$M_{eC} = 9\,550\,\frac{P_C}{n} = 9\,550 \times \frac{15}{300} = 477.5\,(\text{N} \cdot \text{m})$$

从动力偶矩 M_{eB}、M_{eC} 的方向与轴的旋转方向相反。

（2）计算各段轴的扭矩。在轮 A 和轮 B 之间取一截面 1—1，设其扭矩 T_1 为正，在轮 B 和轮 C 之间取一截面 2—2，同样其设扭矩 T_2 为正，如图 5—5（b）所示。

假设截面 1—1 上扭矩 T_1 为正，如图 5—5（c）所示，根据平衡条件，有

$$T_1 - M_{eA} = 0, \quad T_1 = M_{eA} = 1910\,\text{N} \cdot \text{m}$$

假设截面 2—2 上扭矩 T_2 也为正，如图 5—5（d）所示，根据平衡条件，有

$$T_2 - M_{eC} = 0, \quad T_2 = M_{eC} = 477.5\,\text{N} \cdot \text{m}$$

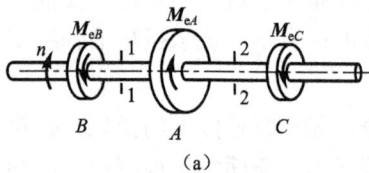

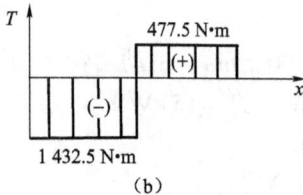

（3）绘制扭矩图。根据计算结果，绘制轴的扭矩图如图 5—5（f）所示。可见轴 AB 段各截面的扭矩最大，$T_{max} = 1910\,\text{N} \cdot \text{m}$。

（4）将从动齿轮 B 和 C 分别安排在主动轮 A 的两侧，如图 5—6（a）所示，同样用截面法可求得

$$T_1 = -M_{eB} = -1\,432.5\,\text{N} \cdot \text{m}$$

$$T_2 = M_{eC} = 477.5\,\text{N} \cdot \text{m}$$

绘制扭矩图如图 5—6（b）所示，最大扭矩 $|T_{max}| = 1\,432.5\,\text{N} \cdot \text{m}$。由此可见，传动轴上输入与输出功率的齿轮位置不同，轴的最大扭矩值就不同，显然，从强度观点来看，后者比较合理。

图 5—6 变换齿轮位置后的齿轮轴及其所受扭矩

5.3 圆轴扭转时的应力和变形

为了研究圆轴扭转时横截面上应力的分布情况，应该先从观察扭转变形的现象着手，以了解应力的分布规律。

一、圆轴扭转变形

取一等直径圆轴，如图 5—7（a）所示，在其外表面上画垂直于轴线的圆周线和平行于轴线的纵向线，形成许多矩形格子。将其左端固定，在其右端施加一外力矩 M_e，外力偶矩的作用面与轴线垂直，使轴扭转。通过观察图 5—7（b）、（c）可以发现圆轴产生下列变形现象：

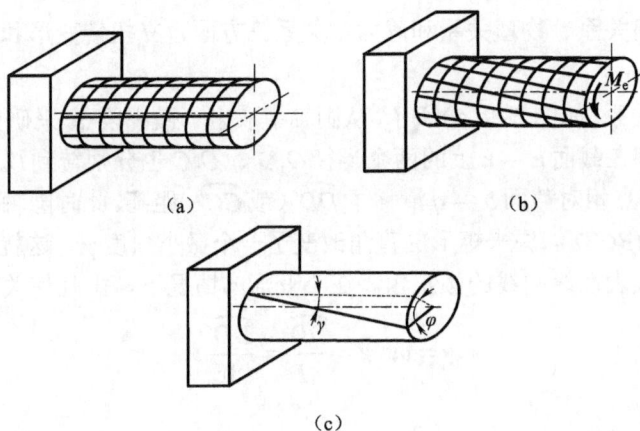

图 5-7　等直径圆轴

（1）圆周线的形状、大小及相互之间的间距均无变化，只绕轴线旋转了不同的角度。

（2）纵向线变成了斜线，但还是相互平行且间距不变，原来的矩形格子变成了平行四边形。

根据以上现象，我们可以做出这样的假设：圆轴在扭转变形时，横截面仍然保持为垂直于轴线的平面，只是绕其轴线发生相对转动，且横截面上的半径线仍然为直线，长度不变。

二、圆轴扭转时的应力

根据以上所作的假设，我们可以得出两点推论：

（1）扭转变形时，相邻横截面之间发生了绕轴线的相对转动，说明各横截面材料的颗粒之间发生了相对错动，这实质上是剪切变形，γ 是剪应变。所以横截面上必有剪应力存在，且剪应力的合力必为力偶。因为截面半径长度不变，故剪应力方向必须垂直于半径。离截面中心越远的颗粒，错动的位置越大，说明材料的应变越大，因而剪应力也越大。

（2）扭转变形时，因相邻截面的颗粒之间沿轴线方向的距离不变，线应变 $\varepsilon = 0$，所以横截面上没有正应力。

因此，圆轴扭转时横截面上剪应力的分布规律为：横截面上某点的剪应力与该点至圆心的距离 ρ 成正比，剪应力沿截面半径呈直线规律分布，如图 5-8 所示。对于实心截面，圆心处剪应力为零，圆周上剪应力最大；对于空心截面，内圆周上剪应力最小，外圆周上剪应力最大。

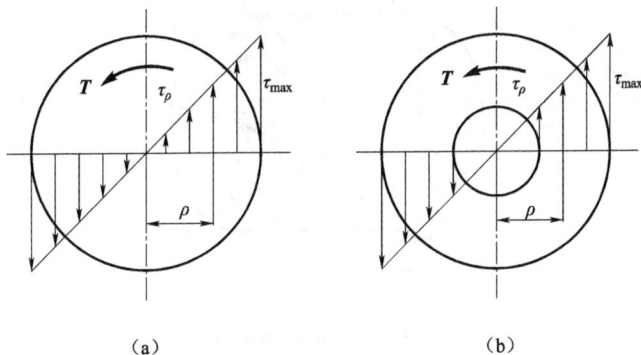

图 5-8　圆轴扭转时横截面上的剪应力分布规律

（a）实心截面；（b）空心截面

下面从变形几何关系、物理关系和静力学关系三方面建立扭转变形和横截面上切应力的计算公式。

（1）变形几何关系。如图 5-9(a)所示，从圆轴中取出一微小段 dx 来研究。假定截面 q—q 转动一个角度 φ，则在截面 n—n 上的两个半径 O_2D、O_2C 也分别转到 O_2D'、O_2C' 的位置。截面 n—n 边缘上各点相对截面 q—q 滑移了 $\overset{\frown}{DD'}$（或 $\overset{\frown}{CC'}$）距离。此时圆轴表面的矩形 ABCD 变成了平行四边形 $ABC'D'$，原来矩形的直角改变了一个微小角度 γ，这就是横截面边缘上点的切应变，它也是轴表面纵向线的倾斜角。在小变形的情况下，由几何关系可得

$$\gamma = \tan\gamma = \frac{\overset{\frown}{DD'}}{AD} = \frac{\overset{\frown}{DD'}}{dx}$$

而 $\overset{\frown}{DD'} = Rd\varphi$，所以

$$\gamma = R\frac{d\varphi}{dx}$$

式中，$\dfrac{d\varphi}{dx}$ 为扭转角 φ 沿轴线 x 的变化率，为两个截面相隔单位长度时的扭转角，称为单位长度扭转角，用符号 θ 表示，即 $\theta = \dfrac{d\varphi}{dx}$。

横截面上任意点的切应变，可参看图 5-9（b）来分析，当截面 n—n 相对截面 q—q 的滑移量为 $\overset{\frown}{GG'} = \rho d\varphi$，$\rho$ 为点 G 到圆心的距离 O_2G，此时平行于轴线的纵向线 EG 也偏移至 EG'，产生了直角改变量 γ_ρ。这就是 E 点的切应变，由几何关系可得

$$\gamma_\rho = \frac{\overset{\frown}{GG'}}{dx} = \frac{\rho d\varphi}{dx}$$

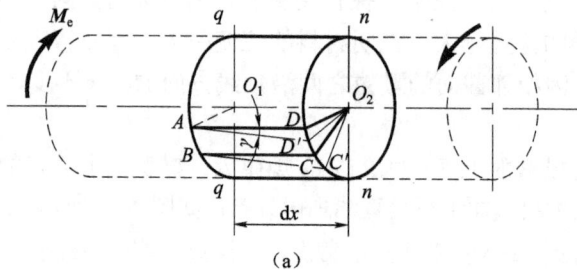

(a)

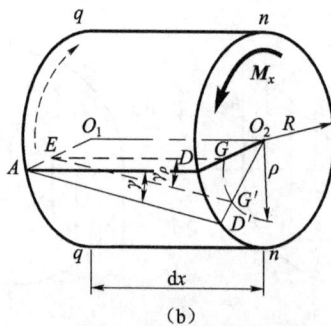

(b)

图 5-9 变形几何关系

对于同一截面上的各点来说，θ 是常量，因此上式表明圆轴横截面上某一点的切应变与该点到圆心的距离 ρ 成正比，圆心处为零，圆轴表面最大，在半径为 ρ 的同一圆周上各点的

剪应变相等。

（2）物理关系。根据剪切胡克定律，当切应力不超过材料的剪切比例极限时，圆轴横截面上离圆心距离 ρ 处的切应力 τ_ρ 与该点处的切应变 γ_ρ 成正比，即

$$\tau_\rho = G\gamma_\rho$$

将 $\gamma_\rho = \dfrac{\widehat{GG'}}{\mathrm{d}x} = \dfrac{\rho\mathrm{d}\varphi}{\mathrm{d}x}$ 代入上式，得

$$\tau_\rho = G\frac{\rho\mathrm{d}\varphi}{\mathrm{d}x}$$

式中，G 为材料的剪切弹性模量，是一常量。

同一横截面上 $\dfrac{\mathrm{d}\varphi}{\mathrm{d}x}$ 也是常量，所以上式表明圆轴横截面上某点的切应力的大小与该点到圆心的距离 ρ 成正比，圆心处为零，圆轴表面最大，在半径为 ρ 的同一圆周上各点的切应力相等，其方向与半径垂直。图 5–10 所示为切应力在横截面上的分布规律。

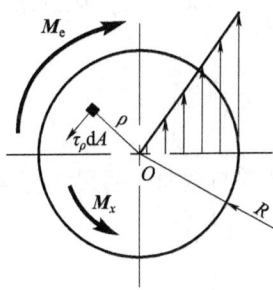

$$\tau_\rho = G\frac{\rho\mathrm{d}\varphi}{\mathrm{d}x}$$

式中，$\dfrac{\mathrm{d}\varphi}{\mathrm{d}x}$ 是一未知量，因此还无法计算切应力 τ_ρ 的数值，必须借助静力学的关系来解决这一问题。

（3）静力学关系。如图 5–11 所示，在圆轴横截面上离圆心 ρ 处，取一微面积 $\mathrm{d}A$，此微面积 $\mathrm{d}A$ 上内力的合力为 $\tau_\rho\mathrm{d}A$。$\tau_\rho\mathrm{d}A$ 对圆心的微力矩为 $\mathrm{d}M_x = \tau_\rho\mathrm{d}A\cdot\rho$。截面上所有这些微力矩的总和就等于横截面上的扭矩 M_x，即

$$M_x = \int_A \rho\tau_\rho\mathrm{d}A$$

式中，A 为整个横截面面积。

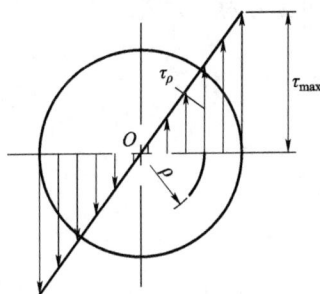

图 5–10　切应力在横截面上的分布规律　　图 5–11　静力学关系

将 $\tau_\rho = G\dfrac{\rho\mathrm{d}\varphi}{\mathrm{d}x}$ 代入上式，并将常量 G 和 $\dfrac{\mathrm{d}\varphi}{\mathrm{d}x}$ 移至积分号外，便得

$$M_x = \int_A G\rho^2\frac{\mathrm{d}\varphi}{\mathrm{d}x}\mathrm{d}A = G\frac{\mathrm{d}\varphi}{\mathrm{d}x}\int_A \rho^2\mathrm{d}A$$

式中，$\int_A \rho^2\mathrm{d}A$ 为仅与截面形状和尺寸有关的几何量，称为横截面对 O 点的极惯性矩，用符号

I_p 表示，即

$$I_p = \int_A \rho^2 \mathrm{d}A$$

I_p 的单位为长度的四次方，常用 m^4 或 mm^4 表示。对于直径为 d 的圆截面，由上式积分可得

$$I_p = \frac{\pi d^4}{32} \approx 0.1 d^4$$

如图 5-12 所示，求解方法如下：

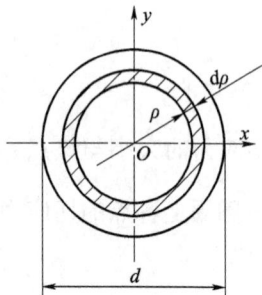

$$I_p = \int_A \rho^2 \mathrm{d}A = \int_0^{\frac{d}{2}} \rho^2 (2\pi \rho \mathrm{d}\rho) = \left[2\pi \cdot \frac{\rho^4}{4} \right]_0^{\frac{d}{2}} = \frac{\pi d^4}{32}$$

这样，可将式 $M_x = \int_A G\rho^2 \dfrac{\mathrm{d}\varphi}{\mathrm{d}x} \mathrm{d}A = G\dfrac{\mathrm{d}\varphi}{\mathrm{d}x} \int_A \rho^2 \mathrm{d}A$ 改写为

$$M_x = GI_p \frac{\mathrm{d}\varphi}{\mathrm{d}x}$$

于是单位长度的扭转角为

$$\theta = \frac{\mathrm{d}\varphi}{\mathrm{d}x} = \frac{M_x}{GI_p}$$

图 5-12 圆形截面极
惯性矩的求法

此式是计算扭转变形的基本公式。将式 $\theta = \dfrac{\mathrm{d}\varphi}{\mathrm{d}x} = \dfrac{M_x}{GI_p}$ 代入式 $\tau_\rho = G\dfrac{\rho \mathrm{d}\varphi}{\mathrm{d}x}$ 得

$$\tau_\rho = \frac{M_x \rho}{I_p}$$

式中，M_x 为横截面上的扭矩；I_p 为该截面的极惯性矩；ρ 为该点到圆心的距离。这就是等直圆轴扭转时横截面上任一点的切应力计算公式。

由式 $\tau_\rho = \dfrac{M_x \rho}{I_p}$ 可知，当 ρ 达到最大值 R 时，切应力为最大值：

$$\tau_{\max} = \frac{M_x R}{I_p}$$

式中，R 及 I_p 都是与截面几何尺寸有关的量，引入符号

$$W_p = \frac{I_p}{R}$$

便得

$$\tau_{\max} = \frac{M_x}{W_p}$$

式中，W_p 为抗扭截面系数。

可见，最大剪应力 $\tau_{\max}$ 与横截面上的扭矩 M_x 成正比，而与 W_p 成反比。W_p 越大，则 $\tau_{\max}$ 越小，所以 W_p 是表示圆轴抵抗扭转破坏能力的几何参数，其单位为长度的三次方，常用 m^3 或

mm^3 表示。

有的教材扭矩用 T 表示，应用静力学平衡条件、变形的几何条件及胡克定律，可以推导出圆轴扭转时计算横截面上剪应力的公式为

$$\tau_\rho = \frac{T \cdot \rho}{I_p}$$

式中，I_p 为圆截面对圆心的极惯性矩。对于实心轴，$I_p = \frac{\pi D^4}{32} \approx 0.1 D^4$，$D$ 为圆截面直径；对于空心轴，$I_p = \frac{\pi(D^4 - d^4)}{32} \approx 0.1 D^4 (1 - \alpha^4)$，$D$ 和 d 分别为圆截面外径和内径，$\alpha = \frac{d}{D}$。

圆轴扭转时圆截面上最大切应力计算公式为

$$\tau_{max} = \frac{T \cdot R}{I_p} = \frac{T}{I_p / R}$$

令 $W_p = I_p / R$，则

$$\tau_{max} = \frac{T}{W_p}$$

由上式可知，W_p 越大，τ_{max} 就越小。因此 W_p 是表示横截面抵抗扭转变形的一个几何量，称为抗扭截面模量，其单位是 mm^3 或 cm^3。

对于实心轴，$W_p = \frac{I_p}{R} = \frac{\pi D^4 / 32}{D / 2} = \frac{\pi D^3}{16} \approx 0.2 D^3$。

对于空心轴，$W_p = \frac{I_p}{R} = \frac{\pi D^3}{16}(1 - \alpha^4) \approx 0.2 D^3 (1 - \alpha^4)$。

三、圆轴扭转时的变形计算

扭转变形的大小，是用两个截面间绕轴线的相对转角 φ 来度量的（见图 5-7（c）），φ 称为扭转角，单位为弧度（rad）。试验结果指出，扭转角 φ 与扭矩 T 及杆长 l 成正比，与材料的剪切弹性模量 G 及杆横截面的极惯性矩 I_p 成反比，即

$$\varphi = \frac{Tl}{GI_p}$$

式中，GI_p 称为截面的抗扭刚度。它反映了材料和横截面的几何因素两方面对扭转变形的抵抗能力。当 T 和 l 一定时，GI_p 越大，则扭转角 φ 越小，说明圆轴的刚度越大。

在计算扭转变形时，若圆轴各段的扭矩、直径不同，则应该采用分段方法计算扭转角，然后按代数值相加得到整个圆轴的扭转角。

在工程计算中，通常是限制轴单位长度的扭转角 θ，单位为 $(°)/m$ 或 rad/m，计算公式为

$$\theta = \frac{\varphi}{l} = \frac{T}{GI_p}$$

［例 5-2］传动轴如图 5-13（a）所示，已知 $M_{eA} = 1.5\,kN \cdot m$，$M_{eB} = 1\,kN \cdot m$，$M_{eC} = 0.5\,kN \cdot m$；各段直径分别为 $d_1 = 70\,mm$，$d_2 = 50\,mm$。

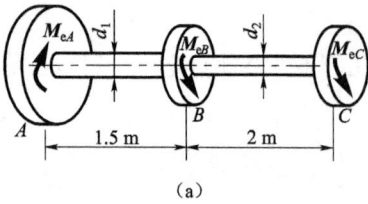

（a）

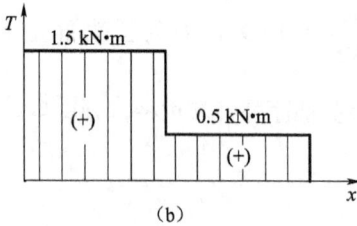

（b）

图 5-13 传动轴

（1）画出扭矩图。

（2）求各段轴内的最大剪应力和全轴的最大剪应力。

（3）求 C 截面相对于 A 截面的扭转角，以及各段的单位长度扭转角和全轴的最大单位长度扭转角。设材料的 $G = 80\,\text{GPa}$。

解：（1）画扭矩图，如图 5-13（b）所示。

（2）求各段最大剪应力。由圆轴横截面最大剪应力计算公式

$$\tau_{\max} = \frac{T}{W_\text{p}} = \frac{16T}{\pi d^3}$$

得

AB 段：

$$\tau_{AB\max} = \frac{16 \times 1.5 \times 10^3 \times 10^3}{\pi \times 70^3} = 22.272\,(\text{MPa})$$

BC 段：

$$\tau_{BC\max} = \frac{16 \times 0.5 \times 10^3 \times 10^3}{\pi \times 50^3} = 20.372\,(\text{MPa})$$

（3）计算变形 φ_{CA}。由转角公式 $\varphi = \dfrac{Tl}{GI_\text{p}} = \dfrac{32Tl}{G\pi d^4}$ 及单位长度转角公式 $\theta = \dfrac{T}{GI_\text{p}} = \dfrac{32T}{G\pi d^4}$，结合扭矩图可得

AB 段：

$$\varphi_{BA} = \frac{32 \times 1.5 \times 10^3 \times 1.5}{80 \times 10^9 \times \pi \times 0.07^4} = 0.011\,932\,(\text{rad})$$

$$\theta_{BA} = \frac{32 \times 1.5 \times 10^3}{80 \times 10^9 \times \pi \times 0.07^4} = 7.954 \times 10^{-3}\,(\text{rad/m}) = 0.456\ [(°)/\text{m}]$$

BC 段：

$$\varphi_{CB} = \frac{32 \times 0.5 \times 10^3 \times 2}{80 \times 10^9 \times \pi \times 0.05^4} = 0.020\,372\,(\text{rad})$$

$$\theta_{BC} = \frac{32 \times 0.5 \times 10^3}{80 \times 10^9 \times \pi \times 0.05^4} = 0.010\,186\,(\text{rad/m}) = 0.584\ [(°)/\text{m}]$$

所以全轴

$$\varphi_{CA} = \varphi_{BA} + \varphi_{CB} = 0.011\,932 + 0.020\,372 = 0.032\,304\,(\text{rad})$$

$$\theta_{\max} = \theta_{BC} = 0.010\,186\,(\text{rad/m}) = 0.584\ [(°)/\text{m}]$$

5.4 圆轴扭转时的强度和刚度计算

一、圆轴扭转时的强度计算

为了使圆轴能够正常工作，应使其横截面最大工作剪应力 τ_{max} 不允许超过许用剪应力 $[\tau]$，即

$$\tau_{max} = \frac{T_{max}}{W_p} \leqslant [\tau]$$

式中，$[\tau]$ 为许用剪应力，由扭转试验测定，可从有关手册查得。在静载荷作用下，它与许用拉应力 $[\sigma]$ 之间有如下关系：

对于塑性材料，$[\tau] = (0.5 \sim 0.6)[\sigma]$。

强度条件的计算主要分为以下三种情况：

1. 校核强度

校核强度就是在材料的许用剪应力 $[\tau]$、抗扭截面系数 W_p 以及圆轴所受到的载荷已知的条件下，验证圆轴的强度时满足要求，所使用的公式为

$$\tau_{max} = \frac{T_{max}}{W_p} \leqslant [\tau]$$

2. 设计截面尺寸

如果已知圆轴所受载荷和所用材料，根据强度条件可以确定该圆轴的截面直径，所用公式为

$$W_p \geqslant \frac{T_{max}}{[\tau]}$$

3. 计算许可载荷

已知圆轴尺寸和材料许用剪应力 $[\tau]$，根据强度条件可以确定该圆轴所能承受的载荷，所用公式为

$$T_{max} \leqslant W_p[\tau]$$

二、圆轴扭转时的刚度计算

在进行轴类分析时，除了考虑强度外，有些时候还需要计算其刚度，即轴还要满足其刚度要求：

$$\theta_{max} = \left(\frac{T}{GI_p} \right)_{max} \leqslant [\theta]$$

式中，$[\theta]$ 为许用单位扭转角，根据对机器的要求、工作条件等因素来确定，具体数值可从有关手册中查得。其一般范围是：精密机械、仪表、航空受扭的轴，$[\theta] = 0.15 \sim 0.50°/m$；一般传动轴，$[\theta] = 0.5 \sim 1.0°/m$；精度较低的轴，$[\theta] = 1 \sim 4°/m$。

刚度计算同样有三种情况：

（1）校核刚度，$\theta_{max} \leqslant [\theta]$。

（2）设计截面尺寸，$I_p \geqslant \frac{T_{max}}{G[\theta]}$。

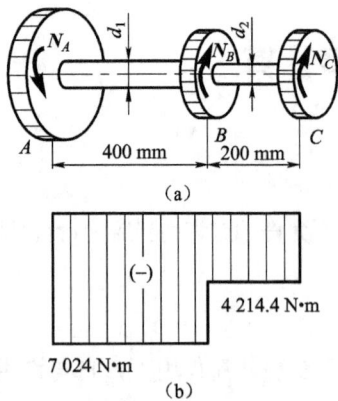

（a）

图 5-14 传动轴

（3）计算许可载荷，$T_{\max} \leqslant G[\theta]I_{\mathrm{p}}$。

[例 5-3] 如图 5-14（a）所示的传动轴，$n = 500$ r/min，$N_A = 500$ 马力，$N_B = 200$ 马力，$N_C = 300$ 马力，已知 $[\tau] = 70$ MPa，$[\theta] = 1°/$m，$G = 80$ GPa。试确定 AB 和 BC 段直径。

解：（1）计算外力偶矩。

$$M_{eA} = 7\,024\frac{P}{n} = 7\,024\frac{N_A}{n} = 7\,024 \text{ N} \cdot \text{m}$$

$$M_{eB} = 7\,024\frac{P}{n} = 7\,024\frac{N_B}{n} = 2\,809.6 \text{ N} \cdot \text{m}$$

$$M_{eC} = 7\,024\frac{P}{n} = 7\,024\frac{N_C}{n} = 4\,214.4 \text{ N} \cdot \text{m}$$

作扭矩图，如图 5-14（b）所示。

（2）计算直径 d。

AB 段：由扭转强度条件

$$\tau_{\max} = \frac{T}{W_{\mathrm{p}}} = \frac{16T}{\pi d_1^3} \leqslant [\tau]$$

$$d_1 \geqslant \sqrt[3]{\frac{16T}{\pi[\tau]}} = \sqrt[3]{\frac{16 \times 7\,024}{\pi \times 70 \times 10^6}} \approx 79.95 \text{（mm）}$$

由扭转刚度条件

$$\theta = \frac{T}{G\frac{\pi d_1^4}{32}} \times \frac{180°}{\pi} \leqslant [\theta]$$

$$d_1 \geqslant \sqrt[4]{\frac{32T \times 180}{G\pi^2[\theta]}} = \sqrt[4]{\frac{32 \times 7024 \times 180}{80 \times 10^9 \times \pi^2 \times 1}} \approx 84.607 \text{（mm）}$$

取 $d_1 = 84.607$ mm。

BC 段：同理，由扭转强度条件

$$d_2 \geqslant \sqrt[3]{\frac{16T}{\pi[\tau]}} = \sqrt[3]{\frac{16 \times 4\,214.4}{\pi \times 70 \times 10^6}} \approx 67.433 \text{（mm）}$$

由扭转刚度条件

$$d_2 \geqslant \sqrt[4]{\frac{32T \times 180}{G\pi^2[\theta]}} = \sqrt[4]{\frac{32 \times 4\,214.4 \times 180}{80 \times 10^9 \times \pi^2 \times 1}} \approx 74.463 \text{（mm）}$$

取 $d_2 = 74.463$ mm。

5.5 非圆截面杆的扭转问题

工程上受扭转的杆件除常见的圆轴外，还有其他形状的截面，如农业机械常采用矩形截面杆作传动轴。下面对矩形杆扭转作简要介绍。

矩形截面杆件受扭转力偶作用发生变形，变形后其横截面将不再保持平面，而发生"翘曲"，如图 5–15 所示。

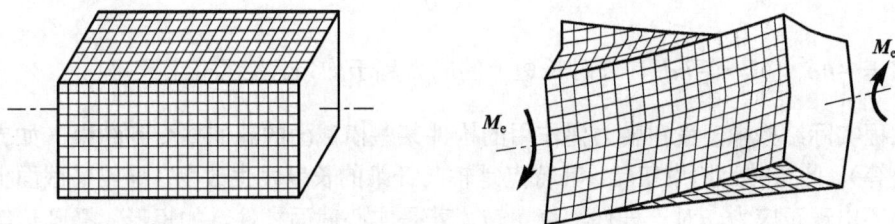

图 5–15　矩形截面杆及其翘曲变形

扭转时，若各横截面翘曲是自由的，不受约束，此时相邻横截面的翘曲处处相同，杆件轴向纤维的长度无变化，因而横截面上只有剪应力没有正应力，这种扭转称为自由扭转。此时横截面上剪应力分布规律如图 5–16 所示。

（1）边缘各点的剪应力 τ 与周边相切。

（2）τ_{max} 发生在矩形长边中点处，大小为

$$\tau_{max} = \frac{T}{W_k}$$

$$W_k = \alpha h b^2$$

次大剪应力发生在短边中点处，大小为

$$\tau_1 = \gamma \tau_{max}$$

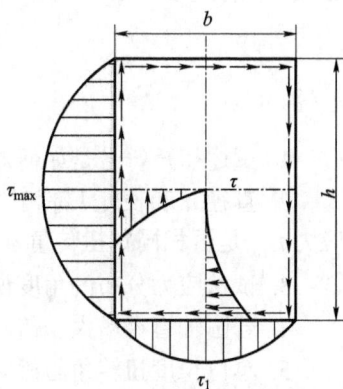

**图 5–16　自由扭转时横截面
上剪应力分布规律**

式中，系数 α 和 γ 与 $\frac{h}{b}$ 有关，可查表。

四个角点处剪应力为 $\tau = 0$。

（3）杆件两端相对扭转角为

$$\varphi = \frac{Tl}{GI_k}$$

$$I_k = \beta h b^2$$

式中，系数 β 与 $\frac{h}{b}$ 有关，可查表。

必须指出，对非圆截面扭转，平面假设不再成立。上面计算公式是将弹性力学的分析结果写成圆轴公式形式。

当 $\frac{h}{b} > 10$ 时，截面成为狭长矩形，此时取 $\alpha = \beta \approx \frac{1}{3}$，若以 δ 表示狭长矩形的短边长度，剪应力分布如图 5–17 所示，则式 $\tau = G\frac{\rho d\varphi}{dx}$ 和式 $\frac{d\varphi}{dx} = \frac{T}{GI_p}$ 化为

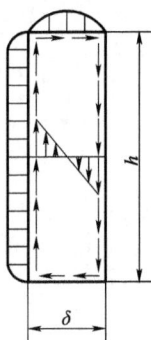

**图 5–17　狭长矩形横截面
上剪应力分布规律**

$$\tau_{max} = \frac{T}{W_k}$$

$$\varphi = \frac{Tl}{GI_{\mathrm{k}}}$$

式中，$W_{\mathrm{k}} = \frac{1}{3}h\delta^2$，$I_{\mathrm{k}} = \frac{1}{3}h\delta^3$，此时长边上的应力趋于均匀。

在工程实际结构中，受扭转力偶作用的构件某些横截面的翘曲要受到约束（如支承处、加载面处等），此扭转为约束扭转，其特点是轴向纤维的长度发生改变，导致横截面上除扭转剪应力外还出现正应力。对于杆件约束扭转，若是实心截面杆件，如矩形、椭圆形等，正应力一般很小，可以略去，仍按自由扭转处理；若是薄壁截面，如型钢，将引起较大的正应力，必须加以注意。

思 考 题

1. 试述扭矩符号是如何规定的。

2. 直径 d 和长度 l 都相同，而材料不同的两根轴，在相同的扭矩作用下，它们的最大剪应力 $\tau_{\max}$ 是否相同？扭转角 φ 是否相同？为什么？

3. 试从应力分布的角度说明空心轴较实心轴能更充分地发挥材料的作用。

4. 若圆轴直径增大一倍，其他条件均不变，那么最大剪应力、轴的扭转角将变化多少？

5. 单位长度扭转角与相对扭转角的概念有什么不同？

6. 试用截面法求图 5-18 所示杆件各段的扭矩 T，并作扭矩图。

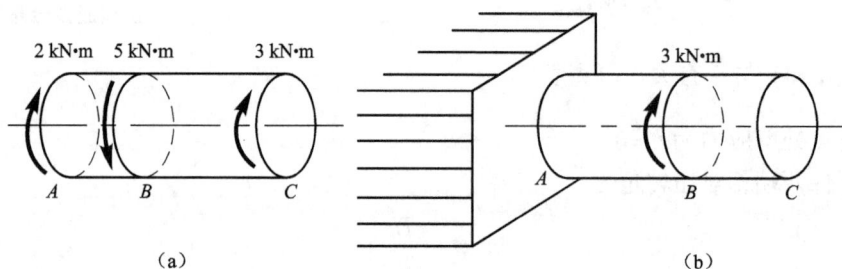

（a）   （b）

图 5-18 杆件 AC

7. 图 5-19 所示圆轴直径 $d = 100\,\mathrm{mm}$，长 $l = 1\,\mathrm{m}$，两端作用外力偶矩 $M_{\mathrm{e}} = 14\,\mathrm{kN \cdot m}$，材料的切变弹性模量 $G = 80\,\mathrm{GPa}$。试求：

（1）圆截面上距轴心 $50\,\mathrm{mm}$、$25\,\mathrm{mm}$ 和 $12.5\,\mathrm{mm}$ 三点处的剪应力。

（2）最大剪应力 $\tau_{\max}$。

（3）单位长度扭转角 θ。

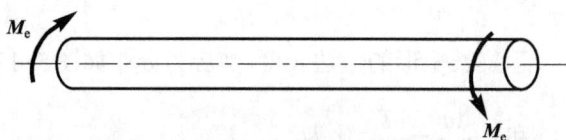

图 5-19 圆轴

8. 空心圆轴如图 5-20 所示，外径 $D = 80\,\mathrm{mm}$，内径 $d = 62.5\,\mathrm{mm}$，两端承受扭矩 $M_{\mathrm{e}} =$

$1 \text{ kN} \cdot \text{m}$。

（1）求 $\tau_{\max}$ 和 $\tau_{\min}$。

（2）绘出横截面上剪应力分布图。

（3）求单位长度扭转角。已知 $G = 80 \text{ GPa}$。

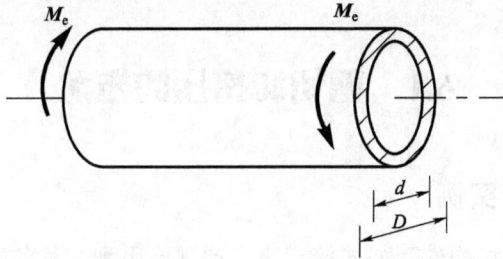

图 5-20　空心圆轴

项目6　剪切和挤压

6.1　剪切和挤压的概念

一、剪切的概念与实例

在工程实际中，为了将构件互相连接起来，通常要用到各种各样的连接。例如图 6-1 中所示的（a）为拖车挂钩的销轴连接，（b）为桥梁结构中常用的钢板之间的铆钉连接。这些起连接作用的销轴、铆钉、键块、螺栓及焊缝等统称为连接件。这些连接件的体积虽然比较小，但对于保证整个结构的牢固和安全却具有重要作用。因此，对这类零件的受力和变形特点必须进行研究、分析和计算。

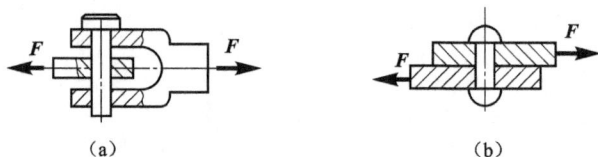

（a）　　　　　　　　　　　　　（b）

图 6-1　工程中的连接

现以螺栓连接为例来讨论剪切变形与剪切破坏现象。设两块钢板用螺栓连接，如图 6-2（a）所示。当钢板受到横向外力 N 拉伸时，螺栓两侧面便受到由两块钢板传来的两组力 P 的作用。这两组力的特点是：与螺栓轴线垂直，大小相等，方向相反，作用线相距极近。在这两组力的作用下，螺栓将在两力间的截面 m—m 处发生错动，这种变形形式称为剪切。发生相对错动的截面称为剪切面，它与作用力方向平行。若连接件只有一个剪切面，称为单剪切；若有两个剪切面，称为双剪切。为了进一步说明剪切变形的特点，我们可以在剪切面处取出一矩形薄层来观察，发现在这两组力的作用下，原来的矩形将歪斜成平行四边形，如图 6-2（b）所示，即矩形薄层发生了剪切变形。若沿剪切面 m—m 截开，并取出图 6-2（c）所示的脱离体，根据静力平衡方程，则在受剪面 m—m 上必然存在一个与力 P 大小相等、方向相反的内力 Q，此内力称为剪力。若使推力 P 逐渐增大，则剪力也会不断增大。当其剪应力达到材料的极限剪应力时，螺栓就会沿受剪面发生剪断破坏。

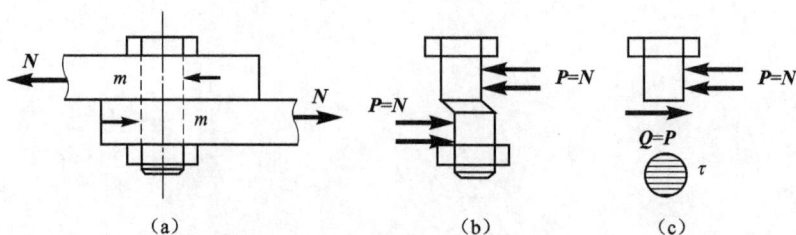

（a）　　　　　　　　　　（b）　　　　　　　（c）

图 6-2　螺栓连接的剪切破坏

二、挤压的概念与实例

连接件在受到剪切的同时，往往还伴随着局部受压现象。现仍以螺栓连接为例，当螺栓受到剪切的同时，在螺柱的半个圆柱面与钢板圆孔表面相接触的表面上也因承受压力而发生局部压缩变形。若压力过大，就可能导致螺栓或钢板产生明显的局部塑性变形而被压溃。这种局部接触面受压的现象称为挤压，受压的局部表面称为挤压面。图 6–3 所示为钢板孔壁受挤压破坏的情形，孔被挤压成长圆孔，导致连接松动，使构件丧失工作能力。同理，螺栓本身也有类似问题。因此，对受剪构件除进行剪切强度计算外，还必须进行挤压强度计算。

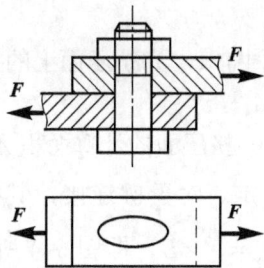

图 6–3　螺栓连接的挤压破坏

6.2　剪切和挤压的实用强度计算

一、剪切的实用计算

受剪切的连接件一般为短粗杆，且剪切变形均发生在某一局部，要从理论上计算它们的工作应力往往非常复杂，有时甚至是不可能的。即使用精确理论进行分析，所得结果也会与实际情况有较大的出入。因此，为了简单有效，对于连接件的强度计算，通常使用实用计算法或称假定计算法。所谓实用计算，一般包括两层含义：

其一是假定连接件剪切面上的应力分布均等，从而算出截面上的平均剪应力，或称"名义剪应力"。即

$$\tau = \frac{Q}{A}$$

式中，τ 为剪切面上的剪应力（MPa）；Q 为剪切面上的剪力（N）；A 为剪切面面积（m²）。

其二是用与受剪构件相同的材料制成试件，在试件与受剪构件受力尽可能相似的条件下进行直接剪切试验，用所得到的破坏载荷按照同样的名义应力公式算出材料的极限应力 τ_b，将此极限应力除以适当的安全系数即得到材料的许用剪应力 $[\tau]$。这样求出的平均剪应力虽然只是近似地表达出材料的抗剪强度，但因工程实际中的受剪构件的受力情况与试件在试验中的受力情况极为相似，所以其计算结果是完全可以满足工程要求的。由此可得出其剪切强度的条件为

$$\tau = \frac{Q}{A} \leqslant [\tau]$$

式中，$[\tau]$ 为材料的许用剪应力，它的具体数值可从有关设计规范中查找。试验表明，许用剪应力 $[\tau]$ 与许用拉应力 $[\sigma]$ 之间具有以下关系：对于塑性材料，$[\tau] = (0.6\sim0.8)[\sigma]$；对于脆性材料，$[\tau] = (0.8\sim1.0)[\sigma]$。

二、挤压的实用计算

挤压面上承受的总压力称为挤压力。它们的压强称为挤压应力，其方向垂直于挤压面。通常情况下，挤压应力只局限于接触面的附近区域，其分布情况也是非常复杂的，它与连接

件的几何形状及材料的性质有很大关系。为简化计算，工程上亦采用实用计算法，即假设挤压力 P_{jy} 均匀分布在挤压面 A_{jy} 上。由此得出挤压面上的名义挤压应力为

$$\sigma_{jy} = \frac{P_{jy}}{A_{jy}}$$

式中，σ_{jy} 为挤压面上的挤压应力（MPa）；P_{jy} 为挤压面上的挤压力（N）；A_{jy} 为挤压面面积（m^2）。

挤压面的计算面积 A_{jy} 为实际挤压面的正投影面面积，其大小应根据接触面的具体情况而定。对于键连接，其接触面是平面，就以接触面的实际面积为挤压面的计算面积，故 $A_{jy} = \dfrac{h}{2} \times L$，即图 6-4 所示的阴影部分的面积；对于像螺栓、铆钉等一类圆柱形连接件，实际挤压面为半个圆柱面，挤压面的计算面积为接触面在直径平面上的投影面积，即图 6-5 所示的阴影部分的面积，故 $A_{jy} = dh$，并假定挤压应力 σ_{jy} 是均匀分布在这个直径投影平面上的。

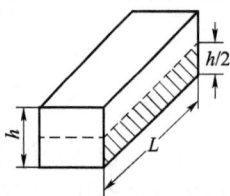

图 6-4　平面的挤压面积　　　　图 6-5　曲面的挤压面积

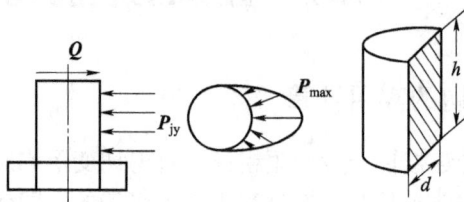

为了确定连接件的许用挤压应力，我们也按照连接件的实际工作情况，通过试验来确定其半圆柱表面被压溃的挤压极限载荷，然后按照名义应力公式算出其在直径正投影面上的平均极限应力，再除以适当的安全系数，就得到连接件材料的许用挤压应力 $[\sigma_{jy}]$。由此可建立连接件的挤压强度条件为

$$\sigma_{jy} = \frac{P_{jy}}{A_{jy}} \leqslant [\sigma_{jy}]$$

必须指出的是，如果两个接触构件的材料不同，$[\sigma_{jy}]$ 应按抗挤压能力较弱者选取。各种常用材料的 $[\sigma_{jy}]$ 可在有关设计规范中查得。根据试验，对于塑性材料，许用挤压应力 $[\sigma_{jy}]$ 与材料许用拉应力 $[\sigma]$ 有如下关系：

$$[\sigma_{jy}] = (1.7 \sim 2.0)[\sigma]$$

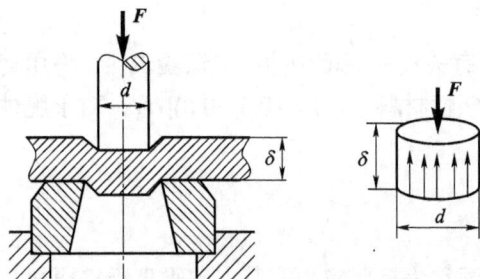

由于剪切和挤压同时存在，为保证连接件的强度，材料的剪切强度条件和挤压强度条件必须同时满足。运用强度条件公式，可解决受剪构件的强度校核、截面设计、确定许可载荷三类强度计算问题。

[例 6-1] 图 6-6 所示为一冲孔装置，冲头的直径 $d = 25\ \text{mm}$，当冲击力 $F = 236\ \text{kN}$ 时，欲将剪切强度极限 $\tau_b = 300\ \text{MPa}$ 的钢板冲出一圆孔。试求该钢板的最大厚度 δ。

图 6-6　冲孔装置

解：冲孔时，钢板的受剪面为直径 $d=25\,\text{mm}$，高度为 δ（钢板厚度）的圆柱体侧表面（即圆柱面），所以受剪面积为

$$A_Q = \pi \cdot d \cdot \delta$$

由式 $\dfrac{Q}{A} \geq \tau_b$ 就可求得钢板的厚度，因 $F=Q$，即

$$\frac{F}{\pi \cdot d \cdot \delta} \geq \tau_b$$

故有，$\delta \leq \dfrac{F}{\pi \cdot d \cdot \tau_b} = \dfrac{236 \times 10^3}{\pi \times 25 \times 300} = 10.016\,(\text{mm})$。

6.3　剪应变　剪切胡克定律

一、剪应变

剪切变形时，截面沿外力的方向产生相对错动，在剪切部分 A 点处取一边长为 dx 的微立方体 $abdcefhg$，在剪力作用下将变成平行六面体 $ab'd'cef'h'g$，如图 6-7 所示。其中线段 bb'（或 dd'）为 $bdfh$ 面相对于 $aceg$ 面的滑移量，称为绝对剪切变形（与拉压变形时的绝对变形 Δl 相当）。小变形时有 $\tan\gamma \approx \gamma$，故

$$\frac{bb'}{dx} \approx \gamma$$

式中，γ 称为相对剪切变形或剪应变。如图 6-7 所示，剪应变 γ 可看作直角的改变量，故又称角应变，用弧度（rad）来度量。角应变 γ 与线应变 ε 是度量变形程度的两个基本量。

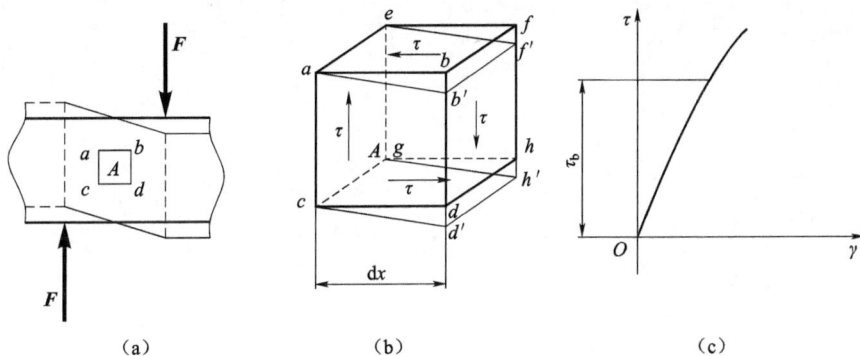

图 6-7　剪切变形

二、剪切胡克定律

试验证明，当剪应力不超过材料的剪切比例极限 τ_b 时，剪应力 τ 与剪应变 γ 成正比。即

$$\tau = G\gamma$$

上式称为剪切胡克定律，反映剪切变形时受力与变形之间的定量联系。式中，常数 G 称为剪切弹性模量，是表示材料抵抗剪切变形能力的量，它的单位与应力相同。各种材料的 G 值可

由试验测定，也可参阅表 4–1。

可以证明，对于各向同性的材料，剪切弹性模量 G、弹性模量 E、泊松比 μ 之间存在以下关系：

$$G = \frac{E}{2(1+\mu)}$$

可见，G、E、μ 是材料本身的三个紧密相关的弹性常量，已知其中任意两个时，可由上式求出第三个。

思 考 题

如图 6–8 所示连接构件中 $D = 2d = 32 \text{ mm}$，$h = 12 \text{ mm}$，拉杆材料的许用应力 $[\sigma] = 120 \text{ MPa}$，$[\tau] = 70 \text{ MPa}$，$[\sigma_{jy}] = 170 \text{ MPa}$。试求拉杆的许用载荷 $[F]$。

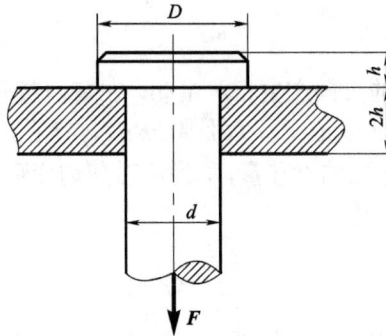

图 6–8 连接构件

项目 7 弯　　曲

7.1　平面弯曲和静定梁

一、平面弯曲的概念与实例

弯曲是工程实际中最常见的一种基本变形。例如，火车轮轴受力后的变形，工厂车间里的行车受力后的变形，还有水泥梁、公路上的桥梁等受力后的变形。常见的梁就是以弯曲变形为主的构件，例如房屋建筑中的悬臂梁（图 7-1（a））、楼面梁（图 7-1（b））等。

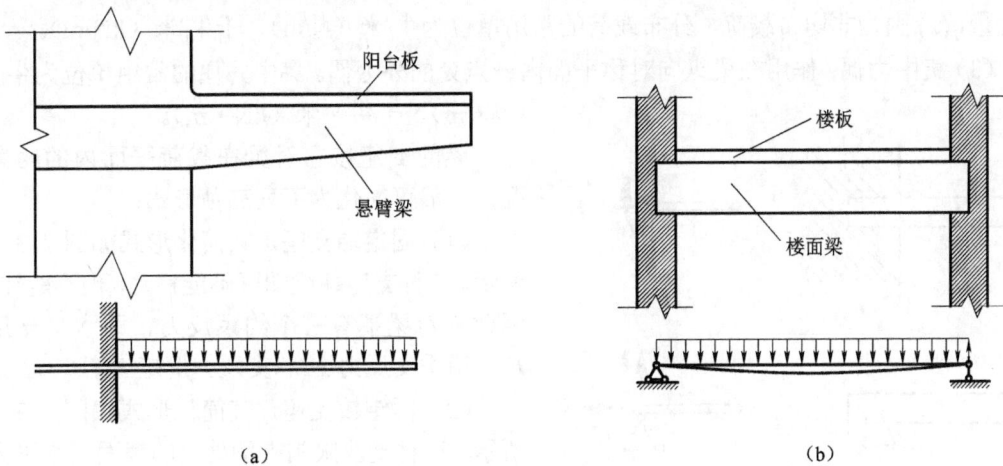

（a）　　　　　　　　　　　　　　　　　　（b）

图 7-1　悬臂梁和楼面梁

实际工程中常见的梁，其横截面通常采用的是对称形状，如矩形、圆形、工字形、T 字形等（图 7-2（a）），原因是它们都有一个竖直对称轴。对称轴与梁轴线组成的平面叫纵向对称平面。如果作用在梁上的所有外力（载荷、支座反力）的作用线都位于纵向对称平面内，梁变形时其轴线变成位于对称平面内的一条平面曲线（图 7-2（b）），这种弯曲称为平面弯曲。平面弯曲是工程中最常见的弯曲形式。

二、梁的载荷和支座

通常就以梁的轴线表示梁的本身。对于梁的载荷和支座一般作下述简化。

作用于梁上的载荷，按其作用方式的不同，可简化为下列三种：

（1）集中载荷：当横向载荷在梁上的分布范围远小于梁的长度时，便可简化为作用于一点上的集中力。集中载荷的单位为牛（N）、公斤（kg）或吨（t）。

（2）分布载荷：沿梁的全长或部分长度连续分布的横向载荷。分布载荷的大小和方式常以梁单位长度上的载荷值即载荷集度 q 表示。若 q 在其分布长度内为常量则为均布载荷，如

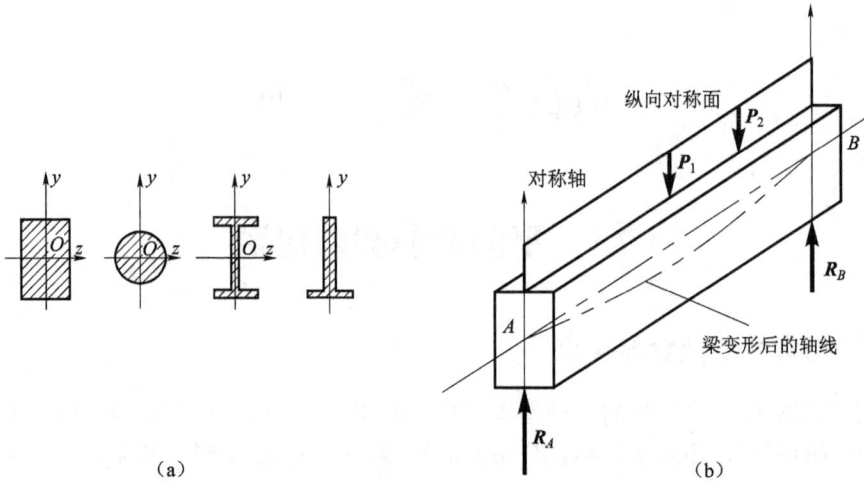

图 7-2　梁的横截面及纵向对称平面

为变量 $q(x)$ 则为非均布载荷。分布载荷的常用单位为牛/米（N/m）、千牛/米（kN/m）。

（3）集中力偶：作用在梁纵向对称平面内一点处的外力偶。集中力偶的常用单位为牛·米（N·m）、千牛·米（kN·m）。

梁的支座按它对梁在载荷平面内的约束情况，一般可简化为下列三种形式：

（1）固定端支座，其简化形式如图 7-3（a）所示。这种支座使梁端既不能移动，也不能转动。因此它对梁端有三个约束反力，即水平支反力 F_x、铅垂支反力 F_y 和支反力偶矩 M。

（2）固定铰支座，其简化形式如图 7-3（b）所示。这种支座限制支承处梁的截面沿水平方向和铅垂方向的移动，但不限制该截面绕铰中心的转动。故它对梁截面有两个约束反力，即水平支反力 F_x 与铅垂支反力 F_y。

（3）活动铰支座，其简化形式如图 7-3（c）所示。这种支座只限制支承处梁的截面沿垂直于支承面的方向移动，故它对梁截面只有一个垂直于支承面的反力 F_y（铅垂向）。

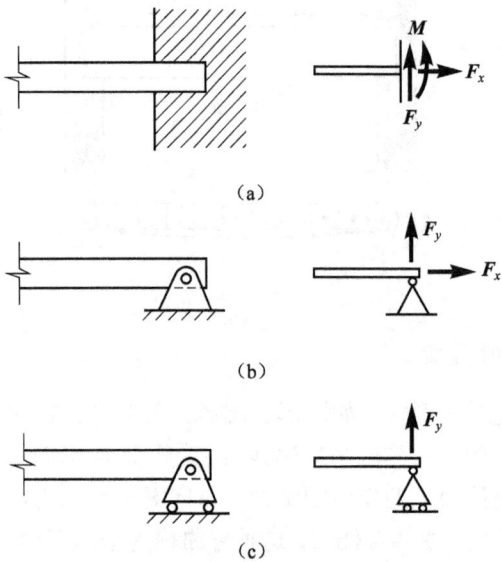

图 7-3　梁支座的简化形式

三、静定梁及其分类

工程上常用的静定梁有三种基本形式，即简支梁、外伸梁和悬臂梁。梁在两支座之间的距离称为跨度。根据支座对梁约束的不同特点（支座可简化为三种形式：活动铰支座、固定铰支座、固定端支座），简单的梁有三种类型：

（1）简支梁。梁的一端为活动铰支座，另一端为固定铰支座，如图 7-4（a）所示。

（2）外伸梁。梁的一端或两端伸出支座之外的简支梁，如图 7-4（b）所示。

（3）悬臂梁。梁的一端为固定端支座，另一端自由，如图 7–4（c）所示。

这三种梁承受载荷后的支座反力都可由静力平衡方程求得，故一般将它们统称为静定梁，如梁的支座反力的数目多于静力平衡方程的数目，用静力平衡方程无法求得全部支座反力，这类梁称为超静定梁。

例如，为了减少简支梁的变形和提高其强度，在梁的跨中增设一活动铰支座，梁就成了一次超静定梁，如图 7–5（a）所示。又如，为了减少悬臂梁的变形和提高其强度，在梁的自由端增设一活动铰支座，梁就成了一次超静定梁，如图 7–5（b）所示。

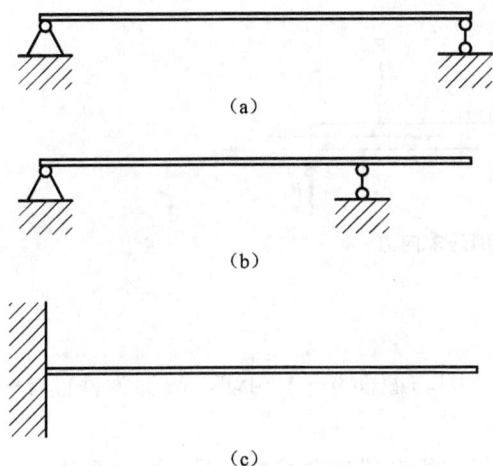

图 7–4　静定梁的三种基本形式　　　　图 7–5　一次超静定梁

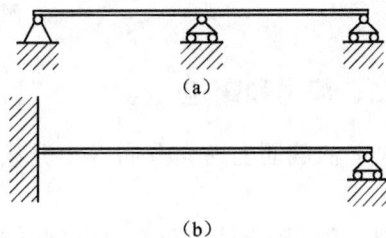

7.2　梁的内力——剪力和弯矩

一、截面法求内力

问题：梁在发生平面弯曲变形时，横截面上会产生何种内力？在横截面上会有几种内力同时存在？如何求出这些内力？

[**例 7–1**] 求图 7–6 所示简支梁任意截面 1—1 上的内力。

解：（1）截开：在 1—1 截面处将梁截分为左、右两部分，取左半部分为研究对象。

（2）代替：在左半段的 1—1 截面处添画内力 F_S、M（由平衡解释），代替右半部分对其作用。

（3）平衡：整个梁是平衡的，截开后的每一部分也应平衡。

由 $\sum F_y = F_A - F_1 - F_S = 0$，得 $F_S = F_A - F_1$。

由 $\sum M_C = -F_A x + F_1(x-a) + M = 0$，得 $M = F_A x - F_1(x-a)$。

如取右半段为研究对象，同样可以求得截面 1—1 上的内力 F_S 和 M，但左、右半段求得的 F_S 及 M 数值相等，方向（或转向）相反。

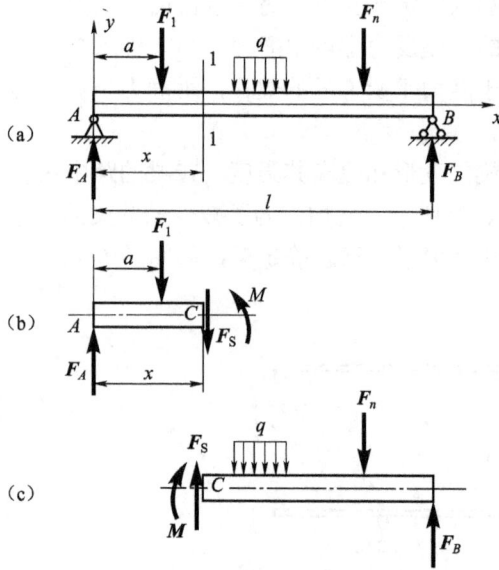

图 7-6　截面法求内力

二、剪力和弯矩

F_S：横截面上切向分布内力分量的合力，因与截面 1—1 相切，故称为截面 1—1 的剪力。

M：横截面上法向分布内力分量的合力偶矩，因在纵向对称面内且与截面垂直，故称为截面 1—1 的弯矩。

由于取左半段与取右半段所得剪力和弯矩的方向（或转向）相反，为使无论取左半段或取右半段所得剪力和弯矩的正负符号相同，必须对剪力和弯矩的正负符号做适当规定。

剪力的正负：使微段梁产生左侧截面向上、右侧截面向下的剪力为正，反之为负，如图 7-7 所示。以上可归纳为一个简单的口诀"左上、右下为正"。或者可以说使微段梁发生顺时针转动的剪力为正，反之为负。

弯矩的正负：使微段梁产生上凹下凸弯曲变形的弯矩为正，反之为负，如图 7-8 所示。以上也可归纳为一个简单的口诀"左顺、右逆为正"。

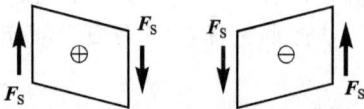

图 7-7　剪力符号的判断方法

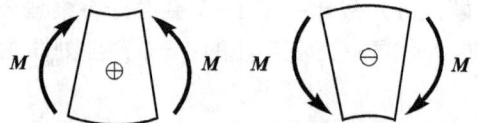

图 7-8　弯矩符号的判断方法

归纳剪力和弯矩的计算公式：

$F_S = \sum F$（截面上的剪力等于截面一侧所有横向外力的代数和）。

$M = \sum M_C$（截面上的弯矩等于截面一侧所有外力对截面形心取力矩的代数和）。

[例 7-2] 简支梁如图 7-9 所示。试求图中各指定截面的剪力和弯矩。

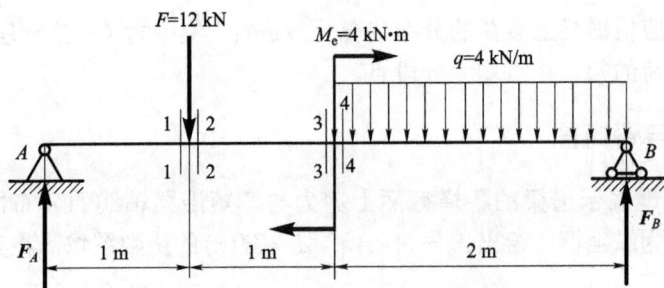

图 7-9 截面法求简支梁内力

解：（1）求支反力。设 F_B、F_A 方向向上，由 $\sum M_A = 0$ 及 $\sum M_B = 0$，可求得

$$F_A = 10 \text{ kN}, \quad F_B = 10 \text{ kN}$$

（2）求指定截面的剪力和弯矩。

$F_{S1} = F_A = 10 \text{ kN}$（由 1—1 截面左侧计算）

$M_1 = F_A \times 1 = 10 \times 1 = 10$（kN·m）（由 1—1 截面左侧计算）

$F_{S2} = F_A - F = 10 - 12 = -2$（kN）（由 2—2 截面左侧计算）

$M_2 = F_A \times 1 - F \times 0 = 10 \times 1 - 0 = 10$（kN·m）（由 2—2 截面左侧计算）

$F_{S3} = q \times 2 - F_B = 4 \times 2 - 10 = -2$（kN）（由 3—3 截面右侧计算）

$M_3 = -M_e - q \times 2 \times 1 + F_B \times 2 = -4 - 4 \times 2 \times 1 + 10 \times 2 = 8$（kN·m）（由 3—3 截面右侧计算）

$F_{S4} = q \times 2 - F_B = 4 \times 2 - 10 = -2$（kN）（由 4—4 截面右侧计算）

$M_4 = -q \times 2 \times 1 + F_B \times 2 = -4 \times 2 \times 1 + 10 \times 2 = 12$（kN·m）（由 4—4 截面右侧计算）

从以上 1—1、2—2 截面的剪力值可以看出，在集中力 F 作用处的两侧截面的剪力值将发生突变，突变值就等于该集中力 F 的大小；而从 3—3、4—4 截面的弯矩值可以看出，在集中力偶 M_e 作用处的两侧截面的弯矩值将发生突变，突变值就等于该集中力偶矩 M_e 的大小，如图 7-10 所示。

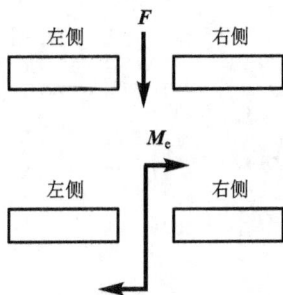

图 7-10 剪力值和弯矩值的突变

7.3 剪力图和弯矩图

一、剪力方程与弯矩方程

梁横截面上的剪力与弯矩是随着截面的位置而发生变化的，以横坐标 x 表示横截面的位置，则其剪力和弯矩都可以表示为 x 的函数。即

$$F_S = F_S(x)$$
$$M = M(x)$$

将其称为梁的剪力方程与弯矩方程。

列内力方程时应根据梁上载荷的分布情况分段进行，集中力（包括支座反力）、集中力偶的作用点和分布载荷的起、止点均为分段点。

二、剪力图与弯矩图

为了一目了然地表示出梁的各横截面上剪力与弯矩沿梁轴线的分布情况，通常以 x 为横坐标，以各内力为纵坐标，绘出 $F_S = F_S(x)$ 和 $M = M(x)$ 的函数图像，将其称为剪力图与弯矩图。

作剪力图时，规定正剪力画在 x 轴上侧，负剪力画在 x 轴下侧，并标上正负号；作弯矩图时，一般当 M 为正时，画在 x 轴的上方，由于工程上常把弯矩图画在梁受拉的一侧，所以在水利建工领域规定常用的水平梁正弯矩画在 x 轴下侧，负弯矩画在 x 轴上侧，与机械领域方向相反。

从剪力图与弯矩图上可以很方便地确定梁的最大剪力和最大弯矩，从而迅速确定梁危险截面的位置。

作剪力图和弯矩图的方法主要有三种：一是通过剪力方程和弯矩方程作图，二是通过弯矩、剪力与分布载荷集度之间的微分关系作图，三是利用叠加原理作图。绘制剪力图与弯矩图最基本的方法是列剪力方程与弯矩方程，绘制内力图。

[例 7-3] 如图 7-11 所示简支梁 AB，受向下均布载荷 q 的作用。试列出梁的剪力方程与弯矩方程，并画出剪力图与弯矩图。

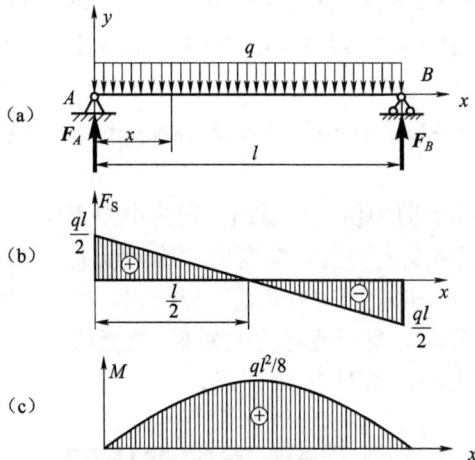

图 7-11 简支梁

解：（1）求支反力。由对称关系得

$$F_A = F_B = \frac{ql}{2}$$

（2）列剪力方程和弯矩方程。

$$F_S(x) = F_A - qx = \frac{ql}{2} - qx \quad (0 < x < l) \tag{a}$$

$$M(x) = F_A \cdot x - qx \cdot \frac{x}{2} = \frac{ql}{2}x - \frac{q}{2}x^2 \quad (0 \leqslant x \leqslant l) \tag{b}$$

（3）绘制剪力图与弯矩图。由式（a）可知剪力图为一条斜直线，斜率为$-q$，向下倾斜（即左高右低）。

根据 $x=0$ 时 $F_S=\dfrac{ql}{2}$，$x=l$ 时 $F_S=-\dfrac{ql}{2}$，即可绘出剪力图。

由式（b）可知，弯矩图为一条开口向下的抛物线，可采用三点绘图法绘制其弯矩图。

① 起点 $x=0$，$M(0)=0$。

② 终点 $x=l$，$M(l)=0$。

③ 极值点（抛物线的最高点或最低点）。令 $\dfrac{\mathrm{d}M(x)}{\mathrm{d}x}=\dfrac{ql}{2}-qx=0$，可得 $x=\dfrac{l}{2}$（从而确定了极值截面的位置）。将 $x=\dfrac{l}{2}$ 代入弯矩计算公式，得 $M\left(\dfrac{l}{2}\right)=\dfrac{ql}{2}\cdot\dfrac{l}{2}-\dfrac{q}{2}\left(\dfrac{l}{2}\right)^2=\dfrac{ql^2}{8}$（此即抛物线顶点的纵坐标，即可绘出抛物线，也就是梁的弯矩图）。

由剪力图与弯矩图可以很方便地看出，最大剪力发生在两端截面的内侧，其绝对值为 $F_{Smax}=\dfrac{ql}{2}$；最大弯矩发生在中截面，$M_{max}=\dfrac{ql^2}{8}$。

[例 7-4] 图 7-12（a）所示简支梁 AB，在 C 点受集中力 $\boldsymbol{F}$ 作用。试列出梁的剪力方程和弯矩方程，并画出剪力图和弯矩图。

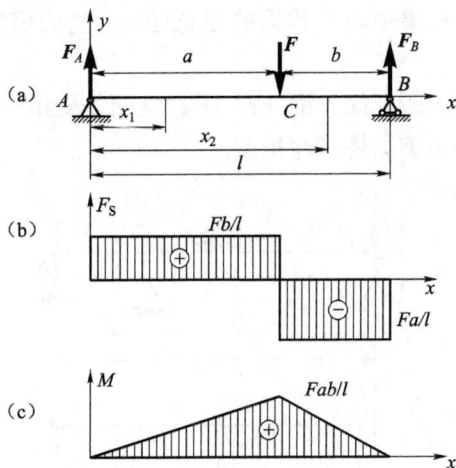

图 7-12　简支梁

解：（1）求支反力。由平衡方程得

$$F_A=\frac{Fb}{l},\quad F_B=\frac{Fa}{l}$$

（2）分段列剪力方程和弯矩方程。

对 AC 段，在段内取坐标为 x_1 的截面计算内力，即可得 AC 的剪力方程和弯矩方程：

$$F_S(x_1)=F_A=\frac{Fb}{l}\ (0<x_1<a) \tag{a}$$

$$M(x_1) = F_A x_1 = \frac{Fb}{l} x_1 \quad (0 \leqslant x_1 \leqslant a) \tag{b}$$

同理可得 CB 段的剪力方程和弯矩方程：

$$F_S(x_2) = F_A - F = \frac{Fb}{l} - F = -\frac{Fa}{l} \quad (0 < x_2 < a) \tag{c}$$

$$M(x_2) = F_A x_2 - F(x_2 - a) = \frac{Fa}{l}(l - x_2) \quad (a \leqslant x_2 \leqslant l) \tag{d}$$

（3）绘制剪力图和弯矩图。

式（b）表示在 AC 段内的弯矩图是一条向右上方倾斜的斜直线。

$x = 0$ 时，$M = 0$；$x = a$ 时，$M = \dfrac{Fab}{l}$。

而式（d）表示在 BC 段内的弯矩图是一条向右下方倾斜的斜直线，由 $x = a$ 时 $M = \dfrac{Fab}{l}$，$x = l$ 时 $M = 0$，决定整个梁的弯矩图在集中力 $\boldsymbol{F}$ 作用处形成一折角。

由剪力图和弯矩图可知，当 $a > b$ 时，CB 段内任意截面上的剪力值为最大，$F_{S\max} = \dfrac{Fa}{l}$；当 $a < b$ 时，AC 段内任意截面上的剪力值为最大，$F_{S\max} = \dfrac{Fb}{l}$。梁上的最大弯矩值发生在集中力 $\boldsymbol{F}$ 作用的 C 截面上，其值为 $M_{\max} = \dfrac{Fab}{l}$。

从剪力图上可以看出，在集中力 $\boldsymbol{F}$ 作用的 C 截面处，剪力值发生了突变，突变值就等于该集中力 $\boldsymbol{F}$ 的大小。

[例 7-5] 如图 7-13（a）所示简支梁 AB，在 C 截面处受集中力偶 M_e 作用。试列出梁的剪力方程和弯矩方程，并画出剪力图和弯矩图。

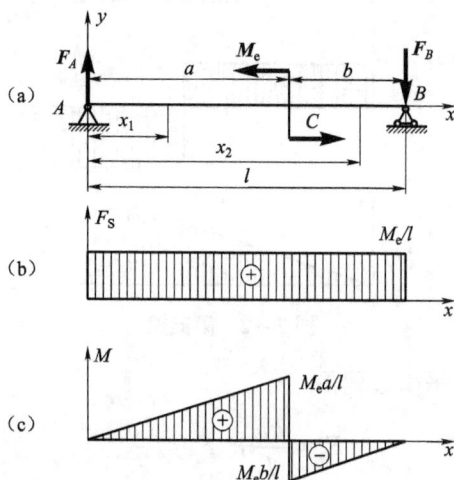

图 7-13　简支梁

解：（1）求支反力。由平衡条件得

$$F_A = \frac{M_e}{l}, \quad F_B = \frac{M_e}{l}$$

（2）分段列剪力方程和弯矩方程。

对 AC 段，在段内取坐标为 x_1 的截面计算内力，即可得 AC 的剪力方程和弯矩方程：

$$F_S(x_1) = F_A = \frac{M_e}{l} \quad (0 < x_1 \leqslant a) \tag{a}$$

$$M(x_1) = F_A x_1 = \frac{M_e}{l} x_1 \quad (0 \leqslant x_1 < a) \tag{b}$$

同理，可得 CB 段的剪力方程和弯矩方程：

$$F_S(x_2) = F_A = \frac{M_e}{l} \quad (a < x_2 < l) \tag{c}$$

$$M(x_2) = F_A x_2 - M_e = \frac{M_e}{l} x_2 - M_e \quad (a \leqslant x_2 < l) \tag{d}$$

由式（a）和式（c），剪力图为一条平行于 x 轴的水平线。由此可见，集中力偶对剪力图无影响，梁上任一截面的剪力均为最大值 $F_{Smax} = \frac{M_e}{l}$。

由式（b）和式（d）可知，在 AC 和 CB 段内，弯矩图均为斜率为 $\frac{M_e}{l}$ 的斜直线，相互平行，但在集中力偶 M_e 作用的 C 截面处，弯矩图发生突变，突变的绝对值等于集中力偶的大小。若 $a > b$，则在 C 点的左侧截面上有最大弯矩 $M_{max} = \frac{M_e}{l} a$；若 $a < b$，则在 C 点的右侧截面上有最大弯矩 $M_{max} = \frac{M_e}{l} b$。

7.4 载荷集度、剪力和弯矩的关系

如何比较简单、方便地绘制梁的剪力图与弯矩图呢？

下面我们来看一下前面学习过的例 7-3，梁的剪力方程与弯矩方程分别为

$$F_S(x) = F_A - qx = \frac{ql}{2} - qx \quad (0 < x < l)$$

$$M(x) = F_A x - qx \cdot \frac{x}{2} = \frac{ql}{2} x - \frac{q}{2} x^2 \quad (0 \leqslant x \leqslant l)$$

如果将弯矩方程和剪力方程分别对 x 求导数，求导的结果恰好是剪力方程和载荷集度（设 q 以向上时为正）。即

$$\frac{dM(x)}{dx} = \frac{ql}{2} - qx = F_S(x)$$

$$\frac{dF_S(x)}{dx} = -q$$

设图 7-14 所示简支梁 AB 上作用有任意载荷，作用于 dx 微段梁上的载荷集度可以认为是均布的。建立直角坐标系，一般以左端面的形心 A 为坐标原点，规定分布载荷向上时为正。

取 dx 微段梁为研究对象，设其左侧截面上的剪力与弯矩分别为 F_S 和 M；右侧截面上的剪力与弯矩分别为 $F_S + dF_S$ 和 $M + dM$。

在这些力的作用下，由于整个梁原本是平衡的，所以 dx 微段梁也处于平衡状态。

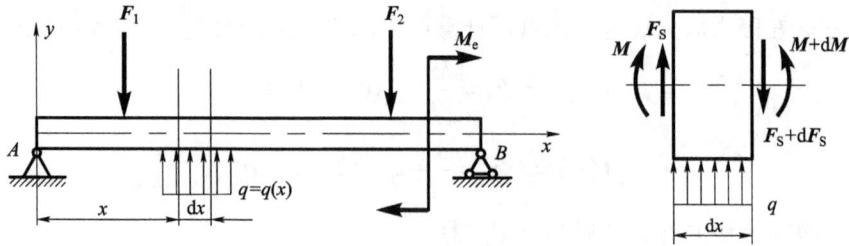

图 7-14 简支梁

由 $\sum F_y = 0$,

$$F_S + q\mathrm{d}x - (F_S + \mathrm{d}F_S) = 0 \qquad\qquad (a)$$

由 $\sum M_O = 0$,

$$-M - F_S\mathrm{d}x - q\mathrm{d}x \cdot \frac{\mathrm{d}x}{2} + (M + \mathrm{d}M) = 0 \qquad\qquad (b)$$

由式(a)可得

$$\frac{\mathrm{d}F_S}{\mathrm{d}x} = q \qquad\qquad (c)$$

由式(b)略去二阶微量 $\frac{1}{2}q(\mathrm{d}x)^2$ 整理后可得

$$\frac{\mathrm{d}M}{\mathrm{d}x} = F_S \qquad\qquad (d)$$

将式(d)代入式(c)可得

$$\frac{\mathrm{d}^2 M}{\mathrm{d}x^2} = q \qquad\qquad (e)$$

综合以上三式,可写为

$$\frac{\mathrm{d}^2 M}{\mathrm{d}x^2} = \frac{\mathrm{d}F_S}{\mathrm{d}x} = q$$

式(c)表示,剪力图中曲线上某点的斜率等于梁上对应点处的载荷集度;式(d)表示,弯矩图中曲线上某点的斜率等于梁上对应截面上的剪力。

式(d)可改写为积分形式,即

$$M_b = M_a + \int_a^b F_S\mathrm{d}x \qquad\qquad (f)$$

式(f)表示,梁上 $x = b$ 截面上的弯矩等于 $x = a$ 截面上的弯矩与对应 a、b 截面之间剪力图曲线与 x 轴所围几何图形面积的代数和。

但要注意的一点是,当梁上有集中力作用时,该力作用的截面处式(c)不适用;而在梁上有集中力偶作用的截面处式(d)和式(f)不适用。

掌握了弯矩、剪力和载荷集度之间的关系,有助于正确、简捷地绘制剪力图与弯矩图。同时,也可利用其检查已绘制好的剪力图与弯矩图是否有错误。

根据式(c)、(d)、(e)和集中力、集中力偶作用的截面处内力图的变化规律,可以将剪力图、弯矩图和梁上载荷三者之间的规律做一小结，如表 7-1 所示。

表 7-1　剪力图和弯矩图特征

载荷类型	无载荷段 q(x)=0			均布载荷段 q(x)=C		集中力		集中力偶	
				q<0	q>0				
剪力图	水平线			倾斜线		产生突变		无影响	
弯矩图	$F_S>0$	$F_S=0$	$F_S<0$	二次抛物线，$F_S=0$ 处有极值		在 C 处有折角		产生突变	

利用表 7-1 所归纳的规律，只需要计算梁上某些特殊截面的内力值，就可以直接绘制出剪力图与弯矩图，而不必列出弯矩方程和剪力方程，我们将这种绘制内力图的方法简称为"控制点作图法"。

［例 7-6］利用 M、F_S 和 q 之间的关系，画出图 7-15 所示梁的内力图。

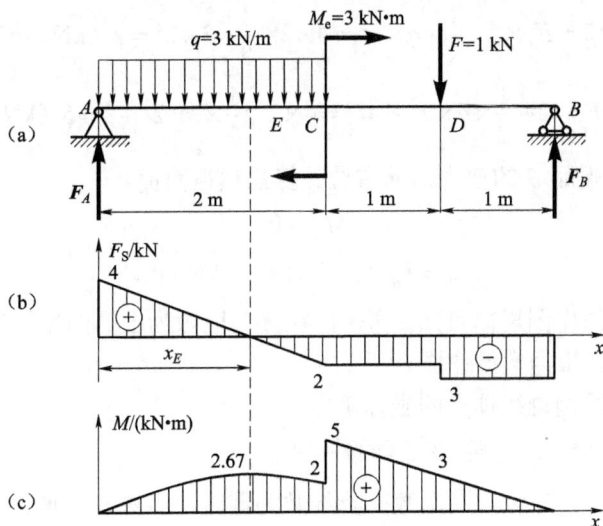

图 7-15　简支梁

解：（1）求支反力。以梁 AB 为研究对象，由 $\sum M_A=0$，$F_B\times4-q\times2\times1-M_e-F\times3=0$，

得

$$F_B=\frac{3\times2\times1+3+1\times3}{4}=3（kN）$$

由 $\sum F_y=0$，$F_A+F_B-q\times2-F=0$，得

·95·

$$F_A = 3 \times 2 + 1 - 3 = 4 \ (\text{kN})$$

（2）利用 M、F_S、q 之间的关系，画图示梁的内力计算各段起、止截面的剪力值，画内力图。

① 从各截面左边的横向外力计算各截面剪力，画剪力图。

$$F_{SA}^+ = F_A = 4 \ \text{kN}$$

$$F_{SC} = F_A - q \times 2 = 4 - 3 \times 2 = -2 \ (\text{kN})$$

$$F_{SD}^- = F_A - q \times 2 = -2 \ (\text{kN})$$

$$F_{SD}^+ = F_A - q \times 2 - F = 4 - 3 \times 2 - 1 = -3 \ (\text{kN})$$

对于右端面 B 的左侧面剪力，从右边计算显然很简捷。

$$F_{SB}^- = -F_B = -3 \ \text{kN}$$

注意：各剪力符号右上角的+、–表示该截面的右截面或左截面。

由表 7–1 所归纳的作图规律可知，剪力图在 AC 段为向右下倾斜的直线，在 CD、DB 段内为水平线。根据数据作图。

② 从各截面左边的外力（包括力偶）计算各截面弯矩，画弯矩图。

$$M_A = 0$$

$$M_E = F_A x - \frac{1}{2} q x^2 = 4 \times \frac{4}{3} - \frac{1}{2} \times 3 \times \left(\frac{4}{3}\right)^2 = 2.667 \ (\text{kN} \cdot \text{m})$$

$$M_C^- = F_A \times 2 - \frac{1}{2} \times q \times 2^2 = 4 \times 2 - \frac{1}{2} \times 3 \times 2^2 = 2 \ (\text{kN} \cdot \text{m})$$

$$M_C^+ = F_A \times 2 - \frac{1}{2} \times q \times 2^2 + M_e = 4 \times 2 - \frac{1}{2} \times 3 \times 2^2 + 3 = 5 \ (\text{kN} \cdot \text{m})$$

对于截面 D 及右端面 B 的剪力，从右边计算显然很简捷。

$$M_B = 0$$

$$M_D = F_B \times 1 = 3 \times 1 = 3 \ (\text{kN} \cdot \text{m})$$

由表 7–1 所归纳的作图规律可知，弯矩图在 AC 段内为上凸的抛物线，在 CD、DB 段内为向右下倾斜的直线。根据数据作图。

注意：关于 AC 段抛物线顶点的坐标确定。

首先要确定位置坐标 x_E，其方法有两种：

① 据式（d）$\dfrac{\mathrm{d}M}{\mathrm{d}x} = F_S$ 可知，函数一阶导数为零时，函数有极值，剪力为零的截面上，弯矩有极值。我们可以设此截面横坐标为 x_E，由 $F_{SE} = F_A - q \times x_E = 4 - 3 \times x_E = 0$，求得 $x_E = \dfrac{4}{3} \text{m}$。

② 可由已绘制的剪力图，用相似三角形的对应边成比例来求。

由 $\dfrac{AE}{EC} = \dfrac{4}{2}$，即 $\dfrac{x_E}{2 - x_E} = \dfrac{4}{2}$，同样可求得 $x_E = \dfrac{4}{3} \text{m}$。

求出了位置坐标 x_E，就可代入弯矩计算公式计算抛物线顶点的纵坐标（即弯矩的极值）。

$$M_{\max} = M_E = F_A \times x_E - \frac{1}{2}q \times x^2 = 4 \times \frac{4}{3} - \frac{1}{2} \times 3 \times \left(\frac{4}{3}\right)^2 = 2.667 \text{（kN·m）}$$

此外，绘制完剪力图后，也可根据剪力与弯矩间的导数关系，以及集中力偶作用处弯矩图有突变的特点，绘制弯矩图。

$$M_A = 0 \text{ , } M_B = 0$$

$$M_E = M_A + \int_A^E F_S dx = 0 + \frac{1}{2} \times F_A \times x_E = \frac{1}{2} \times 4 \times \left(\frac{4}{3}\right) = 2.667 \text{（kN·m）}$$

同理可得

$$M_C^- = 2 \text{ kN·m} \text{ , } M_C^+ = 5 \text{ kN·m} \text{ , } M_D = 3 \text{ kN·m}$$

根据上面的数据同样可以绘制弯矩图，并可通过 B、D 两截面的弯矩值进行校核：

$$M_B = M_D + \int_D^B F_S dx = 3 + (-3) \times 1 = 0$$

由剪力图和弯矩图可以很方便地看出，梁的最大剪力在 A 支座稍右的 A^+ 截面上，$F_{S\max} = 4 \text{ kN}$；最大弯矩在梁中截面 C 稍右的 C^+ 截面上，$M_{\max} = 5 \text{ kN·m}$。

7.5　简单梁受典型载荷时的内力图

对于弯曲梁的内力问题，工程中有四种情况最常见并极具典型意义，使用时直接查找图更为方便。

（1）悬臂梁在自由端受集中载荷作用时的内力图，如图 7-16 所示。

（2）悬臂梁受均布载荷时的内力图，如图 7-17 所示。

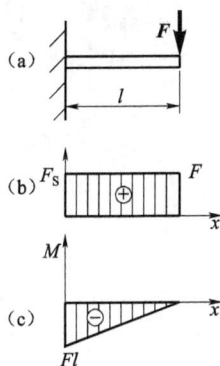

图 7-16　悬臂梁受集中载荷时的内力图　　图 7-17　悬臂梁受均布载荷时的内力图

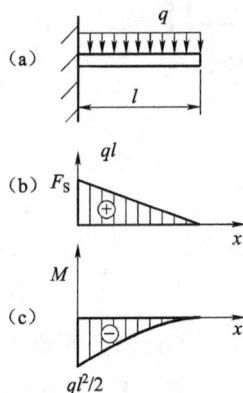

（3）简支梁在中间截面受集中载荷作用时的内力图，如图 7-18 所示。

（4）简支梁受均布载荷作用时的内力图，如图 7-19 所示。

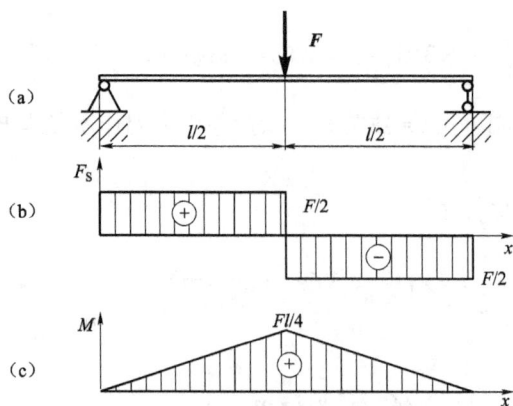

图 7-18 简支梁受集中载荷时的内力图

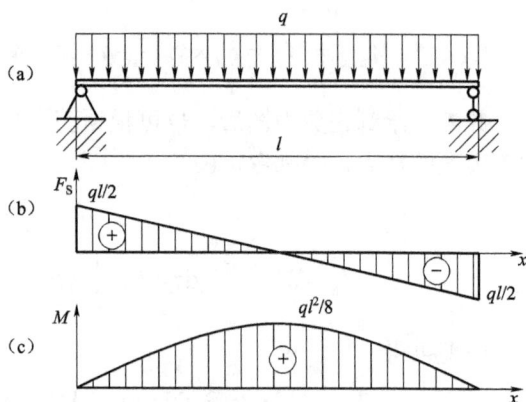

图 7-19 简支梁受均布载荷时的内力图

7.6 内力方程法作内力图

[例 7-7] 求图 7-20（a）所示梁截面 A、C 的剪力和弯矩。

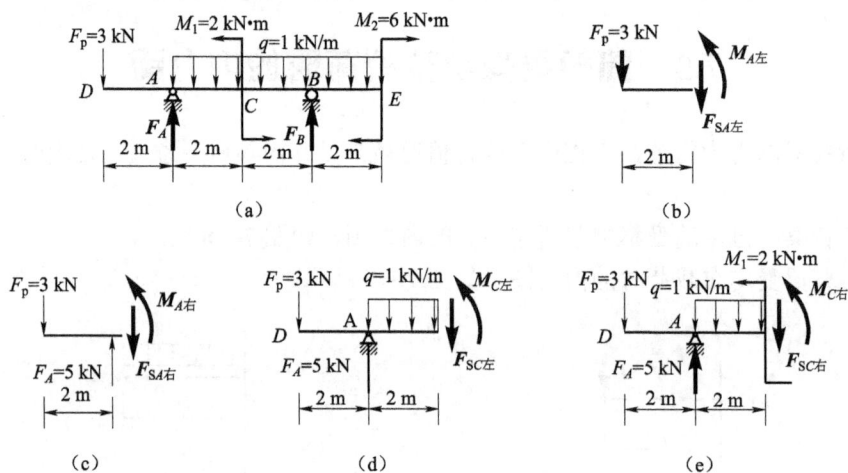

图 7-20 外伸梁

解：（1）求反力。

$$F_A = 5\text{ kN}，\quad F_B = 4\text{ kN}$$

（2）求 A 左截面的内力，如图 7-20（b）所示。

由 $\sum Y_i = 0$，知 $-F_p - F_{SA左} = 0$，故

$$F_{SA左} = -3\text{ kN}$$

由 $\sum M_O = 0$，知 $F_p \times 2 + M_{A左} = 0$，故

$$M_{A左} = -6\text{ kN} \cdot \text{m}$$

（3）求 A 右截面的内力，如图 7-20（c）所示。

由 $\sum Y_i = 0$，知 $-F_p - F_{SA右} + F_A = 0$，故

$$F_{SA右} = 2 \text{ kN}$$

由 $\sum M_O = 0$，知 $F_p \times 2 + M_{A右} = 0$，故

$$M_{A右} = -6 \text{ kN} \cdot \text{m}$$

（4）求 C 左截面的内力，如图 7-20（d）所示。

由 $\sum Y_i = 0$，知 $F_A - F_p - q \times 2 - F_{SC左} = 0$，故

$$F_{SC左} = 0$$

由 $\sum M_O = 0$，知 $F_p \times 4 - F_A \times 2 + q \times 2 \times 1 + M_{C左} = 0$，故

$$M_{C左} = -4 \text{ kN} \cdot \text{m}$$

（5）求 C 右截面的内力，如图 7-20（e）所示。

由 $\sum Y_i = 0$，知 $F_A - F_p - q \times 2 - F_{SC右} = 0$，故

$$F_{SC右} = 5 - 3 - 2 = 0$$

由 $\sum M_O = 0$，知 $F_p \times 4 - F_A \times 2 + q \times 2 \times 1 + M_1 + M_{C右} = 0$，故

$$M_{C右} = -6 \text{ kN} \cdot \text{m}$$

小结：

① 求指定截面上的内力时，既可取梁的左段为脱离体，也可取右段为脱离体，两者计算结果一致。一般取外力比较简单的一段进行分析。

② 在解题时，通常假设截面上的内力为正，若最后计算结果是正，则表示假设的内力方向（转向）与实际是相同的，否则是相反的。

③ 该题也可以不画受力图，不写平衡方程，由前面的结论直接求得结果。

[**例 7-8**] 试计算图 7-21 所示各梁指定截面（标有细线者）的剪力与弯矩。

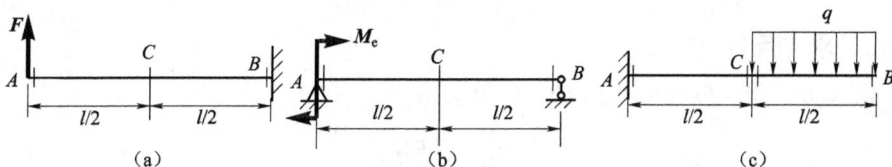

图 7-21　例 7-7 图

解：（1）取 A^+ 截面左段研究，$F_{SA^+} = F$，$M_{A^+} = 0$。

取 C 截面左段研究，$F_{SC} = F$，$M_C = \dfrac{Fl}{2}$。

取 B^- 截面左段研究，$F_{SB} = F$，$M_B = Fl$。

（2）求 A、B 处约束反力，如图 7-22 所示。

$$F_A = F_B = \frac{M_e}{l}$$

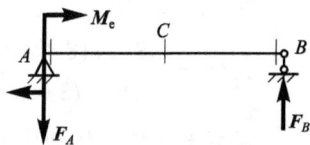

图 7-22　AB 梁的受力分析

取 A^+ 截面左段研究，$F_{SA^+} = -F_A = -\dfrac{M_e}{l}$，$M_{A^+} = M_e$。

取 C 截面左段研究，$F_{SC} = -F_A = -\dfrac{M_e}{l}$，$M_C = M_e - F_A \times \dfrac{l}{2} = \dfrac{M_e}{2}$。

取 B 截面右段研究，$F_{SB} = -F_B = -\dfrac{M_e}{l}$，$M_B = 0$。

（3）求 A、B 处的约束反力。

取 A^+ 截面右段研究，$F_{SA^+} = q \times \dfrac{l}{2} = \dfrac{ql}{2}$，$M_{A^+} = -q \times \dfrac{l}{2} \times \dfrac{3l}{4} = -\dfrac{3ql^2}{8}$。

取 C^- 截面右段研究，$F_{SC^-} = q \times \dfrac{l}{2} = \dfrac{ql}{2}$，$M_{C^-} = -q \times \dfrac{l}{2} \times \dfrac{l}{4} = -\dfrac{ql^2}{8}$。

取 C^+ 截面右段研究，$F_{SC^+} = q \times \dfrac{l}{2} = \dfrac{ql}{2}$，$M_{C^+} = -q \times \dfrac{l}{2} \times \dfrac{l}{4} = -\dfrac{ql^2}{8}$。

取 B^- 截面右段研究，$F_{SB^-} = 0$，$M_{B^-} = 0$。

[例 7–9] 试写出图 7–23 所示梁的内力方程，并画出剪力图和弯矩图。

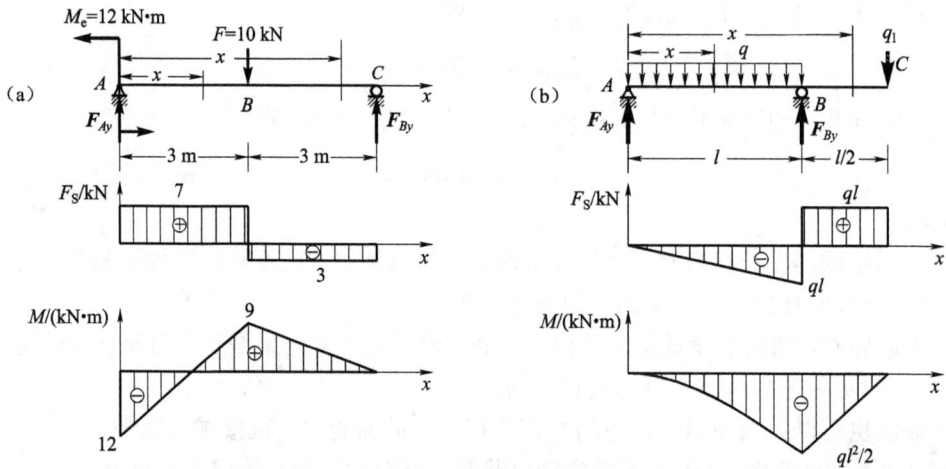

图 7–23　例 7–8 图

解：（1）求支反力。

由 $\sum M_C = 0$，得 $-F_{Ay} \cdot 6 + 12 + 10 \times 3 = 0$，故

$$F_{Ay} = 7\text{ kN}$$

由 $\sum Y = 0$，得 $F_{Ay} + F_{By} - 10 = 0$，故

$$F_{By} = 3\text{ kN}$$

列内力方程：

$$F_S(x) = \begin{cases} 7\text{ kN } (0 < x < 3) \\ -3\text{ kN } (3 < x < 6) \end{cases}, \quad M(x) = \begin{cases} (7x - 12)\text{ kN}\cdot\text{m } (0 \leqslant x \leqslant 3) \\ [3(6 - x)]\text{ kN}\cdot\text{m } (3 \leqslant x \leqslant 6) \end{cases}$$

根据上述数值作剪力图和弯矩图。

（2）求支反力。

由 $\sum M_B = 0$，得 $-F_{Ay}l + \dfrac{1}{2}ql^2 - ql \cdot \dfrac{l}{2} = 0$，故

$$F_{Ay} = 0$$

由 $\sum Y = 0$，得 $F_{Ay} + F_{By} - ql - ql = 0$，故

$$F_{By} = 2ql$$

列内力方程：

$$F_S(x) = \begin{cases} -qx & (0 \leqslant x < l) \\ ql & \left(l < x < \dfrac{3l}{2}\right) \end{cases}, \quad M(x) = \begin{cases} -\dfrac{qx^2}{2} & (0 \leqslant x \leqslant l) \\ -ql\left(\dfrac{3l}{2} - x\right) & \left(l \leqslant x \leqslant \dfrac{3l}{2}\right) \end{cases}$$

根据上述数值作剪力图和弯矩图。

[例 7–10] 利用内力方程作图 7–24（a）所示简支梁的剪力图和弯矩图。

解：对于 AC 段，有

$$q(x) = 5x$$

$$F_S(x) = 10 - \int_0^x 5x\mathrm{d}x = 10 - 2.5x^2 \quad (0 < x < 2)$$

$$M(x) = 10x - \int_0^x \frac{x}{2} \cdot 5x\mathrm{d}x = 10x - \frac{5}{6}x^3$$
$$(0 \leqslant x \leqslant 2)$$

其剪力图和弯矩图如图 7–24（b）、（c）所示。

由于结构是对称的，载荷也是对称的，BC 段与 AC 段的剪力图是反对称的，弯矩图是对称的，据此特点可方便地作出 BC 段的剪力图和弯矩图。

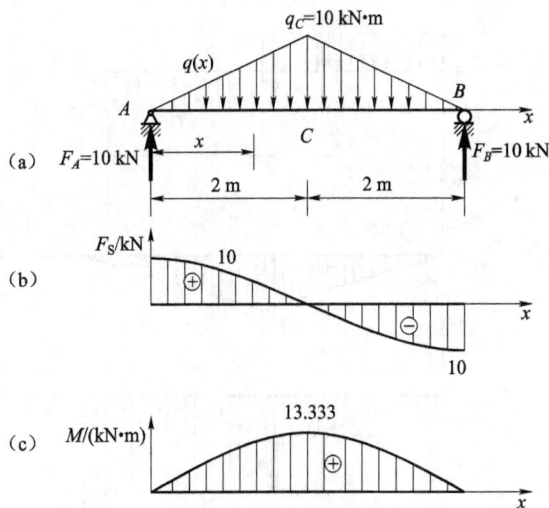

图 7–24　简支梁

7.7　微分关系法作内力图

[例 7–11] 试用剪力、弯矩与载荷集度之间的微分关系判断图 7–25 所示各梁的内力图形态，画出剪力图和弯矩图。

解：（1）根据微分关系，有 $\dfrac{\mathrm{d}M(x)}{\mathrm{d}x} = F_S(x)$ 和 $\dfrac{\mathrm{d}F_S(x)}{\mathrm{d}x} = \dfrac{\mathrm{d}^2 M(x)}{\mathrm{d}x^2} = q$。

AC 段：q 为常数，且 $q < 0$，剪力图从左到右为向下的斜直线，弯矩图为向上凸的抛物线。

CB 段：q 为常数，且 $q > 0$，剪力图从左到右为向上的斜直线，弯矩图为向下凹的抛物线。在 C 截面处，剪力图连续，弯矩图光滑。

求得几处特殊截面的内力值后即可作出梁的剪力图与弯矩图。

（2）求支反力。

由 $\sum M_A = 0$，得 $F_{By} \cdot 3a + qa^2 - \dfrac{1}{2} \cdot q \cdot (2a)^2 = 0$，故

$$F_{By} = \frac{qa}{3}$$

由 $\sum Y = 0$，得 $F_{Ay} + F_{By} - q \cdot 2a = 0$，故

$$F_{Ay} = \frac{5qa}{3}$$

判断内力图形态并作内力图：

AC 段：q 为常数，且 $q < 0$，剪力图从左到右为向下的斜直线，弯矩图为向上凸的抛物线，在距 A 端 $\frac{5}{3}a$ 截面处，M 取极大值。

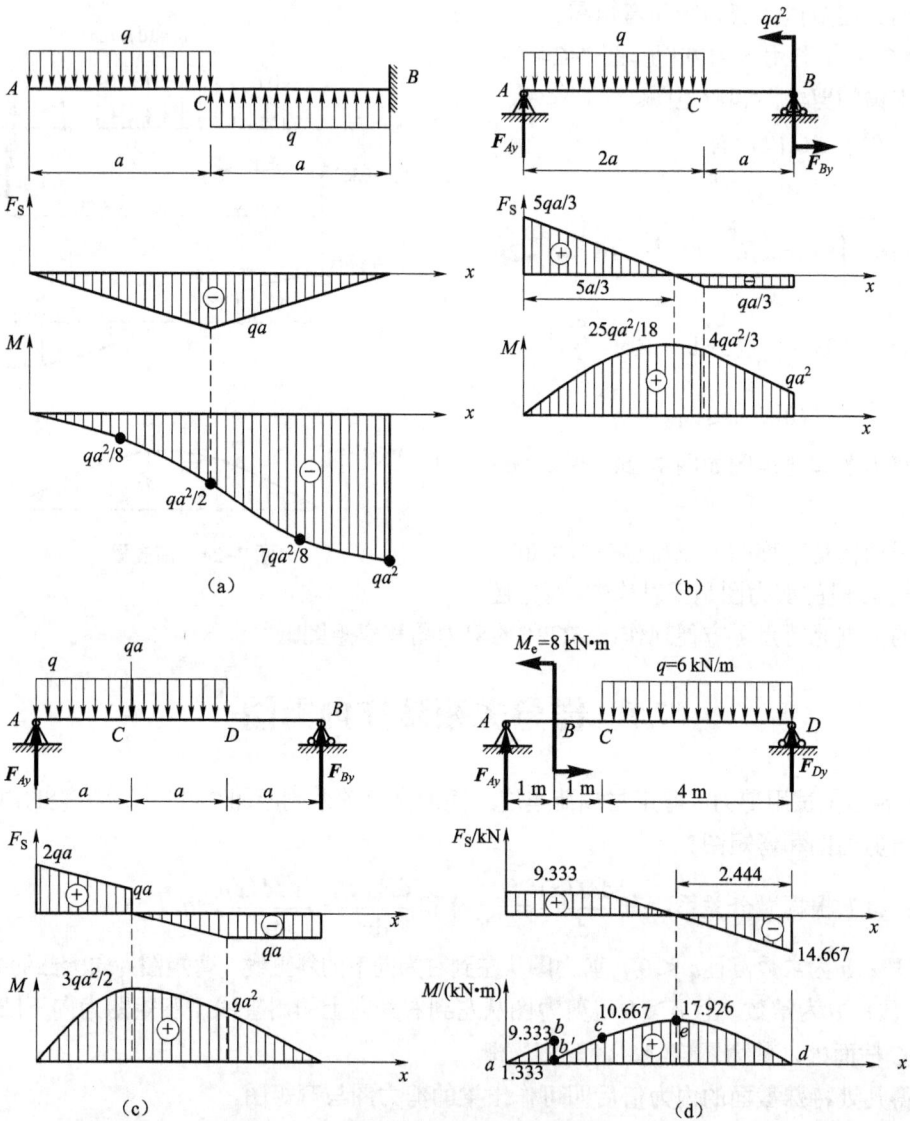

（a）　　　　　　　　　　　（b）

（c）　　　　　　　　　　　（d）

图 7-25　例 7-11 图

CB 段：$q = 0$，剪力图为水平直线，且 $F_S < 0$，弯矩图为从左到右向下的斜直线。在 C

截面处，剪力图连续，弯矩图光滑。

求得几处特殊截面的内力值后即可作出梁的剪力图与弯矩图。

（3）求支反力。

由 $\sum M_A = 0$，得 $F_{By} \cdot 3a - \dfrac{1}{2} \cdot q \cdot (2a)^2 - qa \cdot a = 0$，故

$$F_{By} = qa$$

由 $\sum Y = 0$，得 $F_{Ay} + F_{By} - q \cdot 2a - qa = 0$，故

$$F_{Ay} = 2qa$$

判断内力图形态并作内力图：

AC 段：q 为常数，且 $q < 0$，剪力图为从左到右向下的斜直线，弯矩图为向上凸的抛物线。C 截面处，有集中力 $\boldsymbol{F}$ 作用，剪力图突变，弯矩图不光滑。

CD 段：q 为常数，且 $q < 0$，剪力图为从左到右向下的斜直线，弯矩图为向上凸的抛物线。

DB 段：$q = 0$，剪力图为水平直线，且 $F_S < 0$；弯矩图为从左到右向下的斜直线。

（4）求支反力。

由 $\sum M_D = 0$，得 $F_{Ay} \cdot 6 - 8 - \dfrac{1}{2} \times 6 \times 4^2 = 0$，故

$$F_{Ay} = \frac{28}{3} = 9.333 \ （kN）$$

由 $\sum Y = 0$，得 $F_{Ay} + F_{Dy} - 6 \times 4 = 0$，故

$$F_{Dy} = \frac{44}{3} = 14.667 \ （kN）$$

判断内力图形态，作内力图。

剪力图：AC 段，$q = 0$，为水平直线；CD 段，$q < 0$，为从左到右向下的斜直线。

弯矩图：AB 段，$q = 0$，且 $F_S > 0$，为从左到右向上的斜直线；B 截面处，有集中力偶 $\boldsymbol{M}_e$ 作用，有突变；BC 段，$q = 0$，且 $F_S > 0$，为从左到右向上的斜直线，且 $b'c \ /\!/\ ab$；CD 段，$q < 0$，为向上凸的抛物线，且 $b'c$ 与 ce 在 c 点相切；在距 D 端 $\dfrac{22}{9}$ m 截面处，$F_S = 0$，M 取极大值。

7.8　叠加法作内力图

一、叠加原理

由于在小变形条件下，梁的内力、支座反力、应力和变形等参数均与载荷呈线性关系，每一载荷单独作用时引起的某一参数不受其他载荷的影响，所以，梁在各载荷共同作用下所引起的某一参数（内力、支座反力、应力和变形等），等于梁在各个载荷单独作用时所引起的同一参数的代数和，这种关系称为叠加原理，如图 7-26 所示。

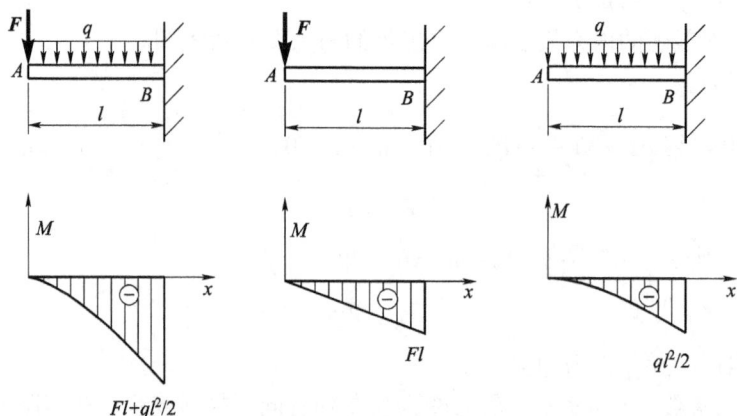

图 7-26 叠加原理

二、用叠加法画弯矩图

根据叠加原理来绘制梁的内力图的方法称为叠加法。

由于剪力图一般比较简单，因此不用叠加法绘制，下面只介绍用叠加法作梁的弯矩图。具体操作为：先分别作出梁在每一个载荷单独作用下的弯矩图，然后将各弯矩图中同一截面的弯矩代数相加，即可得到梁在所有载荷共同作用下的弯矩图。

［例7-12］试用叠加法画出图7-27所示简支梁的弯矩图。

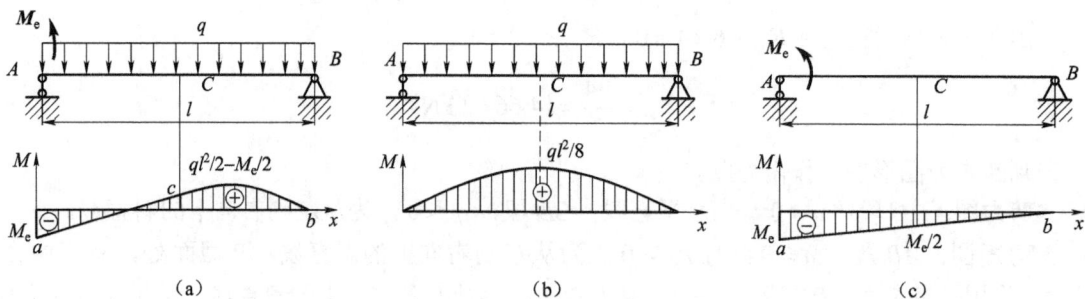

图 7-27 例 7-12 图

解：（1）先将梁上载荷分为集中力偶 M_e 和均布载荷 q 两组。

（2）分别画出 M_e 和 q 单独作用时的弯矩图（图 7-27（b）、（c）），然后将这两个弯矩图叠加。叠加时，是将相应截面的纵坐标代数相加。

7.9 梁的正应力计算

一、纯弯曲、剪切弯曲的概念

为解决梁的强度问题，在求得梁的内力后，必须进一步研究横截面上的应力分布规律。

通常，梁受外力弯曲时，其横截面上同时有剪力和弯矩两种内力，于是在梁的横截面上将同时存在剪应力和正应力，如图 7-28（a）所示。横截面上的切向内力元素 τdA 构成剪力，

法向内力元素 σdA 构成弯矩，如图 7-28（b）所示。

如图 7-29（a）所示，在一简支梁纵向对称面内，关于跨度中点对称的两集中力 F 作用在梁两端的 C、D 两点。此时梁靠近支座的 AC、BD 段内，各横截面内既有弯矩又有剪力，这种弯曲称为剪力弯曲或横力弯曲。在中段 CD 内，各横截面上剪力等于零，弯矩为一常数，这种弯曲称为纯弯曲。在发生纯弯曲的 CD 段，横截面上的正应力组合成截面上的弯矩，如图 7-29（d）所示。为了更集中地分析正应力与弯矩之间的关系，先考虑纯弯曲梁横截面上的正应力。

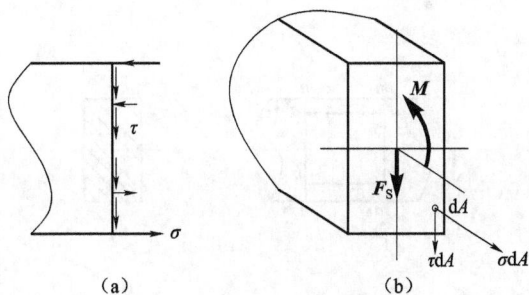

图 7-28 剪力和弯矩的构成

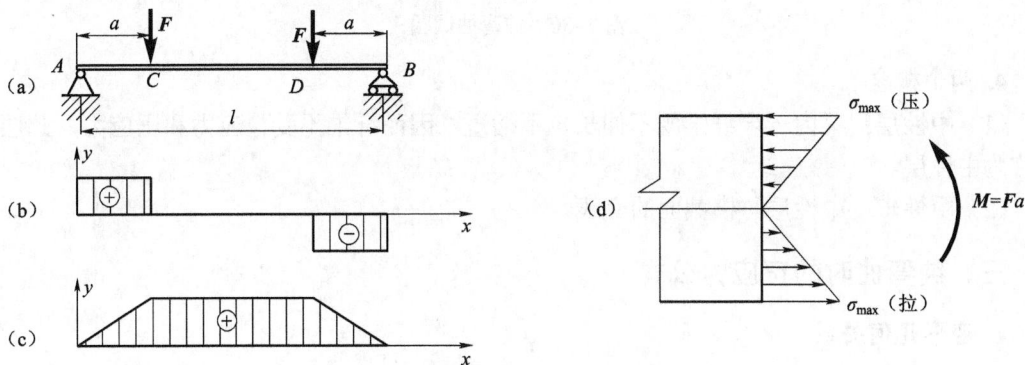

图 7-29 纯弯曲、横力弯曲

二、梁的纯弯曲试验及简化假设

在矩形截面的梁表面画上垂直于轴线的横向线 mm、nn 和平行于轴线的纵向线 aa、bb，如图 7-30（a）所示，然后使梁发生纯弯曲变形，如图 7-30（b）所示。

1. 试验现象

（1）横向线（mm、nn）变形后仍为直线，但有转动。

（2）纵向线变为曲线，且上部缩短下部伸长。

（3）横向线与纵向线变形后仍正交。

（4）观察横截面情况，在梁宽方向，梁的上部伸长，下部缩短，分别和梁的纵向缩短（上部）或伸长（下部）存在简单的比例关系。

2. 假设

（1）弯曲的平面假设：横截面变形后仍为垂直于轴线的平面，只是绕中性轴发生转动。

（2）单向受力假设：梁内各纵向纤维仅承受轴向拉应力或压应力。

3. 推论

（1）距中性轴等高处，变形相等。中性轴如图 7-30（c）所示。

（2）横截面上只有正应力。

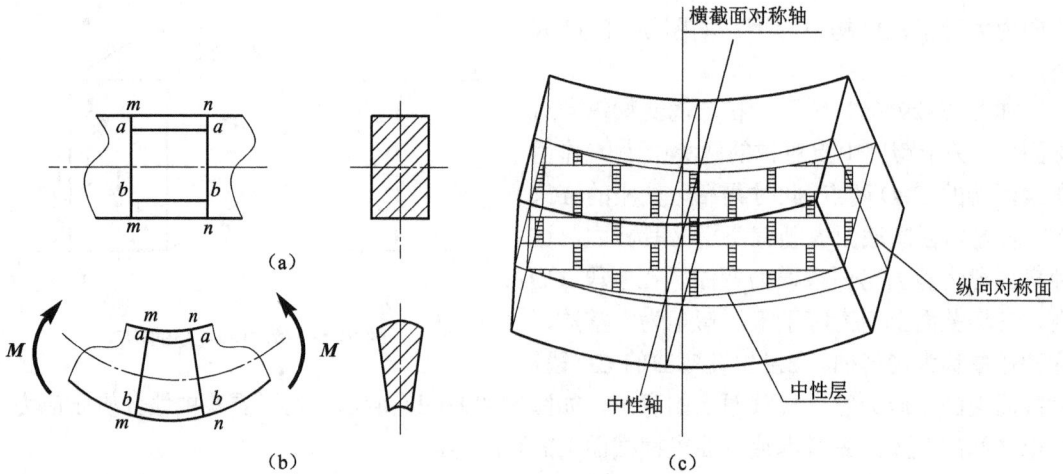

图 7-30 纯弯曲试验

4. 两个概念

（1）中性层：梁内一层纤维既不伸长也不缩短，因而纤维不受拉应力和压应力，此层纤维称为中性层。

（2）中性轴：中性层与横截面的交线。

三、纯弯曲时的正应力公式

1. 变形几何关系

用 1—1、2—2 两横截面截取长为 $\mathrm{d}x$ 的一段梁，如图 7-31（a）所示，令 y 轴为横截面的对称轴，z 轴为中性轴（其位置待定）。弯曲变形后，与中性轴距离为 y 的纤维变为弧线 $\widehat{b'b'}$（图 7-31（b）），且 $\widehat{b'b'} = (\rho + y)\mathrm{d}\theta$，而原长 $bb = \mathrm{d}x = O_1O_2 = \widehat{O_1'O_2'} = \rho\mathrm{d}\theta$。这里 ρ 为中性层的曲率半径，$\mathrm{d}\theta$ 是两横截面 $1'—1'$、$2'—2'$ 的相对转角。由此得纤维 bb 的线应变为

$$\varepsilon = \frac{(\rho + y)\mathrm{d}\theta - \rho\mathrm{d}\theta}{\rho\mathrm{d}\theta} = \frac{y}{\rho}$$

上式表明，纵向纤维的线应变 ε 与它到中性层的距离 y 成正比。

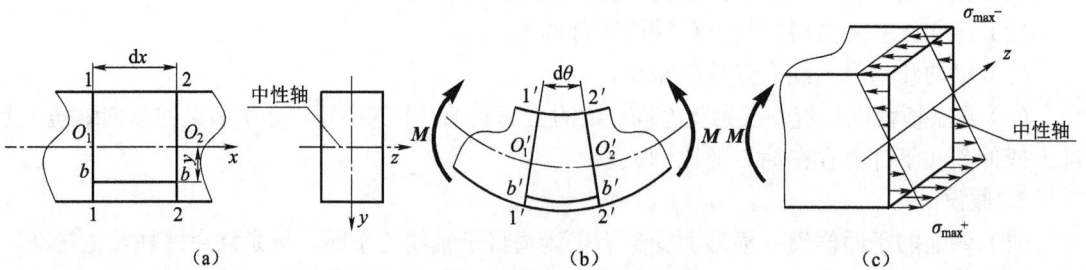

图 7-31 变形几何关系

2. 物理关系

假设：纵向纤维处于单向受力状态。于是，任意一点在弹性范围内

$$\sigma = E\varepsilon = E\frac{y}{\rho}$$

上式表明，梁截面上任一点应力与该点到中性轴的距离成正比，$y=0$ 的中性轴上正应力 σ 为 0，上、下边缘正应力最大。

3. 静力学关系

寻找正应力 σ 与弯矩 M 之间的关系，如图 7-32 所示。纯弯曲梁横截面应力分布：中性轴两侧，一边受拉，一边受压，可构成力偶。

由于中性轴的位置以及中性层的曲率半径 ρ 均未确定，因此上式还不能用于计算应力。为此考虑正应力应满足的静力学关系。

在横截面上任取一点，其坐标为 (y, z)，过此点的微面积 $\mathrm{d}A$ 上有微内力 $\sigma\mathrm{d}A$，如图 7-33 所示。在整个截面上这些微内力构成空间平行力系，而纯弯曲时梁横截面上的内力只产生位于纵向对称面内的弯矩 M，于是根据静力学条件有

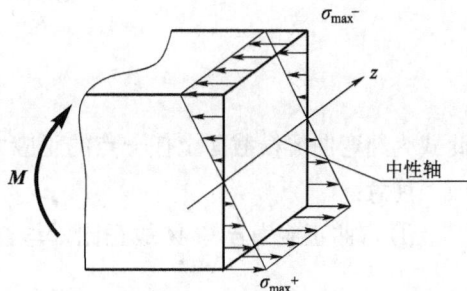

图 7-32 静力学关系

$$F = \int_A \sigma\mathrm{d}A = 0$$

将 $\sigma = E\varepsilon = E\dfrac{y}{\rho}$ 代入上式得

$$\frac{E}{\rho}\int_A y\mathrm{d}A = 0$$

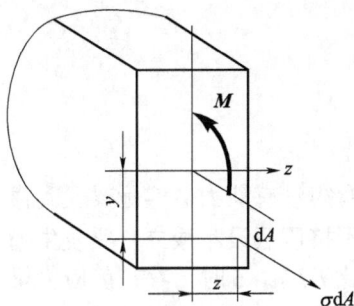

图 7-33 静力学关系

式中，$\int_A y\mathrm{d}A = S_z$，称为截面静矩，由于 $\dfrac{E}{\rho}$ 不能为零，则静矩 $S_z = 0$，这说明中性轴 z 轴必过截面形心，因此中性轴位置可确定，且具有唯一性。

$\mathrm{d}A$ 上内力：
$$\mathrm{d}F = \sigma\mathrm{d}A$$

$\mathrm{d}F$ 对中性轴之矩 $\mathrm{d}M$：
$$\mathrm{d}M = \sigma \cdot y \cdot \mathrm{d}A$$

$$M_z = \int_A \mathrm{d}M = \int_A \sigma y\mathrm{d}A = M$$

将式 $\sigma = E\dfrac{y}{\rho}$ 代入上式，得

$$M = \frac{E}{\rho}\int_A y^2\mathrm{d}A$$

令

$$I_z = \int_A y^2\mathrm{d}A$$

式中，I_z 为横截面对中性轴的惯性矩；y 为横截面任一点到中性层的距离；A 为横截面面积。

$$\frac{1}{\rho} = \frac{M}{EI_z}$$

此即梁的曲率公式。EI_z 为抗弯刚度。

① 曲率 $\dfrac{1}{\rho}$ 与 M 成正比，M 越大，梁弯曲越厉害。

② 曲率与 EI_z 成反比。

$$E\frac{y}{\rho}=\sigma, \quad \frac{1}{\rho}=\frac{\sigma}{Ey}=\frac{M}{EI_z}$$

$$\sigma=\frac{My}{I_z}$$

此式为纯弯曲梁横截面上任一点的正应力公式。y 为横截面上任一点距中性轴的距离。

注意:

① 弯曲正应力 σ 与 M 成正比,与 I_z 成反比,最大应力存在于梁边缘处。

$$\sigma_{max}=\frac{My_{max}}{I_z}$$

② 当截面对称于中性面时,最大拉、压应力相等。

③ 当中性面与上下边缘距离不等时,要分别计算拉应力与压应力。

令

$$W_z=\frac{I_z}{y_{max}}$$

式中,W_z 为横截面对中性轴 z 的抗弯截面模量。

$$\sigma_{max}=\frac{M}{W_z}$$

弯曲正应力计算公式是在纯弯曲下导出的——梁截面只有弯矩没有剪力。实际梁受到横向力作用——梁截面既有弯矩又有剪力。横截面存在剪力,互不挤压假设不成立,梁发生翘曲。根据精确理论和试验分析,当梁跨度 L 与横截面高度 h 之比 $L/h>5$ 时,存在剪应力梁的正应力分布与纯弯曲很接近。

公式适用范围:

① 跨度 L 与横截面高度 h 之比 $L/h>5$,可使用梁正应力计算公式。

② 梁正应力计算公式由矩形截面梁导出,但未使用矩形的几何特性。

所以公式适用于有纵向对称面的其他截面梁,如工字钢、槽钢及梯形截面梁等,如图7-34所示。

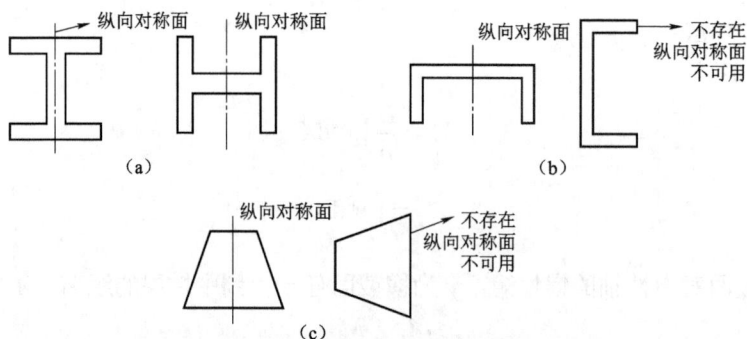

图7-34 有纵向对称面的其他截面梁
(a)工字钢;(b)槽钢;(c)梯形截面梁

③ 梁材料必须服从胡克定律,在弹性范围内,且材料的拉伸与压缩弹性模量相同,公式才适用。

4. 截面的轴惯性矩和抗弯截面模量

1）矩形截面（中性轴与截面形心重合）

梁上所受载荷如图 7-35 所示（$h>b$，立放）。

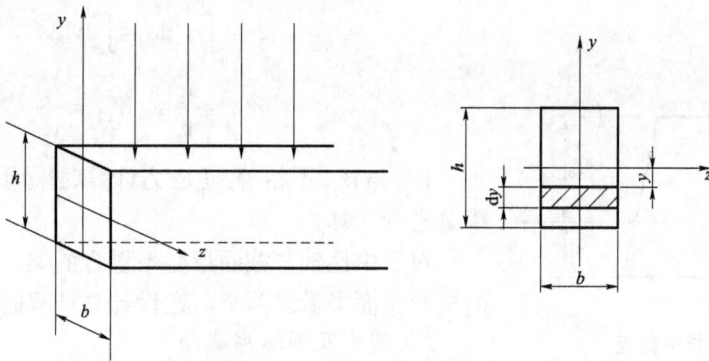

图 7-35　立放的矩形截面梁

轴惯性矩 I_z：

$$I_z = \int_A y^2 \mathrm{d}A, \quad \mathrm{d}A = b\mathrm{d}y$$

$$I_z = \int_{-h/2}^{h/2} y^2 b\mathrm{d}y = \frac{bh^3}{12}$$

抗弯截面模量 W_z：

$$W_z = \frac{I_z}{h/2} = \frac{bh^2}{6}$$

将图 7-35 矩形截面梁如图 7-36 放置时（平放）：

$$I_y = \int_A z^2 \mathrm{d}A, \quad \mathrm{d}A = h\mathrm{d}z$$

$$I_y = \int_{-b/2}^{b/2} z^2 h\mathrm{d}z = \frac{hb^3}{12}$$

抗弯截面模量 W_y：

$$W_y = \frac{hb^2}{6}$$

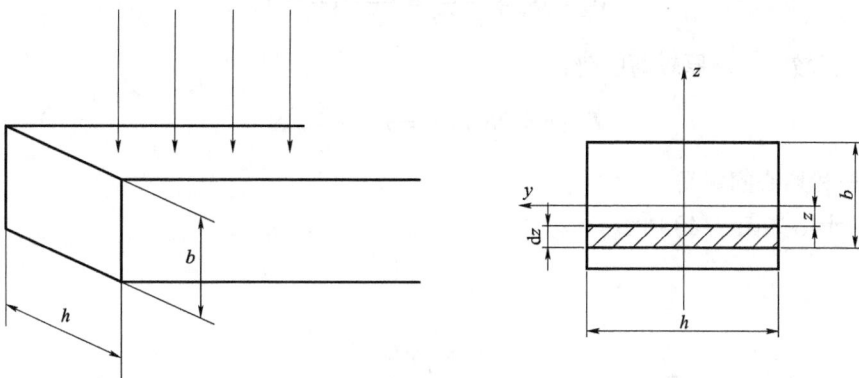

图 7-36　平放的矩形截面梁

对相同的矩形截面梁，放置方法不同，会有不同的轴惯性矩和不同的抗弯截面模量。工程上承受弯曲作用时，要选择 I 与 W 大的放置方法，要立放。

对于中性轴与截面形心不重合，如图 7-37 所示梯形截面：

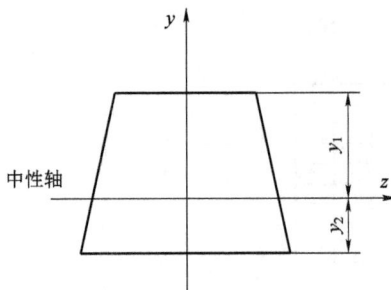

图 7-37 梯形截面

$$I_z = \int_A y^2 \mathrm{d}A = \int_{y_2}^{y_1} y^2 \mathrm{d}A$$

$$W_{z1} = \frac{I_z}{y_1}, \quad W_{z2} = \frac{I_z}{y_2}$$

W_{z1} 与 W_{z2} 不相等，正应力计算时采用较小的抗弯截面模量进行计算。

对于中性轴与截面形心不重合的梁，I_z 只有一个值，但抗弯截面模量有两个，在设计与计算时必须注意。

2）圆形及圆环形截面

（1）实心圆截面。

对圆截面，通过形心任一轴的惯性矩相等，如图 7-38 所示。即

$$I_z = I_y = \int_A y^2 \mathrm{d}A = \int (R\sin\alpha)^2 \mathrm{d}A$$

$$\mathrm{d}A = 2R\cos\alpha \mathrm{d}y, \quad y = R\sin\alpha$$

$$\mathrm{d}y = R\cos\alpha \mathrm{d}\alpha, \quad R = \frac{d}{2}$$

$$I_z = I_y = 2\int_0^{\frac{\pi}{2}} 2R^4 \sin^2\alpha \cos^2\alpha \mathrm{d}\alpha = \frac{\pi d^4}{64}$$

抗弯截面模量

$$W_z = W_y = \frac{\pi d^4}{64} \bigg/ \frac{d}{2} = \frac{\pi d^3}{32}$$

（2）圆环截面。

令 $d/D = \alpha$，如图 7-39 所示。

$$I_z = I_y = \frac{\pi D^4}{64} - \frac{\pi d^4}{64} = \frac{\pi}{64}(D^4 - d^4) = \frac{\pi}{64}D^4(1-\alpha^4)$$

$$W_z = W_y = \frac{I}{D/2} = \frac{\pi D^3}{32}(1-\alpha^4)$$

对于口径较大、壁厚较薄的管：

$$D - d = 2S, \quad I_z = I_y \approx \frac{\pi}{8}d^3 S$$

5. 静矩和形心的定义

静矩和形心如图 7-40 所示。

$$S_y = \int_A z\mathrm{d}A$$

$$S_z = \int_A y\mathrm{d}A$$

式中，S_y 和 S_z 分别称为整个截面积对于 y 轴和 z 轴的静矩。

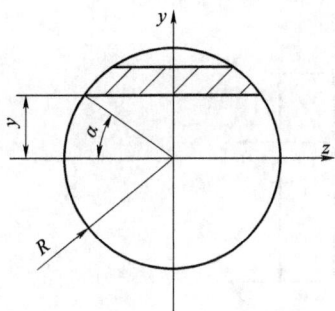

图 7-38　实心圆截面

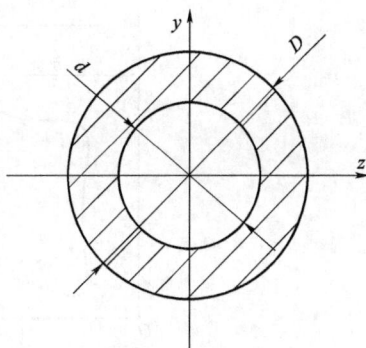

图 7-39　圆环截面

形心坐标：

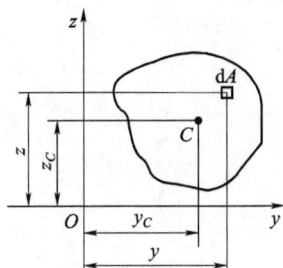

图 7-40　静矩和形心

$$y_C = \frac{\int_A y\mathrm{d}A}{A} = \frac{S_z}{A}$$

$$z_C = \frac{\int_A z\mathrm{d}A}{A} = \frac{S_y}{A}$$

应用式

$$S_z = A \cdot y_C$$
$$S_y = A \cdot z_C$$

$$S_z = 0 \Leftrightarrow y_C = 0$$
$$S_y = 0 \Leftrightarrow z_C = 0$$

　　结论：若图形对某一轴的静矩等于零，则该轴必然通过图形的形心；若某一轴通过图形的形心，则图形对该轴的静矩必然等于零。

　　形心轴：通过图形的形心的坐标轴。

　　组合截面的静矩和形心：截面对某一轴的静矩等于其组成部分对同一轴的静矩之和。

$$S_y = \int_A z\mathrm{d}A = \sum S_{yi}$$

$$S_z = \int_A y\mathrm{d}A = \sum S_{zi}$$

$$y_C = \frac{\int_A y\mathrm{d}A}{A} = \frac{\sum S_{zi}}{\sum A_i} = \frac{\sum y_i A_i}{\sum A_i}$$

$$z_C = \frac{\int_A z\mathrm{d}A}{A} = \frac{\sum S_{yi}}{\sum A_i} = \frac{\sum z_i A_i}{\sum A_i}$$

式中，y_i 与 z_i 分别为第 i 个简单图形的形心坐标。

　　6. 平行轴定理

　　平行轴定理如图 7-41 所示。

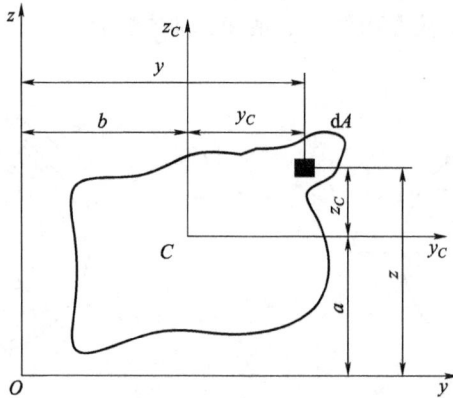

图 7-41　平行轴定理

基准轴：过形心的两正交坐标轴。

证明：

$$y = y_C + b$$

$$I_{z_C} = \int_A y_C^2 \mathrm{d}A$$

$$I_z = \int_A y^2 \mathrm{d}A = \int_A (y_C + b)^2 \mathrm{d}A$$

$$= \int_A y_C^2 \mathrm{d}A + 2b \int_A y_C \mathrm{d}A + b^2 \int_A \mathrm{d}A$$

所以

$$I_z = I_{z_C} + b^2 A$$

$$\int_A y_C \mathrm{d}A = 0$$

7. 组合截面的惯性矩

当截面由 n 个简单图形组合而成时，截面对于某根轴的惯性矩等于这些简单图形对于该轴的惯性矩之和。即

$$I_y = (I_y)_1 + \cdots + (I_y)_n = \sum_{i=1}^{n} (I_y)_i$$

$$I_z = (I_z)_1 + \cdots + (I_z)_n = \sum_{i=1}^{n} (I_z)_i$$

$$I_{yz} = (I_{yz})_1 + \cdots + (I_{yz})_n = \sum_{i=1}^{n} (I_{yz})_i$$

7.10　梁的正应力强度条件

弯曲正应力强度条件：

$$\sigma_{\max} = \frac{|M|_{\max} y_{\max}}{I_z} \leqslant [\sigma]$$

对塑性材料等截面梁：

$$\sigma_{\max} = \frac{M_{\max}}{W_z} \leqslant [\sigma]$$

可能存在最大应力的位置：

① 弯矩最大的截面上。

② 离中性轴最远处。

③ 变截面梁要综合考虑 M 与 W_z。

④ 脆性材料抗拉和抗压性能不同，两方面都要考虑：

$$\sigma_{t,max} \leqslant [\sigma_t] \text{,} \quad \sigma_{c,max} \leqslant [\sigma_c]$$

式中，$[\sigma_t]$ 为许用拉应力；$[\sigma_c]$ 为许用压应力。

［例 7-13］ 有一简支梁受均布载荷作用，如图 7-42 所示。求：

（1）C 截面上 K 点正应力。

（2）C 截面上最大正应力。

（3）全梁上最大正应力，已知 $E=200$ GPa。

解：（1）求支反力。

$$F_A = 90 \text{ kN}, \quad F_B = 90 \text{ kN}$$

$$M_C = 90 \times 1 - 60 \times 1 \times 0.5 = 60 \text{（kN·m）}$$

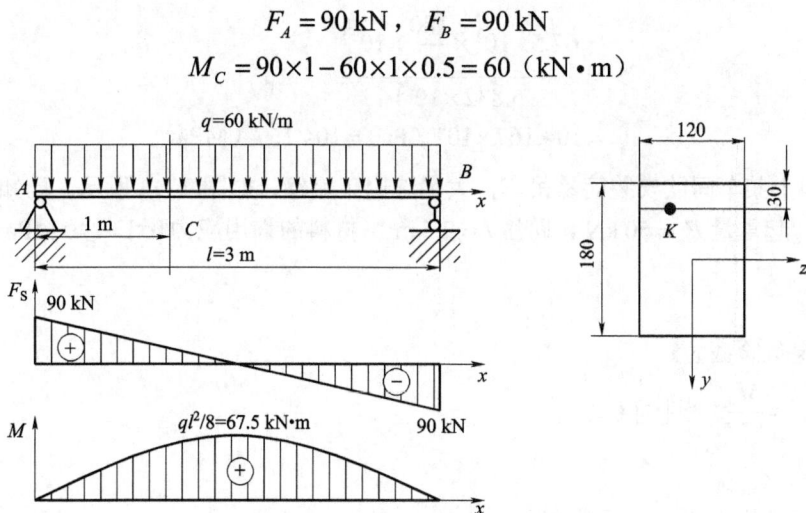

图 7-42　简支梁

$$I_z = \frac{bh^3}{12} = \frac{0.12 \times 0.18^3}{12} = 5.832 \times 10^{-5} \text{（m}^4\text{）}$$

$$\sigma_K = \frac{M_C y_K}{I_z} = \frac{60 \times 10^3 \times \left(\frac{180}{2} - 30\right) \times 10^{-3}}{5.832 \times 10^{-5}}$$

$$= 61.728 \times 10^6 \text{（Pa）} = 61.728 \text{（MPa）（压应力）}$$

（2）C 截面最大正应力。

C 截面弯矩：

$$M_C = 60 \text{ kN·m}$$

C 截面惯性矩：

$$I_z = 5.832 \times 10^{-5} \text{ m}^4$$

$$\sigma_{C\max} = \frac{M_C y_{\max}}{I_z}$$

$$= \frac{60 \times 10^3 \times \frac{180}{2} \times 10^{-3}}{5.832 \times 10^{-5}}$$

$$= 92.593 \times 10^6 \text{（Pa）} = 92.593 \text{（MPa）}$$

（3）全梁最大正应力。

最大弯矩：

$$M_{\max} = 67.5 \text{ kN} \cdot \text{m}$$

截面惯性矩：

$$I_z = 5.832 \times 10^{-5} \text{ m}^4$$

$$\sigma_{\max} = \frac{M_{\max} y_{\max}}{I_z}$$

$$= \frac{67.5 \times 10^3 \times \frac{180}{2} \times 10^{-3}}{5.832 \times 10^{-5}}$$

$$= 104.167 \times 10^6 \text{（Pa）} = 104.167 \text{（MPa）}$$

[例 7-14] 某车间欲安装简易吊车，大梁选用工字钢，如图 7-43 所示。已知电葫芦自重 $F_1 = 6.7$ kN，起重量 $F_2 = 50$ kN，跨度 $l = 9.5$ m，材料的许用应力 $[\sigma] = 140$ MPa，试选择工字钢的型号。

分析：

（1）确定危险截面。

（2）$\sigma_{\max} = \dfrac{M_{\max}}{W_z} \leqslant [\sigma]$。

（3）计算 $M_{\max}$。

（4）计算 W_z，选择工字钢型号。

解：（1）计算简图如图 7-44 所示。

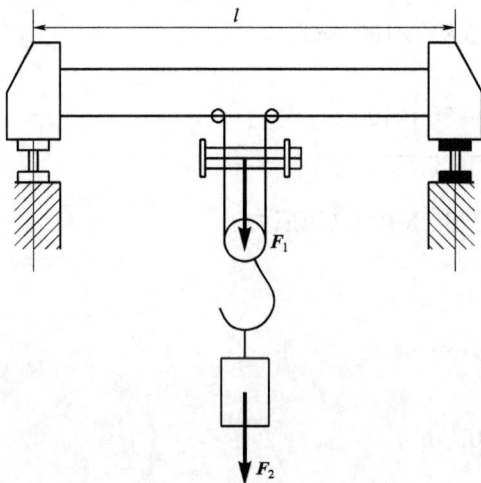

图 7-43 简易吊车

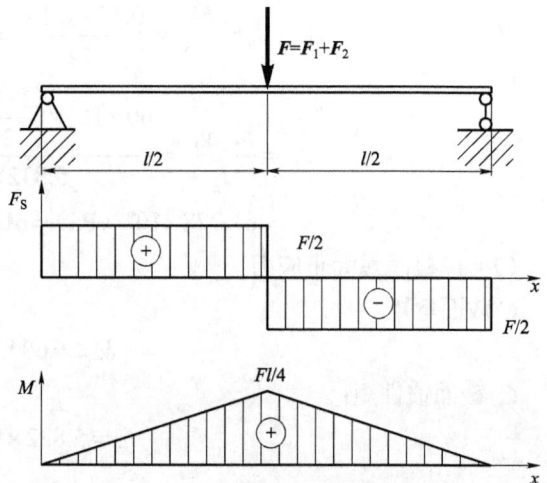

图 7-44 简易吊车计算简图

（2）绘制弯矩图，如图 7-44 所示。

（3）根据 $\sigma_{\max} = \dfrac{M_{\max}}{W_z} \leqslant [\sigma]$ 计算：

$$W_z \geqslant \frac{M_{\max}}{[\sigma]} = \frac{\dfrac{(6.7+50) \times 10^3 \times 9.5}{4}}{140 \times 10^6} = 961.875 \times 10^{-6} \,(\mathrm{m}^3) = 961.875 \,(\mathrm{cm}^3)$$

（4）选择工字钢型号。

$$36c \text{ 工字钢}, \quad W_z = 962 \,\mathrm{cm}^3$$

[例 7-15] T 形截面铸铁梁，截面尺寸如图 7-45 所示。$[\sigma_t] = 30\,\mathrm{MPa}$，$[\sigma_c] = 60\,\mathrm{MPa}$，试校核梁的强度。

分析：

（1）非对称截面，要寻找中性轴位置。

（2）作弯矩图，寻找需要校核的截面。

（3）要同时满足 $\sigma_{t,\max} \leqslant [\sigma_t]$，$\sigma_{c,\max} \leqslant [\sigma_c]$。

解：（1）求截面形心，如图 7-46 所示。

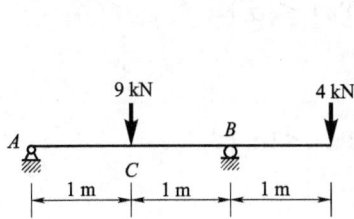

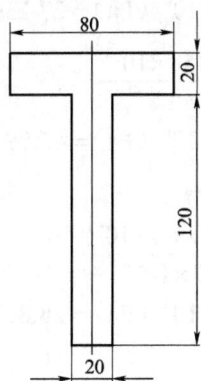

图 7-45 T 形截面铸铁梁

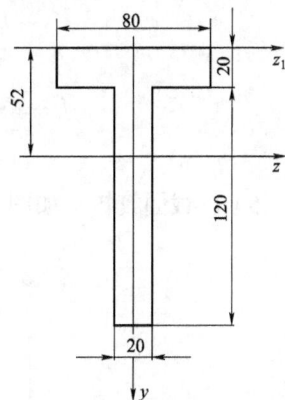

图 7-46 截面形心的求法

$$y_C = \frac{80 \times 20 \times 10 + 120 \times 20 \times 80}{80 \times 20 + 120 \times 20} = 52 \,(\mathrm{mm})$$

（2）求截面对中性轴 z 的惯性矩。

$$I_z = \frac{80 \times 20^3}{12} + 80 \times 20 \times 42^2 + \frac{20 \times 120^3}{12} + 20 \times 120 \times 28^2$$
$$= 7.637 \times 10^{-6} \,(\mathrm{m}^4)$$

（3）作弯矩图，如图 7-47 所示。

（4）B 截面校核，如图 7-48 所示。

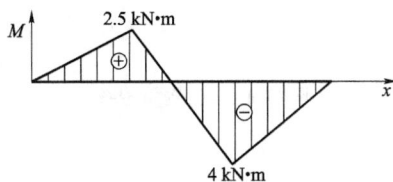

图 7-47 弯矩图

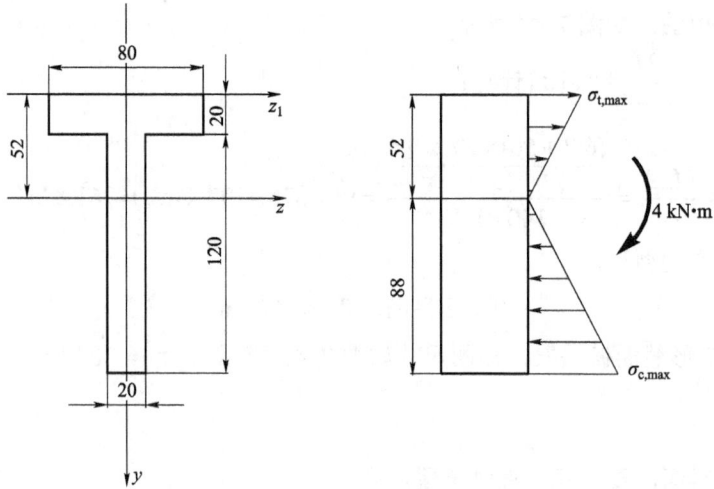

图 7-48　截面校核

$$\sigma_{t,max} = \frac{4\times10^3\times52\times10^{-3}}{7.637\times10^{-6}}$$
$$= 27.236\times10^6\ (Pa) = 27.236\ (MPa) < [\sigma_t]$$

$$\sigma_{c,max} = \frac{4\times10^3\times88\times10^{-3}}{7.637\times10^{-6}}$$
$$= 46.091\times10^6\ (Pa) = 46.091\ (MPa) < [\sigma_c]$$

（5）C 截面校核，如图 7-49 所示。

$$\sigma_{t,max} = \frac{2.5\times10^3\times88\times10^{-3}}{7.637\times10^{-6}}$$
$$= 28.807\times10^6\ (Pa) = 28.807\ (MPa) < [\sigma_t]$$

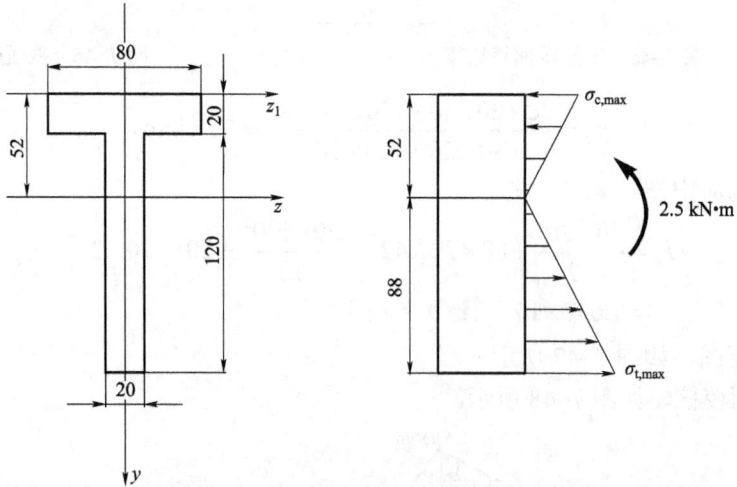

图 7-49　C 截面校核

7.11　梁的剪应力及强度计算

一、矩形截面梁横截面上的剪应力

在实际工程结构中，大多数梁发生剪力弯曲，有必要进行剪应力计算和剪应力强度计算。在正应力强度条件和剪应力强度条件构成的弯曲强度计算中，通常由正应力强度条件控制，这也是进行剪应力强度计算时还必须进行正应力强度计算的原因。

在梁上用截面法截取某截面，横截面上的正应力 $\boldsymbol{\sigma}$ 组合成截面上的弯矩 $\boldsymbol{M}$，该截面上的剪应力 $\boldsymbol{\tau}$ 组合成截面上的剪力 $\boldsymbol{F}_{\mathrm{S}}$，如图 7–50 所示。

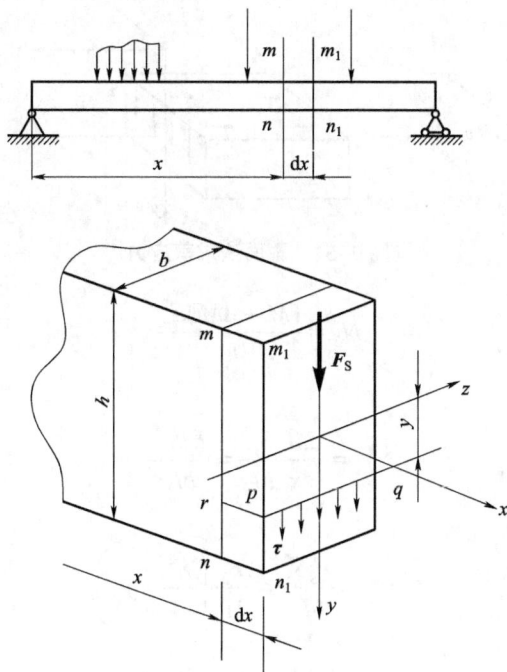

图 7–50　剪力的组成

在这些力的作用下，由于整个梁原本是平衡的，所以 dx 微段梁也处于平衡状态。

剪应力 $\boldsymbol{\tau}$ 的两个假设：

① $\boldsymbol{\tau} /\!/ \boldsymbol{F}_{\mathrm{S}}$，方向相同。

② $\boldsymbol{\tau}$ 沿宽度均匀分布。

研究方法：分离体平衡。

① 在梁上取微段，如图 7–51（a）、（b）所示。

② 在微段上取一块，如图 7–51（c）所示，由平衡得

$$\sum X = N_2 - N_1 - \tau_1 b \mathrm{d}x = 0$$

$$N_1 = \int_{A^*} \sigma \mathrm{d}A = \frac{M}{I_z} \int_{A^*} y \mathrm{d}A^* = \frac{M S_z^*}{I_z}$$

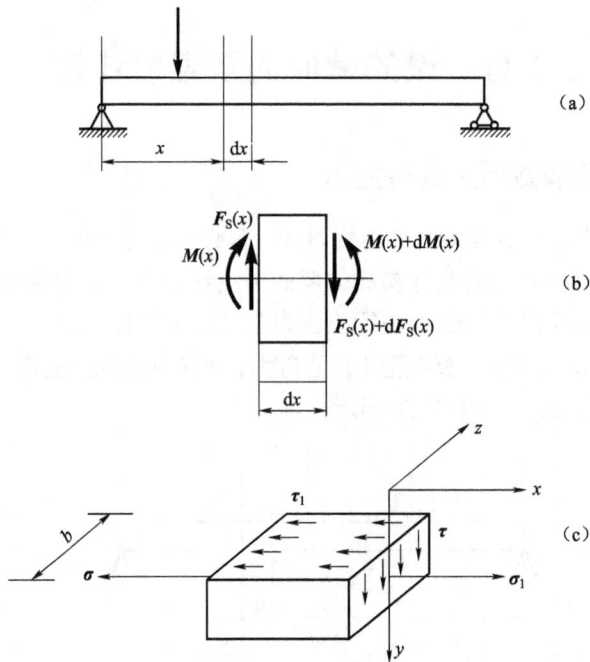

图 7-51 截面法求剪应力

同理

$$N_2 = \frac{(M + \mathrm{d}M)S_z^*}{I_z}$$

代入前面等式，得

$$\tau_1 = \frac{\mathrm{d}M}{\mathrm{d}x}\frac{S_z^*}{bI_z} = \frac{F_S S_z^*}{bI_z}$$

由剪应力互等：

$$\tau = \tau_1 = \frac{F_S S_z^*}{bI_z} = \frac{F_S}{2I_z}\left(\frac{h^2}{4} - y^2\right)$$

$$S_z^* = y_C^* A^* = \frac{\frac{h}{2} - y}{2} b\left(\frac{h}{2} - y\right) = \frac{b}{2}\left(\frac{h^2}{4} - y^2\right)$$

式中，S_z^* 为 y 处以外的部分截面对中性轴的静矩。

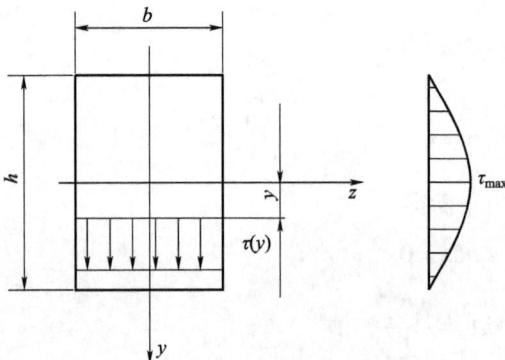

图 7-52 矩形截面梁横截面上的剪应力

讨论：

$$\tau = \tau_1 = \frac{F_S S_z^*}{bI_z} = \frac{F_S}{2I_z}\left(\frac{h^2}{4} - y^2\right)$$

① τ 沿截面高度按抛物线变化，如图 7-52 所示。

$y = 0$，中性轴上 $\tau = \tau_{\max} = 1.5\dfrac{F_S}{bh}$。

$$\tau_{矩} = \frac{F_S}{\dfrac{bh^3}{6}}\left(\frac{h^2}{4} - y^2\right) = \frac{3F_S}{2bh^3}\left(1 - \frac{4y^2}{h^2}\right)$$

$$\tau_{\max} = \frac{3}{2} \cdot \frac{F_{\mathrm{S}}}{A} = 1.5 \frac{F_{\mathrm{S}}}{bh}$$

$y = y_{\max}$，上、下边缘 $\tau = 0$。

② F_{S} 为需求 τ 的某点所在横截面的剪力。

③ S_z 为需求 τ 的某点距离中性轴为 y 处以外的部分截面对中性轴的静矩。

④ I_z 为需求 τ 的某点所在横截面对中性轴的惯性矩。

⑤ b 为需求 τ 的某点作水平线（//中性轴）的实体宽度。

二、其他截面梁横截面上的剪应力

1. 工字形截面梁的剪应力

工字形截面，由于翼缘上的竖向剪应力很小，计算时一般不予考虑，因此我们也不作讨论。对腹板上的剪应力，我们可以作和矩形截面相同的假设，导出与矩形截面梁的剪应力计算公式形式完全相同的公式。即腹板上的剪应力 τ 计算：

$$\tau = \frac{F_{\mathrm{S}}S_z^*}{bI_z} = \left[\frac{B}{8}(H^2 - h^2) + \frac{b}{2}\left(\frac{h^2}{4} - y^2\right)\right] \cdot \frac{F_{\mathrm{S}}}{bI_z}$$

式中，S_z^* 为所求应力点到截面边缘间的面积（图 7-53（a）中阴影面积）对中性轴的静矩。

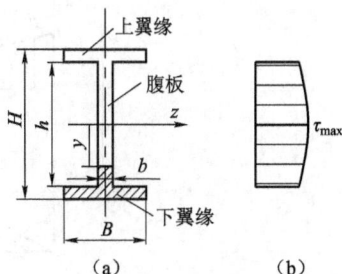

图 7-53　工字形截面梁的剪应力

剪应力沿腹板高度的分布规律也是按抛物线规律变化的，如图 7-53 所示。其最大剪应力（中性轴上）和最小剪应力相差不多，接近于均匀分布。通过分析可知，对工字形截面梁剪力主要由腹板承担，而弯矩主要由翼缘承担。

2. 工字形截面梁的最大剪应力

$$\tau_{\max} = \frac{F_{\mathrm{S}}}{A}$$

式中，F_{S} 为需求 τ 的某点所在横截面的剪力；A 为腹板面积；$\tau_{\max}$ 位于横截面的中性轴上。

3. 矩形截面梁的最大剪应力

$$\tau_{\max} = \frac{3}{2}\frac{F_{\mathrm{S}}}{A}$$

4. T 字形截面梁的剪应力

T 字形截面也是工程中常用的截面形式，它是由两个矩形截面组成的（图 7-54（a））。下面的狭长矩形与工字形截面的腹板类似，这部分上的剪应力仍用式 $\tau = \dfrac{F_{\mathrm{S}}S_z^*}{I_z b}$ 计算。剪

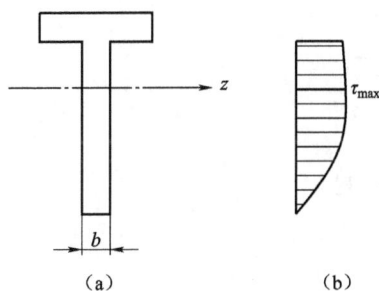

图 7-54　T 字形截面梁的剪应力

应力的分布仍按抛物线规律变化，最大剪应力仍发生在中性轴上，如图 7-54（b）所示。

三、剪应力强度条件

$$\tau_{\max} = \frac{F_{\mathrm{S}\max}S_{z\max}^*}{bI_z} \leqslant [\tau]$$

注：一般来说，梁的强度是由正应力强度条件来控制的，只有在短梁或在支座附近的截面，（铆接或焊接的工字梁）腹板深而高的梁，经铆接、焊接或胶合而成的梁，对铆钉、焊缝或胶合面等一般要进行剪应力强度计算。

[例 7-16] 矩形（$b \times h = 0.12 \text{ m} \times 0.18 \text{ m}$）截面木梁如图 7-55 所示，$[\sigma] = 7 \text{ MPa}$，$[\tau] = 0.9 \text{ MPa}$，试求最大正应力和最大剪应力之比，并校核梁的强度。

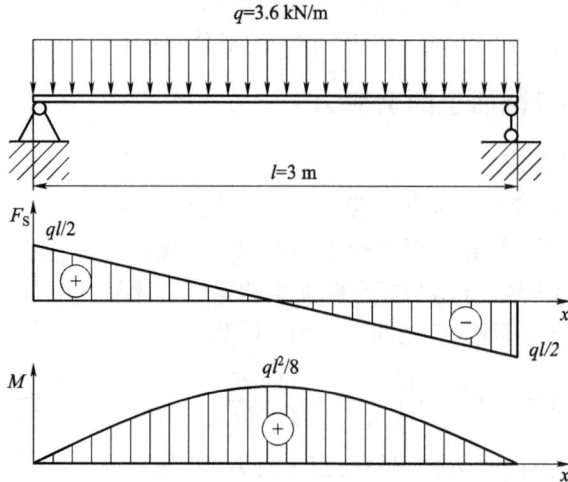

图 7-55　矩形截面木梁

解：（1）画内力图求危险截面内力。

$$F_{S\max} = \frac{ql}{2} = \frac{3\,600 \times 3}{2} = 5\,400\,（\text{N}）$$

$$M_{\max} = \frac{ql^2}{8} = \frac{3\,600 \times 3^2}{8} = 4\,050\,（\text{N} \cdot \text{m}）$$

（2）求最大应力并校核强度。

$$\sigma_{\max} = \frac{M_{\max}}{W_z} = \frac{6M_{\max}}{bh^2} = \frac{6 \times 4\,050}{0.12 \times 0.18^2}$$
$$= 6.25\,（\text{MPa}） < 7\,（\text{MPa}） = [\sigma]$$

$$\tau_{\max} = 1.5\frac{F_{S\max}}{A} = \frac{1.5 \times 5\,400}{0.12 \times 0.18}$$
$$= 0.375\,（\text{MPa}） < 0.9\,（\text{MPa}） = [\tau]$$

（3）应力之比。

$$\frac{\sigma_{\max}}{\tau_{\max}} = \frac{M_{\max}}{W_z}\frac{2A}{3F_{S\max}} = \frac{l}{h} = 16.667$$

7.12　梁弯曲时的变形

为了保证梁在载荷作用下正常工作，除满足强度要求外，同时还需满足刚度要求。刚度要求就是控制梁在载荷作用下产生的变形在一定限度内，否则会影响结构的正常使用。例如，楼面梁变形过大时，会使下面的抹灰层开裂、脱落；吊车梁的变形过大时，将影响吊车的正常运行，等等。

一、弯曲变形的概念

1. 挠曲线

梁在载荷作用下产生弯曲变形后，其轴线为一条光滑的平面曲线，此曲线称为梁的挠曲线或梁的弹性曲线。如图 7-56 的悬臂梁所示，AB 表示梁变形前的轴线，AB' 表示梁变形后的挠曲线。

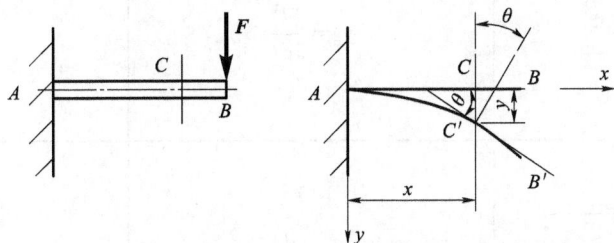

图 7-56　挠度和转角

2. 挠度和转角

（1）挠度。梁任一横截面形心在垂直于梁轴线方向的竖向位移 CC' 称为挠度，用 y 表示，单位为 mm，并规定向下为正。

（2）转角。梁任一横截面相对于原来位置所转动的角度，称为该截面的转角，用 θ 表示，单位为 rad（弧度），并规定顺时针转动为正。

（3）挠度与转角的联系。挠度与转角都是截面位置 x 的函数，即 $y(x)$、$\theta(x)$，在小变形条件下

$$\theta(x) \approx \tan\theta(x) = \frac{\mathrm{d}y}{\mathrm{d}x} = y'(x)$$

二、简单梁受典型载荷时的变形

以图 7-56 所示悬臂梁为例，根据观察和力学常识可知，发生在 B 截面的最大挠度 y_B 与下列因素有关：梁上受到的作用力 F 越大，y_B 越大（成正比关系）；梁的长度 l 越大，y_B 也越大（成正比关系）；梁的横截面尺寸（体现在抗弯截面系数 W_z 上）越大，y_B 越小（成反比关系）；梁的构成材料的弹性模量 E 越大，梁较不易发生变形，y_B 也就越小（成反比关系）。

再作定量分析：y_B 取决于 F、l、I_z 和 E，在弹性变形范围内，暂时假设 $y_B = K\dfrac{Fl}{EI}$，K 可视为变形系数且无单位，EI 又称为梁的弯曲刚度。作量纲的单位分析，$K\dfrac{Fl}{EI}$ 的国际单位是 $\dfrac{\mathrm{N \times m}}{\mathrm{Pa \times m^4}} = \dfrac{1}{\mathrm{m}}$，而 y_B 的国际单位是 m，所以公式表达式中应在右边的分子上增设长度单位的平方，则公式表达式可修正为

$$y_B = K\frac{Fl^3}{EI}$$

这样，公式两边的单位就协调了。至于系数 K 有简便的记忆口诀，对照表 7-2 可知，

最大挠度系数的记忆口诀是：3-8-48-3845；同理可分析最大转角系数，其记忆口诀是：2-6-16-24。

表7-2分析了实际工程中常用的四种情况。

表7-2 典型梁受典型载荷时的最大挠度与最大转角

支承和载荷状况	最大挠度	最大转角
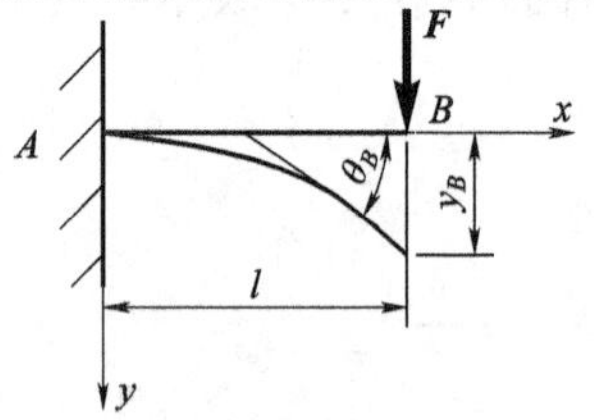	$y_B = \dfrac{Fl^3}{3EI}$	$\theta_B = \dfrac{Fl^2}{2EI}$
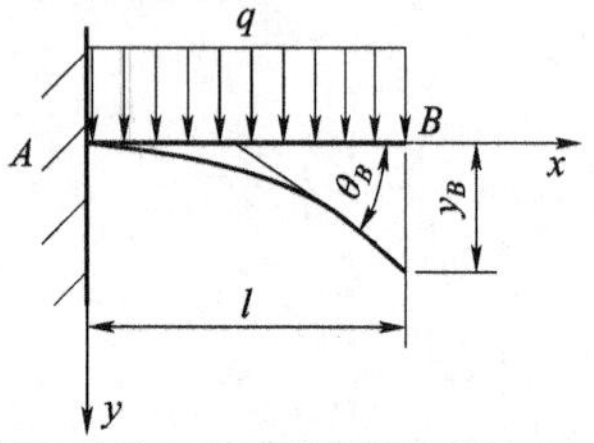	$y_B = \dfrac{ql^4}{8EI}$	$\theta_B = \dfrac{ql^3}{6EI}$
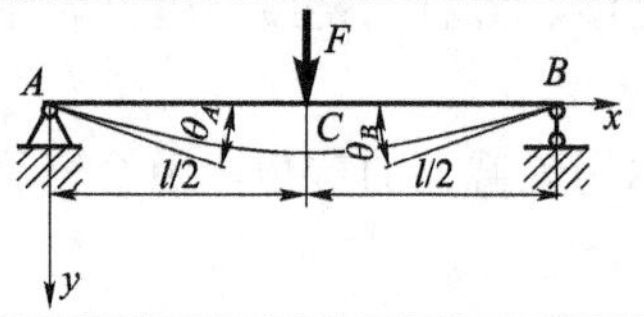	$y_C = \dfrac{Fl^3}{48EI}$	$\theta_A = -\theta_B$ $= \dfrac{Fl^2}{16EI}$
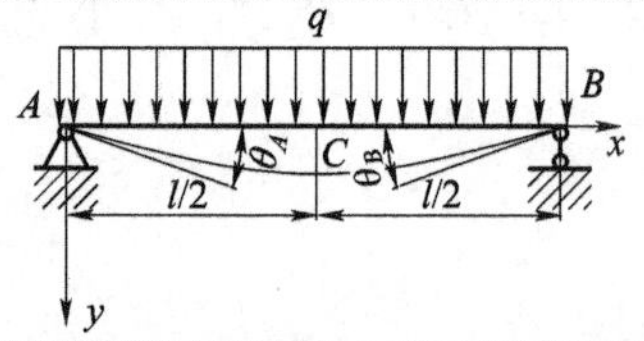	$y_C = \dfrac{5ql^4}{384EI}$	$\theta_A = -\theta_B$ $= \dfrac{ql^3}{24EI}$

三、求梁弯曲变形的方法

求梁的变形可用积分法和叠加法。

积分法是对挠曲线方程进行两次积分，从而得到挠度和转角。

叠加法是在小变形线弹性范围内，几个载荷共同作用下梁的变形，可由每个载荷单独作用下梁的变形进行叠加（求代数和）而得到。

梁在简单载荷作用下的挠度和转角可从表7-2中查得。

1. 梁的挠曲线近似微分方程

1）数学法推导公式

因为 $\tan \alpha = y'$，所以

$$\sec^2 \alpha \frac{\mathrm{d}\alpha}{\mathrm{d}x} = y''$$

$$\frac{\mathrm{d}\alpha}{\mathrm{d}x} = \frac{y''}{1 + \tan^2 \alpha} = \frac{y''}{1 + y'^2}$$

$$\mathrm{d}\alpha = \frac{y''}{1+y'^2}\mathrm{d}x$$

弧微分公式

$$\mathrm{d}s = \sqrt{1+y'^2}\,\mathrm{d}x$$

$$K(曲率) = \left|\frac{\mathrm{d}\alpha}{\mathrm{d}s}\right| = \frac{1}{\rho} = \frac{|y''|}{(1+y'^2)^{\frac{3}{2}}}$$

推导过程

式中，ρ 为曲率半径。

在 7.9 节中，曾推导出纯弯曲时弯矩与中性层曲率间的关系式：

$$\frac{1}{\rho} = \frac{M}{EI_z}$$

式中，M 为横截面的弯矩；ρ 为挠曲线的曲率半径；EI_z 为梁的抗弯刚度。

在横力弯曲的情况下，通常梁的跨度远大于截面的高度，剪力对梁的变形影响很小，可以略去不计，因而上式仍适用；只是梁的各截面的弯矩和曲率都随截面的位置而改变，即它们都是 x 的函数，故上式可写为

$$\frac{1}{\rho(x)} = \frac{M(x)}{EI_z}$$

由于 $1+y'^2 = 1$，所以

$$y'' = \pm\frac{M(x)}{EI_z}$$

y'' 的正负取决于 y 轴方向，当 y 轴正向向上时，y'' 与 $M(x)$ 始终取相同的正负号。即当 y 轴向上为正,挠曲线呈上凹时，$M(x)>0$，$y''>0$；当 y 轴向上为正,挠曲线呈上凸时，$M(x)<0$，$y''<0$，如图 7-57 所示。

$$\pm\frac{\mathrm{d}^2 y}{\mathrm{d}x^2} = \frac{M(x)}{EI_z} \cdot \frac{\mathrm{d}^2 y}{\mathrm{d}x^2} = \frac{M(x)}{EI_z}$$

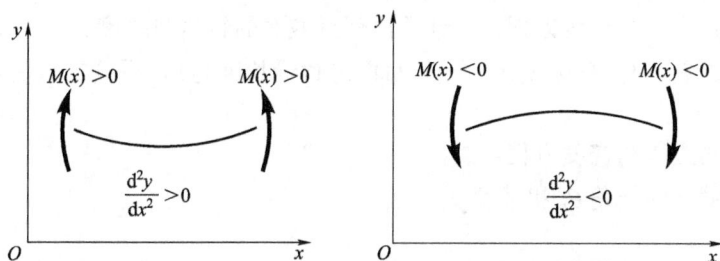

图 7-57　正负号确定问题

当 y 轴向下为正，挠曲线呈上凹时，$M(x)>0$，$y''<0$；当 y 轴向下为正，挠曲线呈上凸时，$M(x)<0$，$y''>0$。

$$\pm\frac{\mathrm{d}^2 y}{\mathrm{d}x^2} = \frac{M(x)}{EI_z} \cdot \frac{\mathrm{d}^2 y}{\mathrm{d}x^2} = -\frac{M(x)}{EI_z}$$

2）简易公式推导方法

（1）根据曲线切线的斜率即该点的导数，又考虑到小变形时 $\theta = \tan\theta$，得到

$$\theta = \tan\theta = \frac{\mathrm{d}y}{\mathrm{d}x} = y'$$

（2）根据图 7-58 有关系式：$\rho(x)\,\mathrm{d}\theta = \mathrm{d}s \approx \mathrm{d}x$（小变形时，$\mathrm{d}s \approx \mathrm{d}x$）。

于是：

$$\frac{1}{\rho(x)} = \frac{\mathrm{d}\theta}{\mathrm{d}x} = \theta' = y''$$

（3）根据式 $\dfrac{1}{\rho(x)} = \dfrac{M(x)}{EI_z}$，得 $y'' = \dfrac{M(x)}{EI_z}$。

上式即梁的挠曲线近似微分方程，也可写为 $EI_z y'' = M(x)$。

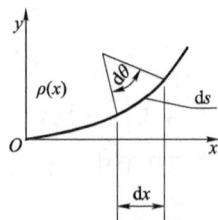

图 7-58　公式推导的简易方法

2. 积分法计算梁的位移

挠曲线近似微分方程，属于可分离变量的二阶微分方程，直接用积分法可解出。对于等截面梁，刚度为常量，对上式积分一次得转角方程

$$EI_z y'(x) = \int -M(x)\mathrm{d}x + C$$

或

$$EI_z \theta(x) = \int -M(x)\mathrm{d}x + C$$

再积分一次得挠度方程

$$EI_z y(x) = \iint -M(x)\mathrm{d}x^2 + Cx + D$$

式中，C 和 D 为积分常数，其数值可由梁的变形协调条件确定。

计算截面的挠度与转角的基本步骤如下：

（1）求出梁的弯矩方程 $M = M(x)$。

（2）建立挠曲线近似微分方程 $EI_z y'' = M(x)$。

（3）应用积分法解挠曲线近似微分方程，得到转角方程与挠度方程。

（4）根据梁的实际变形协调条件，确定积分常数 C 和 D。

（5）根据转角方程与挠度方程，可计算出任意截面的转角与挠度。

［例 7-17］ 如图 7-59（a）所示，一等截面悬臂梁长度为 l，受均布载荷 q 作用，梁的弯曲刚度为 EI_z。试求：

（1）梁的转角方程和挠度方程。

（2）自由端截面的转角 θ_B 和挠度 y_B。

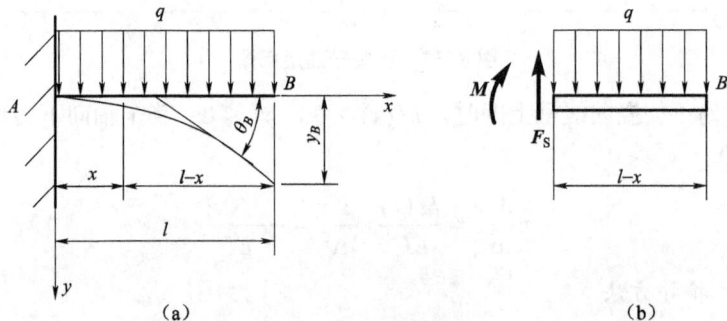

（a）　　　　　　　　　　　　（b）

图 7-59　等截面悬臂梁

解： 在梁上应用截面法将梁截为两部分，可选取右段部分计算，如图 7–59（b）所示。由静力平衡的力矩方程，得

$$-M(x) - q \times (l-x) \times \frac{l-x}{2} = 0$$

梁的弯矩方程为

$$M(x) = -\frac{q}{2}x^2 + qlx - \frac{q}{2}l^2$$

根据公式，挠曲线近似微分方程为

$$EI_z y'' = -M(x) = \frac{q}{2}x^2 - qlx + \frac{q}{2}l^2$$

积分一次得转角方程：

$$EI_z y' = EI_z \theta = \frac{q}{6}x^3 - \frac{qlx^2}{2} + \frac{q}{2}l^2 x + C$$

再积分一次得挠度方程：

$$EI_z y = \frac{q}{24}x^4 - \frac{qlx^3}{6} + \frac{q}{4}l^2 x^2 + Cx + D$$

在固定端约束 A 处，截面的变形协调条件是截面的转角与挠度均为零，即 $x=0$ 时，$\theta_A = y'_A = 0$；$x=0$ 时，$y=0$。

将此边界条件代入，可解得 $C=0$，$D=0$。再将 C、D 分别代入，则

$$EI_z \theta = \frac{q}{6}x^3 - \frac{qlx^2}{2} + \frac{q}{2}l^2 x$$

$$EI_z y = \frac{q}{24}x^4 - \frac{qlx^3}{6} + \frac{q}{4}l^2 x^2$$

则梁的转角方程和挠度方程分别为

$$\theta = \frac{1}{EI_z}\left(\frac{q}{6}x^3 - \frac{qlx^2}{2} + \frac{q}{2}l^2 x \right)$$

$$y = \frac{1}{EI_z}\left(\frac{q}{24}x^4 - \frac{qlx^3}{6} + \frac{q}{4}l^2 x^2 \right)$$

自由端截面的转角 θ_B 和挠度 y_B，可通过将 $x=l$ 代入转角方程和挠度方程得到：

$$\theta_B = \frac{ql^3}{6EI}, \quad y_B = \frac{ql^4}{8EI}$$

θ_B 为正，表明 B 截面顺时针转动；y_B 为正，表明 B 截面的挠度向下。

3. 叠加法计算梁的位移

[**例 7–18**] 试用叠加法计算图 7–60 所示简支梁的跨中挠度 y_C 与 A 截面的转角 θ_A。

解： 可先分别计算均布载荷 q 与集中力 F 单独作用下的跨中挠度 y_{C1} 和 y_{C2}，由表 7–2 查得

$$y_{C1} = \frac{5ql^4}{384EI_z}$$

$$y_{C2} = \frac{Fl^3}{48EI_z}$$

q、F 共同作用下的跨中挠度则为

$$y_C = y_{C1} + y_{C2} = \frac{5ql^4}{384EI_z} + \frac{Fl^3}{48EI_z}$$

同样，也可求得 A 截面的转角为

$$\theta_A = \theta_{A1} + \theta_{A2} = \frac{ql^3}{24EI_z} + \frac{Fl^2}{16EI_z}$$

[例 7-19] 试求图 7-61（a）所示悬臂梁自由端的挠度。设抗弯刚度 EI 为常量。

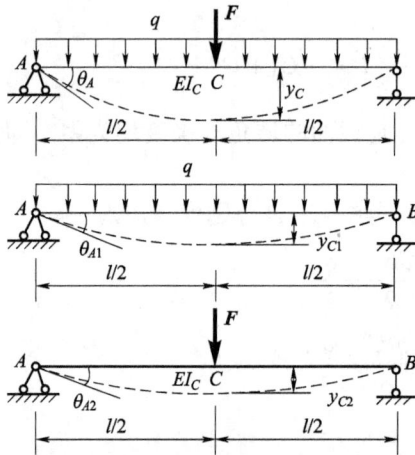

图 7-60 简支梁

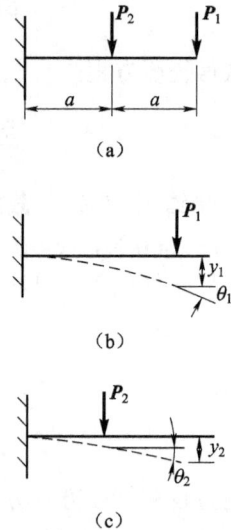

图 7-61 悬臂梁

解：P_1 和 P_2 共同作用下悬臂梁自由端的挠度，可看作 P_1 和 P_2 单独作用下产生的变形的代数和。

P_1 单独作用下自由端的挠度

$$y_1 = \frac{P_1(a+a)^3}{3EI} = \frac{8P_1a^3}{3EI}$$

P_2 单独作用下自由端的挠度

$$y_2 = \frac{P_2a^3}{3EI} + a \times \tan\frac{P_2a^2}{2EI} = \frac{P_2a^3}{3EI} + a \times \frac{P_2a^2}{2EI} = \frac{5P_2a^3}{6EI}$$

P_1 和 P_2 共同作用下悬臂梁自由端的挠度

$$y = y_1 + y_2 = \frac{8P_1a^3}{3EI} + \frac{5P_2a^3}{6EI}$$

7.13　提高梁强度的措施

前面讨论梁的强度计算时曾经指出，梁的弯曲强度主要是由正应力强度条件控制的，所以要提高梁的弯曲强度主要就是要提高梁的弯曲正应力强度。

从弯曲正应力的强度条件

$$\sigma_{max} = \frac{M_{max}}{W_z} \geqslant [\sigma]$$

来看，最大正应力与弯矩 M 成正比，与抗弯截面模量 W_z 成反比，所以要提高梁的弯曲强度应从提高值 W_z 和降低值 M 入手，具体可从以下三方面考虑。

一、合理安排梁的受力情况

在承受相同载荷的前提下，尽量减小 M_{max}。

（1）合理布置梁的支座，如图 7–62 所示。

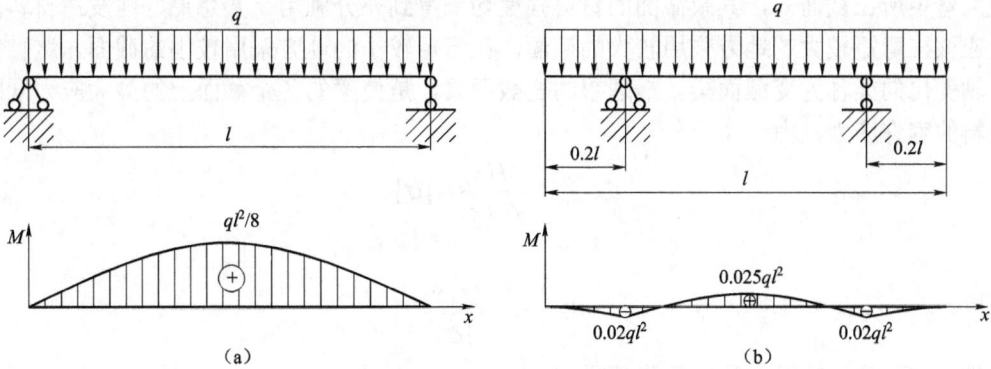

图 7–62　合理布置梁的支座

（2）合理安排载荷，如图 7–63 所示。

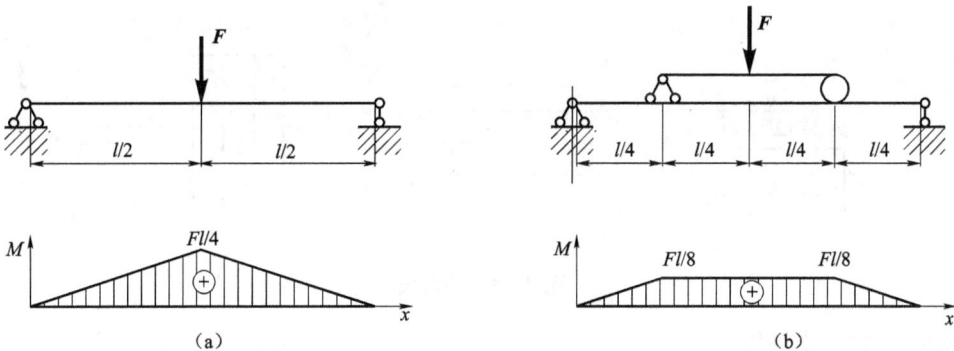

图 7–63　合理安排载荷

二、梁的合理截面

在用材相等（面积相等）的条件下，尽量增大 W_z。从弯曲强度方面考虑，最合理的截面形状是能用最少的材料获得最大抗弯截面模量。分析截面的合理形状，就是在截面面积相同的条件下，比较不同形状截面的值。

比较一下矩形截面、正方形截面及圆形截面的合理性。截面面积相同时，矩形比方形好，方形比圆形好。如果以同样面积做成工字形，将比矩形还要好。

工程中常用的空心板（图7-64（a）），以及挖孔的薄腹梁（图7-64（b））等，其孔洞都是开在中性轴附近，这就减少了没有充分发挥作用的材料，而收到较好的经济效果。

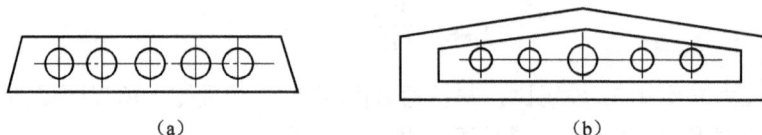

（a）   （b）

图7-64　合理选择梁的截面

三、采用变截面梁

一般情况下，梁内不同横截面的弯矩不同。因此，在按最大弯矩所设计的等截面梁中，除最大弯矩所在截面外，其余截面的材料强度均未得到充分利用。要想更好地发挥材料的作用，应该在弯矩较大的地方采用较大的截面，在弯矩较小的地方采用较小的截面。这种截面沿梁轴变化的梁称为变截面梁。最理想的变截面梁，是使梁的各个截面上的最大应力同时达到材料的容许应力，由

$$\sigma_{max} = \frac{M(x)}{W_z(x)} = [\sigma]$$

得

$$W_z(x) = \frac{M(x)}{[\sigma]}$$

截面按上式而变化的梁，称为等强度梁。

[例7-20] 如图7-65所示，悬臂梁承受均布载荷 q，假设梁截面为 $b \times h$ 的矩形，$h = 2b$，讨论梁立置与倒置两种情况哪一种更好。

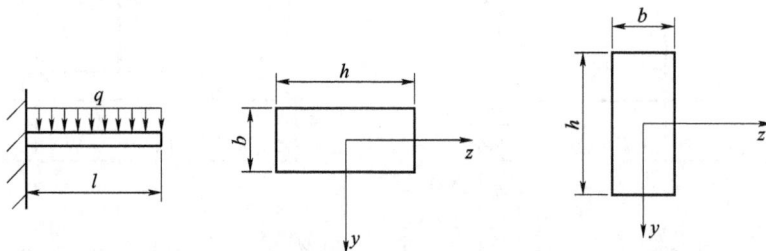

图7-65　悬臂梁

注意： z 轴为中性轴。

解： 根据弯曲强度条件：

$$\sigma = \frac{M}{W_z} \leqslant [\sigma]$$

同样载荷条件下，工作应力越小越好。因此，W_z 越大越好。

梁立置时：

$$W_z = \frac{bh^2}{6} = \frac{b \times (2b)^2}{6} = \frac{4b^3}{6} = \frac{2}{3}b^3$$

梁倒置时：

$$W_z = \frac{hb^2}{6} = \frac{2b \times b^2}{6} = \frac{2b^3}{6} = \frac{1}{3}b^3$$

故立置比倒置好。

7.14　梁的刚度计算

一、梁的刚度计算

建筑工程中，通常只校核梁的最大挠度，并且通常是以挠度的许用值 $[f]$ 与梁跨长 l 的比值 $\left[\frac{f}{l}\right]$ 作为校核标准的。即梁在载荷作用下产生的最大挠度 $f = y_{max}$ 与跨长 l 的比值不能超过 $\left[\frac{f}{l}\right]$：

$$\frac{f}{l} = \frac{y_{max}}{l} \leqslant \left[\frac{f}{l}\right]$$

这就是梁的刚度条件。

在工程设计中，一般先按强度条件设计，再用刚度条件校核。

[例 7-21] 一简支梁由 No.28b 工字钢制成，跨中承受一集中荷载 F 如图 7-66 所示。已知 $F = 20\,\text{kN}$，$l = 9\,\text{m}$，$E = 210\,\text{GPa}$，$[\sigma] = 170\,\text{MPa}$，$\left[\dfrac{f}{l}\right] = \dfrac{1}{500}$。试校核梁的强度和刚度。

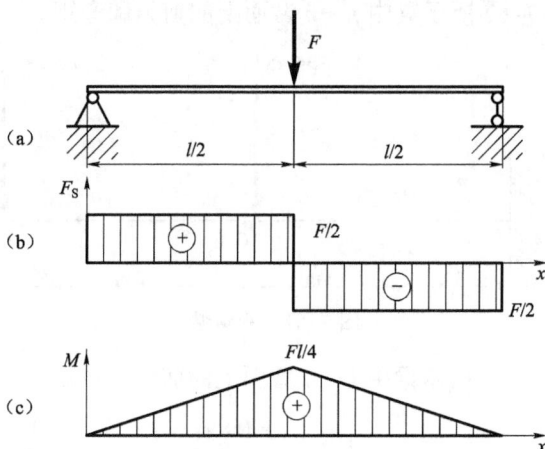

图 7-66　简支梁

解：（1）计算最大弯矩。

$$M_{max} = \frac{Fl}{4} = \frac{20 \times 9}{4} = 45 \text{（kN · m）}$$

（2）由型钢表查得 No.28b 工字钢的有关数据：

$$W_z = 534.286 \text{ cm}^3$$

$$I_z = 7\,480.006 \text{ cm}^4$$

（3）校核强度。

$$\sigma_{max} = \frac{M_{max}}{W_z} = \frac{45 \times 10^6}{534.286 \times 10^3} = 84.225 \text{（MPa）} < [\sigma] = 170 \text{ MPa}$$

故梁满足强度条件。

（4）校核刚度。

$$\frac{f}{l} = \frac{Fl^2}{48EI_z} = \frac{20 \times 10^3 \times (9 \times 10^3)^2}{48 \times 210 \times 10^3 \times 7\,480.006 \times 10^4} = \frac{1}{465.423} > \left[\frac{f}{l}\right] = \frac{1}{500}$$

故梁不满足刚度条件，需增大截面。试改用 No.32a 工字钢，其 $I_z = 11\,075.525 \text{ cm}^4$，则

$$\frac{f}{l} = \frac{20 \times 10^3 \times (9 \times 10^3)^2}{48 \times 210 \times 10^3 \times 11\,075.525 \times 10^4} = \frac{1}{689.144} < \left[\frac{f}{l}\right] = \frac{1}{500}$$

故改用 No.32a 工字钢，满足刚度条件。

二、提高梁刚度的措施

（1）提高梁的抗弯刚度。

（2）减小梁的跨度。

（3）改善载荷的分布情况。

思 考 题

1. 试用截面法求图 7-67 所示梁中 $n—n$ 截面上的剪力和弯矩。

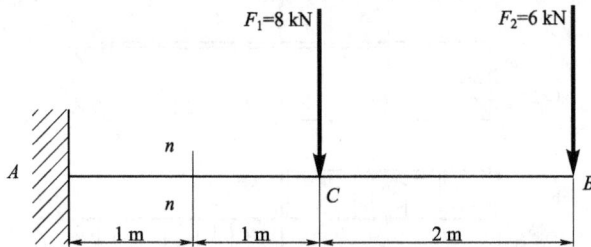

图 7-67 悬臂梁

2. 试用截面法求图 7-68 所示梁中 $n—n$ 截面上的剪力和弯矩。

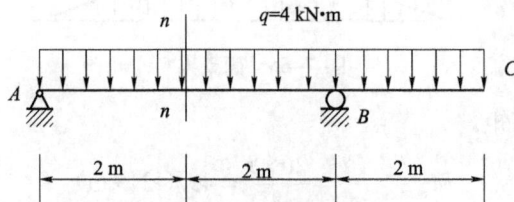

图 7-68 外伸梁

3. 已知梁的 $[\sigma]=160\ \text{MPa}$，$[\tau]=100\ \text{MPa}$，如图 7–69 所示，试选择适用的工字钢型号。

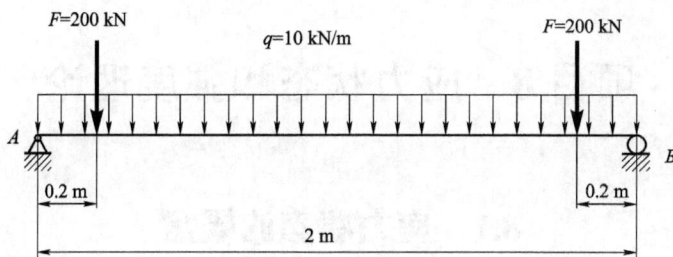

图 7–69　简支梁

4. 试计算图 7–70 所示矩形截面简支梁 1—1 截面上 a 点和 b 点的正应力和切应力。

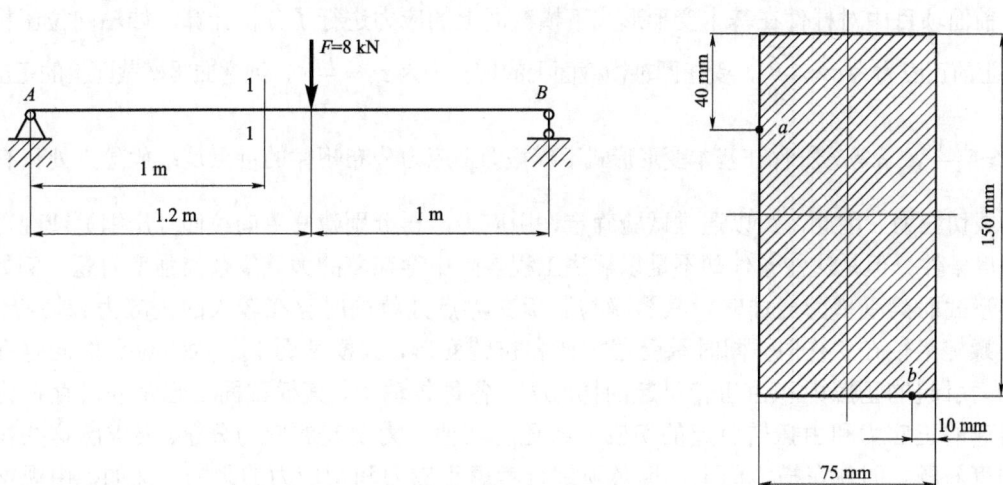

图 7–70　简支梁

5. 矩形截面的悬臂梁，如图 7–71（a）所示，$L=1\ \text{m}$，在自由端有一载荷 $F=20\ \text{kN}$，$[\sigma]=140\ \text{MPa}$。

（1）若 $a=70\ \text{mm}$，试校核梁的强度是否安全。

（2）设计截面尺寸 a 的最小值。

（3）如采用工字钢，试选择工字钢型号。

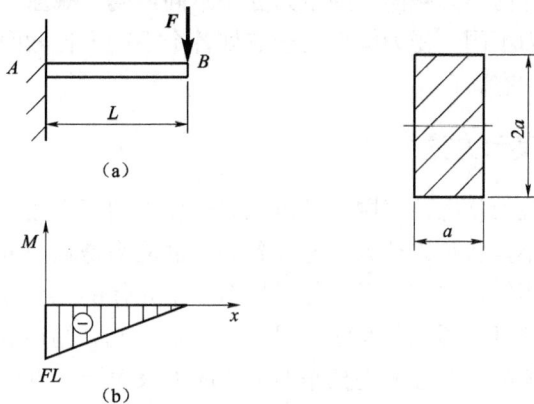

图 7–71　悬臂梁

项目8 应力状态和强度理论

8.1 应力状态的概念

一、一点处的应力状态

前面项目中对杆件在基本变形形式下横截面上的应力进行了分析计算。如轴向拉压杆横截面上的正应力为 $\sigma = \dfrac{F_N}{A}$，受扭圆轴横截面上的切应力为 $\tau_\rho = \dfrac{T\rho}{I_p}$，纯弯曲梁横截面上的正应力为 $\sigma = \dfrac{My}{I_z}$，等等。杆件在基本变形形式下横截面上应力分布规律的特点是：危险点处只有正应力或切应力。因此，可以通过试验确定许用应力，再分别建立单向拉伸（压缩）或纯剪切的强度条件。但是这些条件却不足以解决工程实际中存在着的大量复杂的强度问题。例如，工字形截面梁受横力弯曲时，其翼缘与腹板交界点处就同时存在较大的正应力和切应力；飞机螺旋桨轴在工作时，同时承受着拉伸和扭转变形，其横截面上的危险点自然同时存在由轴力引起的正应力和由扭转引起的切应力；各种传动轴，其横截面上也常同时存在由弯曲引起的正应力和由扭转引起的切应力或还有其他内力引起的应力分量。要求解这些构件的强度问题，即使在横截面上，也必须综合考虑正应力和切应力的影响。又如，由观察低碳钢拉伸试件破坏的断口可见，其破坏首先是出现与横截面成大约 45° 的塑性屈服，最后才因剩余截面面积太小而突然脆断；观察铸铁试件压缩或扭转的破坏试验，不难看到其破坏是发生在与轴线成大约 45° 的斜截面上。这些现象说明，斜截面上存在的应力，有时可能比横截面上的大，也可能是杆件承受斜截面上应力的能力较差，以致首先沿斜截面破坏。所以必须研究应力在不同截面的分布及变化规律，这是对构件在复杂受力情况下进行正确强度分析的基础。

一般而言，受力构件内不同截面上的应力分布不同，同一截面上不同点的应力不同，同一点不同方位截面的应力不同。受力构件内一点处各个不同方位截面上应力的大小和方向情况，称为一点处的应力状态。

二、应力状态的表示方法

为了研究一点处的应力状态，可围绕该点截取一微小的正六面体，称为单元体。由于单元体各边边长均为无穷小，故可以认为单元体各面上的应力是均匀分布的，并且每对互相平行的平面上的应力大小相等，方向相反。如果知道了单元体的三个互相垂直平面上的应力，其他任意截面上的应力都可以通过截面法求得（详见 8.2 节），则该点处的应力状态就可以确定了。因此，可用单元体的三个互相垂直平面上的应力来表示一点处的应力状态。

下面举例说明单元体的截取方法。例如，在轴向拉伸杆内任一点处（图 8–1（a））取出单元体（图 8–1（b）），其左、右两个面为横截面，该面上只有正应力 $\sigma = \dfrac{F_N}{A}$，其余上、下与前、后四个面均平行于杆轴线，在这些面上都没有应力。因此单元体也可简化为平面图形，如图 8–1（c）所示。承受横力弯曲的矩形截面梁，如图 8–2（a）所示，在梁的上边缘 A 点、中性层 B 点及任一点 C 处，用同样的方法截取三个单元体，如图 8–2（b）、（c）、（d）所示，单元体左、右面上的正应力与切应力可由弯曲应力公式求出。由切应力互等定理可知，上、下面上也存在切应力 $\tau' = \tau$，前、后面没有应力。图 8–2（e）、（f）、（g）所示分别为三个单元体的简化图形。受扭的圆轴如图 8–3（a）所示，其表层内任一点 A 处的单元体可用一对横截面、一对径向截面及一对同轴圆柱面来截取，如图 8–3（b）所示。横截面上的切应力 τ 由扭转切应力公式计算；由切应力互等定理可知，径向截面上也存在切应力 $\tau' = \tau$。图 8–3（c）所示为单元体的简化图形。

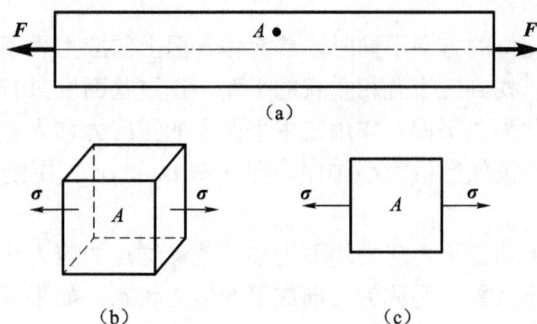

图 8–1　单元体的截取方法

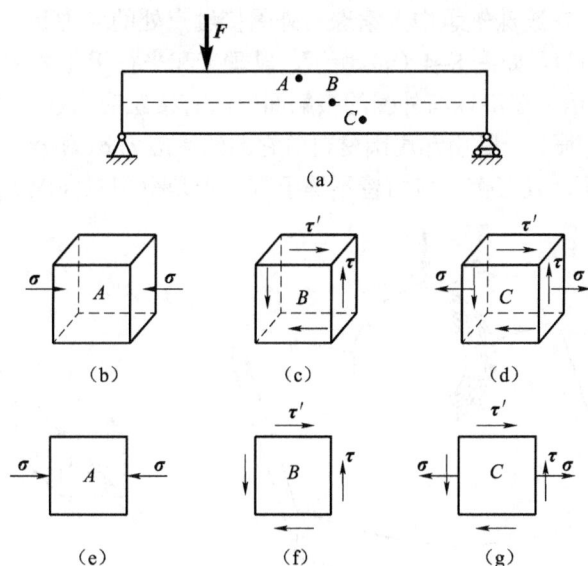

图 8–2　矩形截面梁

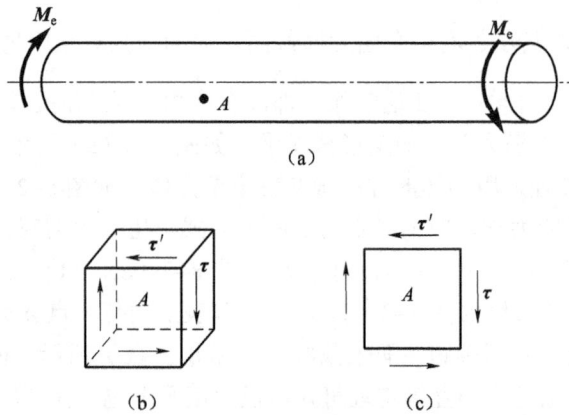

图 8-3　受扭的圆轴

三、应力状态的分类

当围绕一点所取单元体的方向不同时，单元体各面上的应力也不同。可以证明，对于受力构件内任一点，总可以找到三个互相垂直的平面，在这些面上只有正应力而没有切应力，这些切应力为零的平面称为主平面。作用在主平面上的正应力称为主应力。三个主应力分别用 σ_1、σ_2、σ_3 表示，并按代数值大小排序，即 $\sigma_1 \geqslant \sigma_2 \geqslant \sigma_3$。围绕一点按三个主平面取出的单元体称为主单元体。

如果某点主单元体上的三个主应力均不为零，就称这点的应力状态为三向或空间应力状态；如果有两个主应力不为零，则称为二向或平面应力状态；如果只有一个主应力不为零，则称为单向或简单应力状态。前两种应力状态也统称为复杂应力状态。例如，轴向受拉（压）的杆，纯弯曲梁内除中性层外的任意一点，受横力弯曲的梁横截面上的上、下边缘各点都属于单向应力状态；受横力弯曲的梁除上、下边缘点以外的其他点，受扭圆轴除轴线外的各点都属于二向应力状态；在滚珠轴承中，滚珠与外圈接触点处的应力状态为三向应力状态。围绕外圈与滚珠的接触点 A，如图 8-4（a）所示，以垂直和平行于压力 F 的平面取出一个单元体，如图 8-4（b）所示。在滚珠与外圈的接触面上，有接触应力 σ_3。由于 σ_3 的作用，A 点处的单元体将向周围膨胀，于是引起周围材料对它的约束应力 σ_2 和 σ_1。所取单元体的三个互相垂直的面皆为主平面，且三个主应力皆不等于零，于是得到三向应力状态。

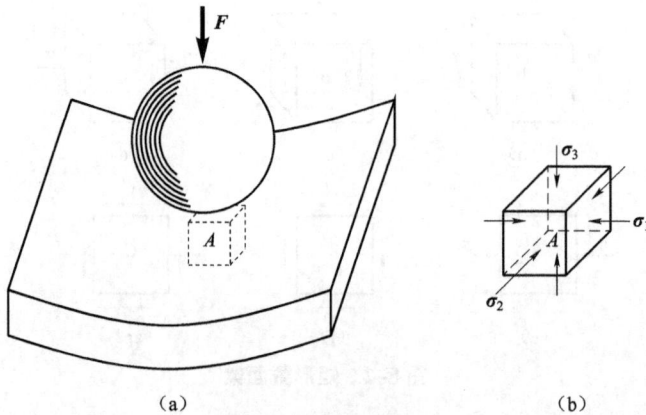

图 8-4　三向应力状态

8.2　平面应力状态分析

一、斜截面上的应力

图 8–5（a）所示单元体（简化图形）是平面应力状态的一般形式。在单元体上建立直角坐标系，让 x、y 轴的正向分别与两个互相垂直的平面的外法线一致，这两个平面分别称为 x 平面与 y 平面。设 x 平面与 y 平面上的正应力分别为 σ_x、σ_y，切应力分别为 τ_x、τ_y。设任一斜截面 ef 的外法线 n 和 x 轴的夹角为 α，该斜截面称为 α 截面。用 σ_α、τ_α 表示 α 截面上的正应力与切应力。在以下分析中规定，由 x 轴转到外法线 n 为逆时针转向时，α 为正，反之为负；正应力以拉应力为正，压应力为负；切应力以其对单元体内任一点有顺时针转动趋势时为正，反之为负。

应用截面法，在单元体中取楔形体为研究对象，如图 8–5（b）所示。设斜截面面积为 $\mathrm{d}A$，将作用于楔形体上所有的力向 n 和 τ 方向投影，列出平衡方程，解得

$$\sigma_\alpha = \frac{\sigma_x + \sigma_y}{2} + \frac{\sigma_x - \sigma_y}{2}\cos 2\alpha - \tau_x \sin 2\alpha$$

$$\tau_\alpha = \frac{\sigma_x - \sigma_y}{2}\sin 2\alpha + \tau_x \cos 2\alpha \tag{8–1}$$

这就是平面应力状态下任意斜截面上应力的计算公式，显然 σ_α、τ_α 都是 α 的函数。

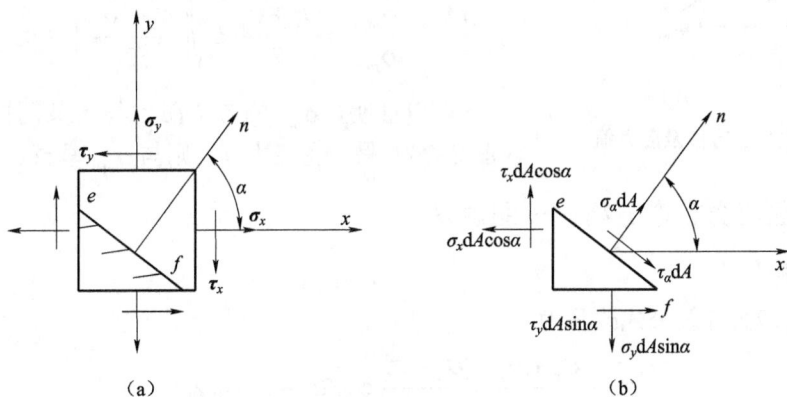

图 8–5　斜面上的应力

[例 8–1]　已知图 8–6 所示平面应力状态的单元体（应力单位为 MPa），试求指定斜截面上的应力。

解：由所给的应力状态可知，$\sigma_x = -30\ \mathrm{MPa}$，$\tau_x = -20\ \mathrm{MPa}$，$\sigma_y = 10\ \mathrm{MPa}$，$\alpha = 60°$。将其代入式（8–1），得

$$\sigma_{60°} = \frac{-30+10}{2} + \frac{-30-10}{2}\cos 120° - (-20)\sin 120° = 17.321\ (\mathrm{MPa})$$

$$\tau_{60°} = \frac{-30-10}{2}\sin 120° + (-20)\cos 120° = -7.321\ (\mathrm{MPa})$$

二、主平面方位及主应力值

将式（8-1）中 σ_α 的表达式对 α 求一次导数，并令其等于零，即

$$\frac{d\sigma_\alpha}{d\alpha} = \frac{\sigma_x - \sigma_y}{2}(-2\sin 2\alpha) - \tau_x(2\cos 2\alpha) = 0$$

或

$$\frac{\sigma_x - \sigma_y}{2}\sin 2\alpha + \tau_x\cos 2\alpha = 0$$

比较上式与式（8-1）中 τ_α 的表达式，可知正应力 σ_α 为极值的平面，就是切应力 τ_α 等于零的平面，即主平面。用 α_0 表示主平面的外法线与 x 轴的夹角，由上式可得

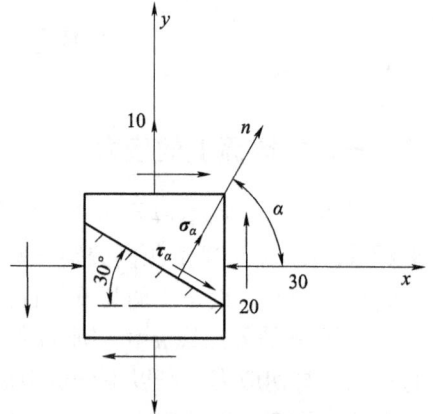

图8-6　例8-1图

$$\tan 2\alpha_0 = -\frac{2\tau_x}{\sigma_x - \sigma_y} \tag{8-2}$$

由式（8-2）可求出两个相差 90° 的角度值，即 α_0 与 $(\alpha_0 - 90°)$ 或 $(\alpha_0 + 90°)$（设它们为正的或负的锐角），对应两个相互垂直的主平面。

由式（8-2）算出 $\cos 2\alpha_0$ 与 $\sin 2\alpha_0$ 后，代入式（8-1）即得主应力的值为

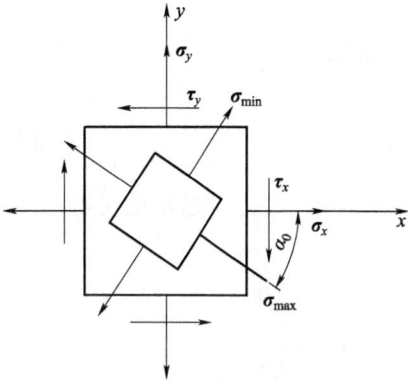

图8-7　主平面方位及应力值

$$\begin{matrix}\sigma_{max}\\\sigma_{min}\end{matrix} = \frac{\sigma_x + \sigma_y}{2} \pm \sqrt{\left(\frac{\sigma_x - \sigma_y}{2}\right)^2 + \tau_x^2} \tag{8-3}$$

可以证明，σ_{max} 的方位在 τ_x 与 τ_y 共同指向的象限内（图8-7），另一主应力 σ_{min} 则与 σ_{max} 垂直。

三、平面应力状态分析——图解法

1. 莫尔圆

将斜截面应力计算公式改写为

$$\sigma_\alpha - \frac{\sigma_x + \sigma_y}{2} = \frac{\sigma_x - \sigma_y}{2}\cos 2\alpha - \tau_{xy}\sin 2\alpha$$

$$\tau_\alpha = \frac{\sigma_x - \sigma_y}{2}\sin 2\alpha + \tau_{xy}\cos 2\alpha$$

把上面两式等号两边平方，然后相加便可消去 α，得

$$\left(\sigma_\alpha - \frac{\sigma_x + \sigma_y}{2}\right)^2 + \tau_\alpha^2 = \left(\frac{\sigma_x - \sigma_y}{2}\right)^2 + \tau_{xy}^2$$

因为 σ_x、σ_y、τ_{xy} 皆为已知量，所以上式是一个以 σ_α、τ_α 为变量的圆周方程。当斜截面随方位角 α 变化时，其上的应力 σ_α、τ_α 在 $\sigma-\tau$ 直角坐标系内的轨迹是一个圆。

（1）圆心的坐标为 $C\left(\dfrac{\sigma_x+\sigma_y}{2},0\right)$。

（2）圆的半径为 $R=\sqrt{\left(\dfrac{\sigma_x-\sigma_y}{2}\right)^2+\tau_{xy}^2}$。

此圆习惯上称为应力圆，或称为莫尔圆。

2. 应力圆的作法

应力圆的作法如图 8-8 所示。

1）步骤

（1）建立 $\sigma-\tau$ 坐标系，选定比例尺。

（2）量取 $OA=\sigma_x$，　$AD=\tau_{xy}$，得 D 点。

（3）量取 $OB=\sigma_y$，　$BD'=\tau_{yx}$，得 D' 点。

（4）连接 DD' 两点的直线与 σ 轴相交于 C 点。

（5）以 C 为圆心，CD 为半径作圆，该圆就是相应于该单元体的应力圆。

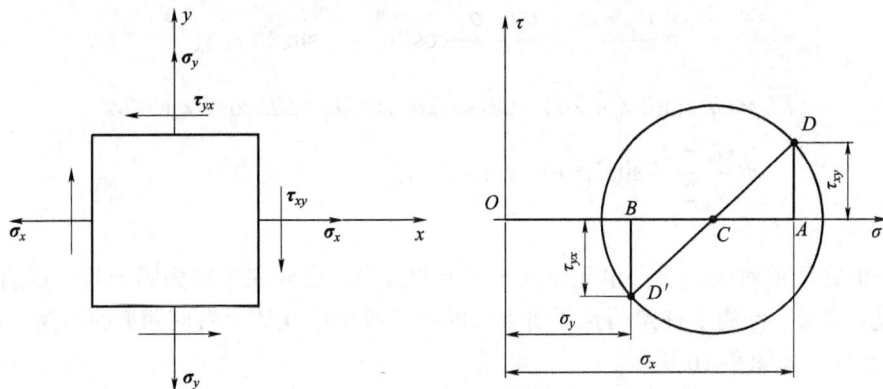

图 8-8　应力圆的作法

2）证明

（1）该圆的圆心 C 到坐标原点的距离为 $\dfrac{\sigma_x+\sigma_y}{2}$。

（2）该圆半径为 $R=\sqrt{\left(\dfrac{\sigma_x-\sigma_y}{2}\right)^2+\tau_{xy}^2}$。

证明：
$$\overline{OC}=\overline{OB}+\frac{1}{2}(\overline{OA}-\overline{OB})=\frac{1}{2}(\overline{OA}+\overline{OB})=\frac{\sigma_x+\sigma_y}{2}$$

$$\overline{CD}=\sqrt{\overline{CA}^2+\overline{AD}^2}=\sqrt{\left(\frac{\sigma_x-\sigma_y}{2}\right)^2+\tau_{xy}^2}$$

3. 应力圆的应用

1）求单元体上任一截面上的应力

从应力圆的半径 CD 按方位角 α 的转向转动 2α 得到半径 CE。圆周上 E 点的坐标就依次为斜截面上的正应力 σ_α 和切应力 τ_α，如图 8-9 所示。

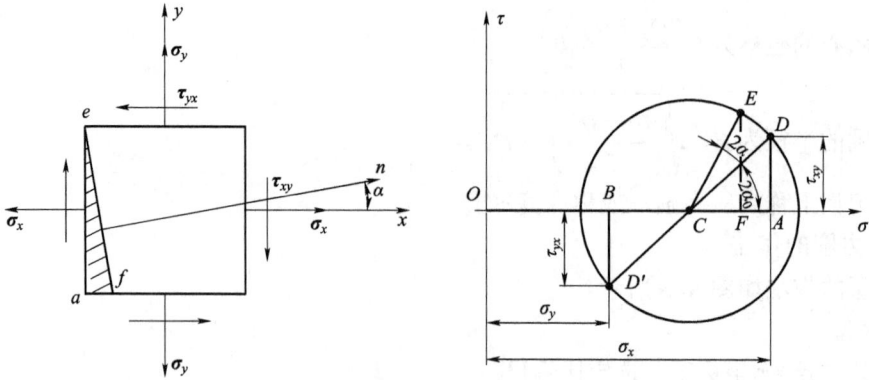

图 8-9 求单元体上任一截面上的应力

证明：

$$\overline{OF} = \overline{OC} + \overline{CF} = \overline{OC} + \overline{CE}\cos(2\alpha_0 + 2\alpha)$$

$$= \overline{OC} + \overline{CD}\cos 2\alpha_0 \cos 2\alpha - \overline{CD}\sin 2\alpha_0 \sin 2\alpha$$

$$= \frac{\sigma_x + \sigma_y}{2} + \frac{\sigma_x - \sigma_y}{2}\cos 2\alpha - \tau_{xy}\sin 2\alpha = \sigma_\alpha$$

$$\overline{FE} = \overline{CE}\sin(2\alpha_0 + 2\alpha) = \overline{CD}\sin 2\alpha_0 \cos 2\alpha + \overline{CD}\cos 2\alpha_0 \sin 2\alpha$$

$$= \frac{\sigma_x - \sigma_y}{2}\sin 2\alpha + \tau_{xy}\cos 2\alpha = \tau_\alpha$$

说明：

① 点面之间的对应关系：单元体某一面上的应力，必对应于应力圆上某一点的坐标。

② 夹角关系：圆周上任意两点所引半径的夹角等于单元体上对应两截面夹角的两倍，两者的转向一致，如图 8-10 所示。

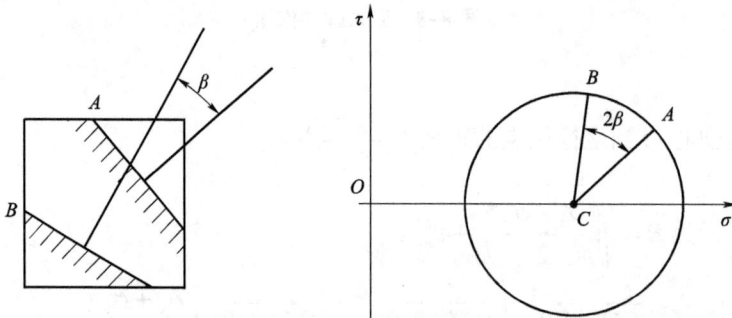

图 8-10 夹角关系

2）求主应力数值和主平面方位

（1）主应力数值。

A_1 和 B_1 两点为与主平面对应的点，其横坐标为主应力 σ_1 和 σ_2。

$$\overline{OA_1} = \overline{OC} + \overline{CA_1} = \frac{\sigma_x + \sigma_y}{2} + \sqrt{\left(\frac{\sigma_x - \sigma_y}{2}\right)^2 + \tau_{xy}^2} = \sigma_{\max} = \sigma_1$$

$$\overline{OB_1} = \overline{OC} - \overline{CB_1} = \frac{\sigma_x + \sigma_y}{2} - \sqrt{\left(\frac{\sigma_x - \sigma_y}{2}\right)^2 + \tau_{xy}^2} = \sigma_{\min} = \sigma_2$$

（2）主平面方位。

由 CD 顺时针转 $2\alpha_0$ 到 CA_1，所以单元体上从 x 轴顺时针转 α_0（负值）即到 σ_1 对应的主平面的外法线。

$$\tan(-2\alpha_0) = \frac{\overline{DA}}{\overline{CA}} = \frac{2\tau_{xy}}{\sigma_x - \sigma_y}$$

$$\tan 2\alpha_0 = -\frac{2\tau_{xy}}{\sigma_x - \sigma_y}$$

$$2\alpha_0 = \tan^{-1}\left(\frac{-2\tau_{xy}}{\sigma_x - \sigma_y}\right)$$

α_0 确定后，σ_1 对应的主平面方位即确定，如图 8–11 所示。

3）求最大切应力

如图 8–12 所示，G_1 和 G_2 两点的纵坐标分别代表最大和最小切应力：

$$\overline{CG_1} = \sqrt{\left(\frac{\sigma_x - \sigma_y}{2}\right)^2 + \tau_{xy}^2} = \tau_{\max}$$

$$\overline{CG_2} = -\sqrt{\left(\frac{\sigma_x - \sigma_y}{2}\right)^2 + \tau_{xy}^2} = \tau_{\min}$$

因为最大、最小切应力等于应力圆的半径，故

$$\begin{cases} \tau_{\max} = \pm\dfrac{\sigma_1 - \sigma_2}{2} \\ \tau_{\min} \end{cases}$$

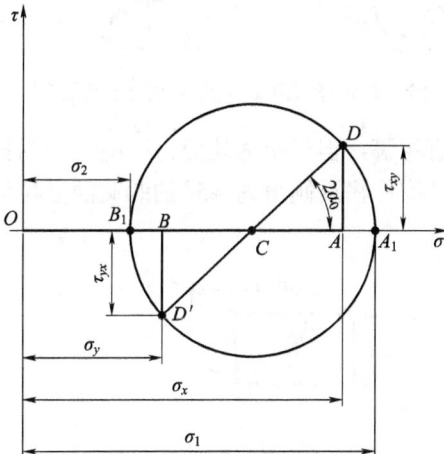

图 8–11 主平面方位

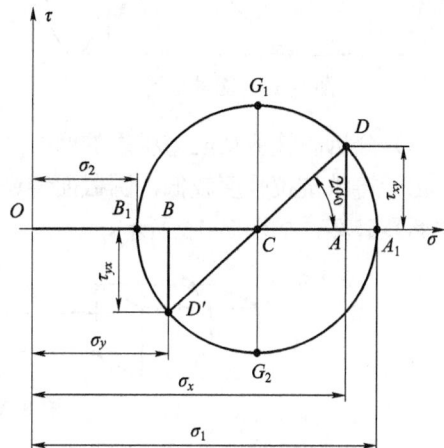

图 8–12 最大、最小切应力

［**例 8–2**］如图 8–13 所示，已知 $\sigma_x = -1\,\text{MPa}$，$\sigma_y = -0.2\,\text{MPa}$，$\tau_{xy} = 0.2\,\text{MPa}$，$\tau_{yx} = -0.2\,\text{MPa}$，求此单元体在 $\alpha = 30°$ 和 $\alpha = -40°$ 两斜截面上的应力。

解：运用图解法，由比例尺，图8–13（b）即所求答案，*E*、*F*两点的纵横坐标即正应力和切应力的大小。

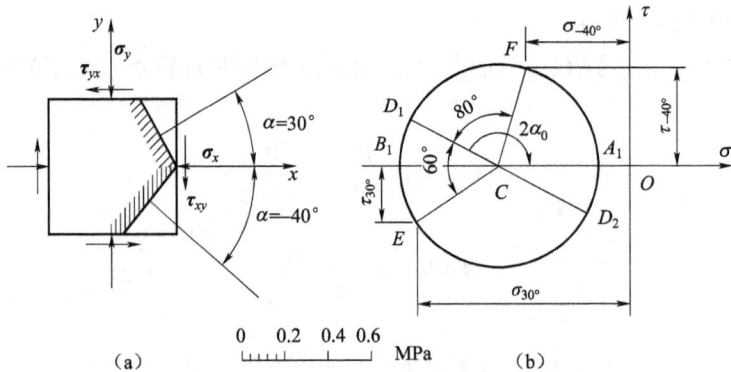

图8–13　单元体在 α=30°和 α=−40°两斜截面上的应力

[例8–3] 讨论圆轴扭转时的应力状态，并分析铸铁件受扭转时的破坏现象，如图8–14所示。

解：（1）取单元体*ABCD*，其中 $\sigma_x = \sigma_y = 0$， $\tau_{xy} = \tau$， $\tau = \dfrac{T}{W_p}$，这是纯剪切应力状态。

（2）作应力圆。主应力为 $\sigma_1 = \tau$， $\sigma_3 = -\tau$，并可确定主平面的法线，如图8–15所示。

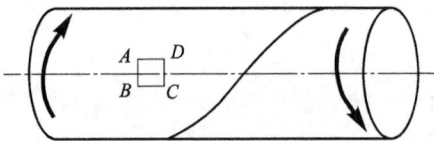

图8–14　圆轴扭转

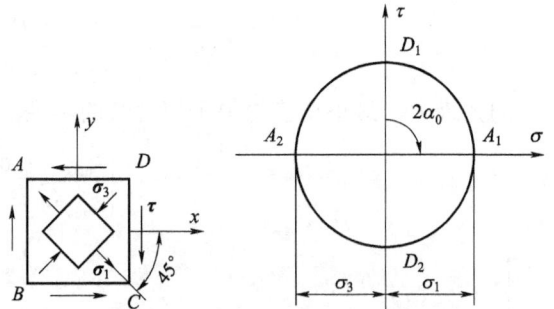

图8–15　单元体*ABCD*的应力状态和应力圆

（3）分析。纯剪切应力状态的两个主应力绝对值相等，但一个为拉应力，另一个为压应力。由于铸铁抗拉强度较低，圆截面铸铁构件扭转时构件将沿倾角为 45°的螺旋面因拉伸而发生断裂破坏，如图8–16所示。

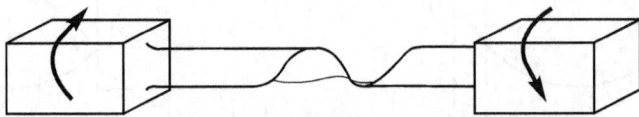

图8–16　铸铁断裂破坏

[例8–4] 求图8–17（a）所示应力状态的主应力，并确定主平面的位置。图中应力单位为MPa。

解：将 $\sigma_x = 80\,\text{MPa}$， $\sigma_y = -40\,\text{MPa}$， $\tau_x = -60\,\text{MPa}$ 代入式（8–3），得

$$\begin{matrix}\sigma_{\max}\\\sigma_{\min}\end{matrix}=\frac{80+(-40)}{2}\pm\sqrt{\left(\frac{80-(-40)}{2}\right)^2+(-60)^2}=\begin{matrix}104.853\,\text{MPa}\\-64.853\,\text{MPa}\end{matrix}$$

根据主应力代数值大小，有 $\sigma_1=104.853\,\text{MPa}$，$\sigma_2=0$，$\sigma_3=-64.853\,\text{MPa}$。

由式（8-2）可得

$$\tan 2\alpha_0=-\frac{2\times(-60)}{80-(-40)}=1$$

所以 $\alpha_0=22.5°$。主平面位置如图 8-17（b）所示。

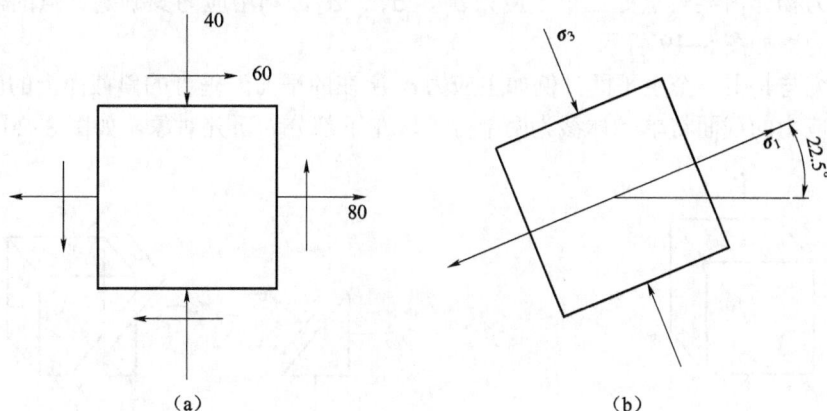

图 8-17　例 8-4 图

[例 8-5]　试分析铸铁试样扭转时，沿与轴线成 45° 螺旋面破坏（图 8-18（a））的原因。

解：从铸铁试样表层内一点处取出单元体，$\sigma_x=\sigma_y=0$，$\tau_x=\tau=\frac{T}{W_p}=\frac{M_e}{W_p}$，属于纯剪切应力状态。

由式（8-3）得

$$\begin{matrix}\sigma_{\max}\\\sigma_{\min}\end{matrix}=\frac{0+0}{2}\pm\sqrt{\left(\frac{0-0}{2}\right)^2+\tau^2}=\pm\tau$$

所以 $\sigma_1=\tau$，$\sigma_2=0$，$\sigma_3=-\tau$。

由式（8-2），可得

$$\tan 2\alpha_0=-\frac{2\tau}{0-0}=-\infty$$

所以 $\alpha_0=-45°$，$\alpha_0'=45°$。主平面位置如图 8-18（b）所示。

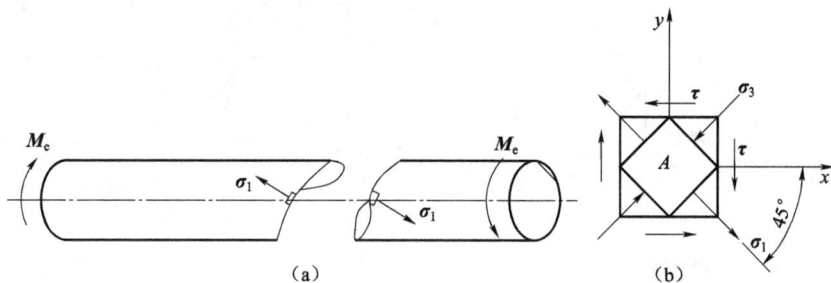

图 8-18　例 8-5 图

由以上分析可知，铸铁试样扭转时，表层内各点处的主应力 σ_1 方向与轴线成 $-45°$，因铸铁的抗拉强度低于抗剪强度，故试样沿这一螺旋面被拉断。

8.3 最大切应力和广义胡克定律

一、空间应力状态下的最大正应力和最大切应力

已知受力物体内某一点处三个主应力 σ_1、σ_2、σ_3，利用应力圆确定该点的最大正应力和最大切应力，如图 8-19 所示。

首先研究与其中一个主平面（例如主应力 σ_3 所在的平面）垂直的斜截面上的应力。用截面法，沿求应力的截面将单元体截为两部分，取左下部分为研究对象，如图 8-20 所示。

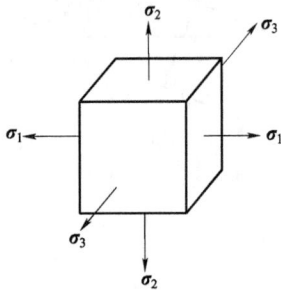

图 8-19 三个主应力 σ_1、σ_2、σ_3

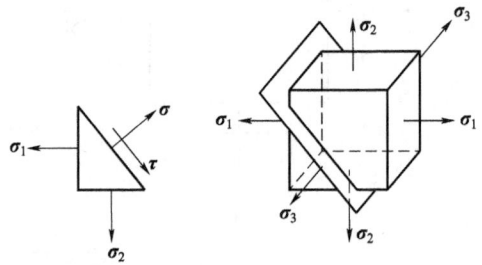

图 8-20 截面法

主应力 σ_3 所在的两平面上是一对自相平衡的力，因而该斜面上的应力 σ、τ 与 σ_3 无关，只由主应力 σ_1、σ_2 决定。与 σ_3 垂直的斜截面上的应力可由 σ_1、σ_2 作出的应力圆上的点来表示，如图 8-21 所示。

该应力圆上的点对应于与 σ_3 垂直的所有斜截面上的应力。与主应力 σ_2 所在主平面垂直的斜截面上的应力 σ、τ 可用由 σ_1、σ_3 作出的应力圆上的点来表示。与主应力 σ_1 所在主平面垂直的斜截面上的应力 σ、τ 可用由 σ_2、σ_3 作出的应力圆上的点来表示，如图 8-22 所示。

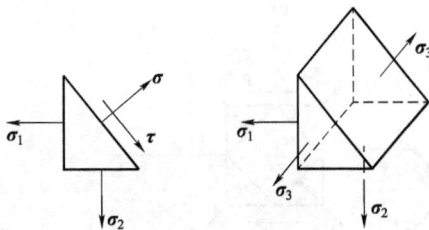

图 8-21 截面法

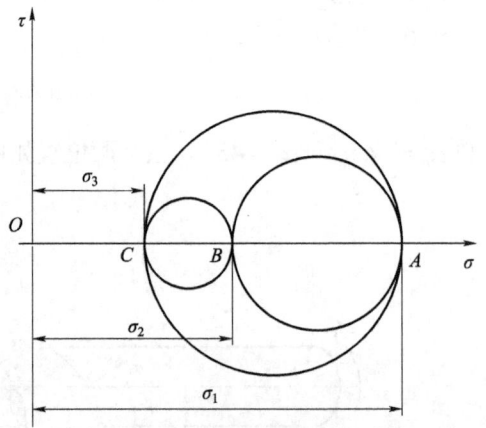

图 8-22 应力圆表示

abc 截面表示与三个主平面斜交的任意斜截面。该截面上应力 σ 和 τ 对应的 D 点必位于上述三个应力圆所围成的阴影内，如图 8-23 所示。

结论：

① 三个应力圆圆周上的点及由它们围成的阴影部分上的点的坐标代表了空间应力状态下所有截面上的应力。

② 该点处的最大正应力（指代数值）应等于最大应力圆上 A 点的横坐标 σ_1。

$$\sigma_{max} = \sigma_1$$

③ 最大切应力则等于最大的应力圆的半径。

$$\tau_{max} = \frac{1}{2}(\sigma_1 - \sigma_3)$$

应力圆表示如图 8-24 所示。

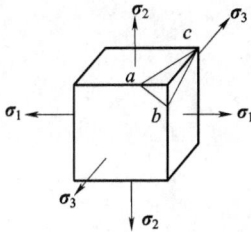

图 8-23 截面法

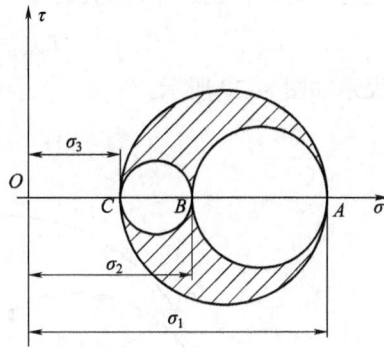

图 8-24 应力圆表示

理论分析证明，不管何种应力状态，最大切应力的值为

$$\tau_{max} = \frac{\sigma_1 - \sigma_3}{2} \tag{8-4}$$

其作用面与第一主应力 σ_1 和第三主应力 σ_3 主平面均成 45° 夹角，并与第二主应力 σ_2 主平面垂直，如图 8-25 所示。

[**例 8-6**] 单元体的应力如图 8-26 所示，作应力圆，并求出主应力和最大切应力值及其作用面方位。

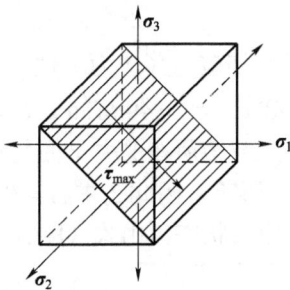

图 8-25 最大切应力

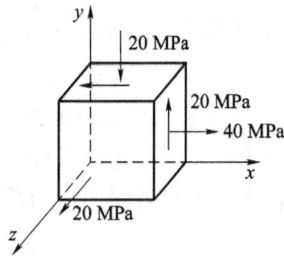

图 8-26 例 8-6 图

解：该单元体有一个已知主应力

$$\sigma_z = 20\,\text{MPa}$$

因此与该主平面正交的各截面上的应力与主应力 $\boldsymbol{\sigma}_z$ 无关，依据 x 截面和 y 截面上的应力画出应力圆。求另外两个主应力：

$$\sigma_x = 40\,\text{MPa}, \quad \tau_{xy} = -20\,\text{MPa}$$

$$\sigma_y = -20\,\text{MPa}, \quad \tau_{yx} = 20\,\text{MPa}$$

由 σ_x 和 τ_{xy} 定出 D 点，由 σ_y 和 τ_{yx} 定出 D' 点，以 DD' 为直径作应力圆。

A_1、A_2 两点的横坐标分别代表另外两个主应力 σ_1 和 σ_3：

$$\sigma_1 = 46\,\text{MPa}, \quad \sigma_3 = -26\,\text{MPa}$$

该单元体的三个主应力值：

$$\sigma_1 = 46\,\text{MPa}, \quad \sigma_2 = 20\,\text{MPa}, \quad \sigma_3 = -26\,\text{MPa}$$

根据上述主应力，作出三个应力圆。

$$\tau_{\text{max}} = 36\,\text{MPa}$$

应力圆表示如图 8-27 所示。

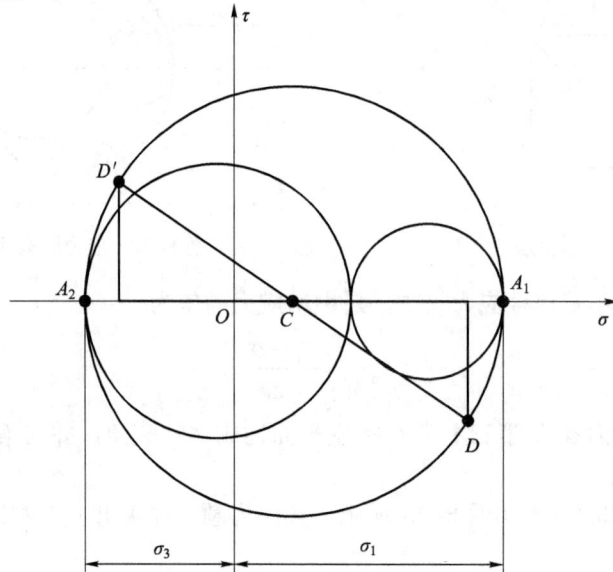

图 8-27　应力圆表示

[**例 8-7**] 求图 8-28 所示三向应力状态的主应力与最大切应力（应力单位为 MPa）。

解： 由单元体可知，$\sigma_x = 120\,\text{MPa}$，$\sigma_y = 40\,\text{MPa}$，$\tau_x = -30\,\text{MPa}$，$\sigma_z = 50\,\text{MPa}$（主应力）。另外两个主应力所在的主平面与 σ_z 平行，由于与 σ_z 平行的截面上的应力不受 σ_z 影响，因此在求解其他主应力时，可假想将该应力去掉，得到一平面应力状态。由式（8-3）得

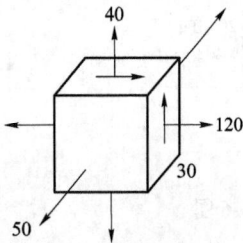

图 8-28　例 8-7 图

$$\begin{matrix}\sigma_1\\\sigma_3\end{matrix} = \frac{120+40}{2} \pm \sqrt{\left(\frac{120-40}{2}\right)^2 + (-30)^2} = \begin{matrix}130\,(\text{MPa})\\30\,(\text{MPa})\end{matrix}$$

所以三个主应力为 $\sigma_1 = 130\,\text{MPa}$，$\sigma_2 = 50\,\text{MPa}$，$\sigma_3 = 30\,\text{MPa}$。

由式（8-4）得

$$\tau_{max} = \frac{\sigma_1 - \sigma_3}{2} = \frac{130-30}{2} = 50 \text{（MPa）}$$

二、广义胡克定律

单元体在 σ_1、σ_2、σ_3 三个主应力方向的线应变称为主应变，用 ε_1、ε_2、ε_3 表示。当应力未超过材料的比例极限时，可由图 8-29 所示的叠加法推导出公式：

$$\varepsilon_1 = \frac{1}{E}[\sigma_1 - \mu(\sigma_2 + \sigma_3)]$$

$$\varepsilon_2 = \frac{1}{E}[\sigma_2 - \mu(\sigma_3 + \sigma_1)]$$

$$\varepsilon_3 = \frac{1}{E}[\sigma_3 - \mu(\sigma_1 + \sigma_2)]$$

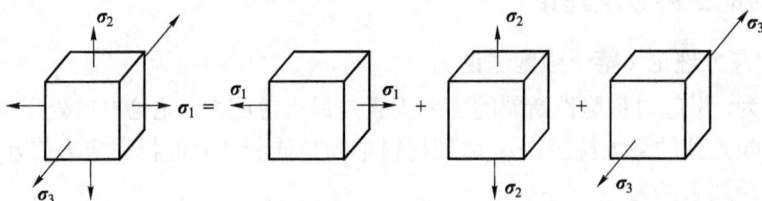

图 8-29　叠加法

上式称为广义胡克定律。式中 μ、E 分别为材料的泊松比和弹性模量。

相应地，平面应力状态的广义胡克定律为

$$\varepsilon_x = \frac{1}{E}(\sigma_x - \mu\sigma_y)$$

$$\varepsilon_y = \frac{1}{E}(\sigma_y - \mu\sigma_x)$$

8.4　强 度 理 论

一、强度理论的概念

强度理论的提出，是为了解决构件在复杂应力状态下的强度计算问题。

对于单向应力状态和纯剪切应力状态，在前面轴向拉压、扭转和平面弯曲变形中已经建立了强度条件，即

$$\sigma_{max} \leqslant [\sigma], \quad \tau_{max} \leqslant [\tau]$$

式中，σ_{max} 和 τ_{max} 分别为横截面上的最大正应力与最大切应力；$[\sigma]$ 和 $[\tau]$ 为许用应力，它们是通过轴向拉伸（压缩）试验或纯剪切试验确定的极限应力除以安全因数得到的。对于受力比较复杂的构件，其危险点处往往同时存在着正应力和切应力。实践表明，将两种应力分开来建立强度条件是错误的。并且，由于复杂应力状态下的正应力与切应力有各种不同的组合，

要对各种可能的组合进行试验来确定其相应的极限应力，是极其烦琐且难以实现的。解决这类问题，必须依据强度理论。长期以来，人们不断地观察材料强度失效的现象，研究影响强度失效的因素，根据积累的资料与经验，假定某一因素或某几种因素是材料强度失效的原因，提出了一些关于材料强度失效的假说，这些假说以及基于假说所建立的强度计算准则，称为强度理论。

大量观察与研究表明，尽管强度失效现象比较复杂，但强度失效的形式可以归纳为两种类型：一种是脆性断裂，另一种是塑性屈服。强度理论认为，不论材料处于何种应力状态，只要强度失效的类型相同，材料的强度失效就是由同一因素引起的。这样就可以将复杂应力状态和简单应力状态联系起来，利用轴向拉伸（压缩）的试验结果，建立复杂应力状态下的强度条件。

根据材料强度失效的两种形式，强度理论可分为两类：一类是关于脆性断裂的强度理论；另一类是关于塑性屈服的强度理论。

二、常用的四种强度理论

1. 最大拉应力理论（第一强度理论）

该理论认为，引起材料脆性断裂的主要因素是最大拉应力。无论材料处于何种应力状态，只要构件内危险点处的最大拉应力 σ_1 达到材料单向拉伸断裂时的极限应力值 σ_b，材料就会发生脆性断裂。断裂条件为

$$\sigma_1 = \sigma_b$$

将 σ_b 除以安全因数后，得到材料的许用应力 $[\sigma]$。因此，强度条件为

$$\sigma_1 \leqslant [\sigma]$$

试验结果表明，该理论可以很好地解释铸铁等脆性材料在轴向拉伸和扭转时的破坏现象。但该理论的缺点是没有考虑另外两个主应力 σ_2 和 σ_3 的影响，也不能在没有拉应力的应力状态下应用。

2. 最大拉应变理论（第二强度理论）

该理论认为，引起材料脆性断裂的主要因素是最大拉应变。无论材料处于何种应力状态，只要构件内危险点处的最大拉应变 ε_1 达到材料单向拉伸断裂时拉应变的极限值 $\varepsilon_b = \sigma_b / E$，材料就发生脆性断裂。断裂条件为

$$\varepsilon_1 = \varepsilon_b$$

由广义胡克定律得

$$\frac{1}{E}[\sigma_1 - \mu(\sigma_2 + \sigma_3)] = \frac{1}{E}\sigma_b$$

引入安全因数后得相应的强度条件为

$$\sigma_1 - \mu(\sigma_2 + \sigma_3) \leqslant [\sigma]$$

试验表明，该理论对石料和混凝土等脆性材料受压时沿纵向发生脆性断裂的现象，能予以很好的解释。但该理论与许多试验结果不吻合，因此目前很少被采用。

3. 最大切应力理论（第三强度理论）

该理论认为，引起材料塑性屈服的主要因素是最大切应力。无论材料处于何种应力状态，

只要构件内危险点处的最大切应力 $\tau_{\max}$ 达到材料单向拉伸屈服时的极限切应力值 $\tau_s = \sigma_s / 2$，材料就发生塑性屈服。屈服条件为

$$\tau_{\max} = \tau_s$$

对于任意应力状态，都有 $\tau_{\max} = (\sigma_1 - \sigma_3) / 2$，由此得

$$\sigma_1 - \sigma_3 = \sigma$$

引入安全因数后得相应的强度条件为

$$\sigma_1 - \sigma_3 \leqslant [\sigma]$$

这一理论与塑性材料的许多试验结果比较接近，计算也较为简单，在机械设计中广泛使用。该理论的缺点是未考虑中间主应力 σ_2 的影响。

4. 形状改变比能理论（第四强度理论）

构件在变形过程中，假定外力所做的功全部转化为构件的弹性变形能。单元体的变形能包括体积改变能和形态改变能两部分。对应于单元体的形状改变而积蓄的变形能称为形状改变能，单元体积内的形状改变能称为形状改变比能，用 u_d 表示。在复杂应力状态下形状改变比能与单元体主应力之间的关系（证明从略）为

$$u_d = \frac{1+\mu}{6E}[(\sigma_1 - \sigma_2)^2 + (\sigma_2 - \sigma_3)^2 + (\sigma_3 - \sigma_1)^2] \qquad (a)$$

该理论认为，引起材料塑性屈服的主要因素是形状改变比能。无论材料处于何种应力状态，只要构件内危险点处的形状改变比能 u_d 达到单向拉伸屈服时的形状改变比能值 u_{ds}，材料就发生塑性屈服。屈服条件为

$$u_d = u_{ds}$$

材料在单向拉伸屈服时，$\sigma_1 = \sigma_s$，$\sigma_2 = 0$，$\sigma_3 = 0$，代入式（a），得

$$u_{ds} = \frac{1+\mu}{3E}\sigma_s^2 \qquad (b)$$

将式（a）和式（b）代入屈服条件，引入安全因数后得相应的强度条件为

$$\sqrt{\frac{1}{2}[(\sigma_1 - \sigma_2)^2 + (\sigma_2 - \sigma_3)^2 + (\sigma_3 - \sigma_1)^2]} \leqslant [\sigma]$$

该理论综合考虑了三个主应力的影响，因此较为全面和完整。试验表明，在平面应力状态下，塑性材料用该理论比最大切应力理论更接近实际情况。

三、强度条件的统一形式

四种强度理论的强度条件可写成统一形式：

$$\sigma_r \leqslant [\sigma]$$

式中，σ_r 称为相当应力，它由三个主应力按一定的方式组合而成。对于上述四个强度理论，其相当应力分别为

$$\sigma_{r1} = \sigma_1$$
$$\sigma_{r2} = \sigma_1 - \mu(\sigma_2 + \sigma_3)$$

$$\sigma_{r3} = \sigma_1 - \sigma_3$$

$$\sigma_{r4} = \sqrt{\frac{1}{2}[(\sigma_1 - \sigma_2)^2 + (\sigma_2 - \sigma_3)^2 + (\sigma_3 - \sigma_1)^2]}$$

8.5 莫尔强度理论

不同于四个经典强度理论，莫尔理论不致力于寻找（假设）引起材料失效的共同力学原因，而致力于尽可能地多占有不同应力状态下材料失效的试验资料，用宏观唯象的处理方法力图建立对该材料普遍适用（不同应力状态）的失效条件。它是以各种应力状态下材料的破坏试验结果为依据，考虑了材料拉、压强度的不同，承认最大切应力是引起屈服剪断的主要原因，并考虑了剪切面上正应力的影响而建立起来的强度理论。

强度条件：

$$\sigma_1 - \frac{[\sigma_+]}{[\sigma_-]}\sigma_3 \leqslant [\sigma]$$

相当应力表达式：

$$\sigma_{rm} = \sigma_1 - \frac{[\sigma_+]}{[\sigma_-]}\sigma_3 \leqslant [\sigma]$$

莫尔强度理论考虑了材料抗拉和抗压能力不等的情况，这符合脆性材料（如岩石、混凝土等）的破坏特点，但未考虑中间主应力 σ_2 的影响是其不足之处。对于 $[\sigma_+]$ 和 $[\sigma_-]$ 相同的材料，上式可演化为第三强度理论。

使用范围：

（1）适用于从拉伸型到压缩型应力状态的广阔范围，可以描述从脆性断裂向塑性屈服失效形式过渡（或反之）的多种失效形态，例如"脆性材料"在压缩型或压应力占优的混合型应力状态下呈剪切破坏的失效形式。

（2）特别适用于抗拉和抗压强度不等的材料。

（3）在新材料（如新型复合材料）不断涌现的今天，莫尔理论从宏观角度归纳大量失效数据与资料的唯象处理方法仍具有广阔的应用前景。

8.6 各种强度理论的使用范围

一、强度理论的选用原则

1. 脆性材料

当最小主应力大于等于 0 时，使用第一强度理论；当最小主应力小于 0 而最大主应力大于 0 时，使用莫尔理论；当最大主应力小于等于 0 时，使用第三或第四强度理论。

2. 塑性材料

当最小主应力大于等于 0 时，使用第一强度理论；其他应力状态时，使用第三或第四强度理论。

3. 简单变形时

简单变形时一律用与其对应的强度准则，如扭转等，都用

$$\tau_{\max} \leqslant [\tau]$$

二、强度计算的步骤

1. 外力分析

确定所需的外力值。

2. 内力分析

画内力图，确定可能的危险面。

3. 应力分析

画危险面应力分布图，确定危险点并画出单元体，求主应力。

4. 强度分析

选择适当的强度理论，计算相当应力，然后进行强度计算。

[**例 8-8**] 如图 8-30 所示单元体，试按第三、第四强度理论求相当应力。

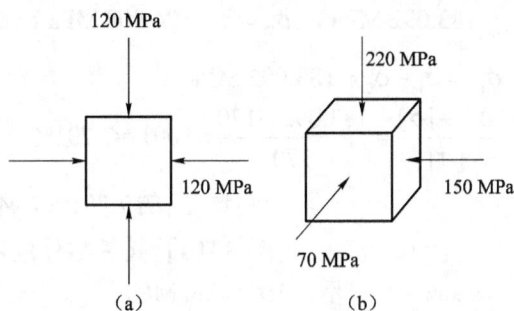

图 8-30　例 8-8 图

分析：本题所给出的 2 个单元体分别为二向和三向主应力单元体，为此可直接根据单元体上的三个主应力应用公式求解。

解：图 8-30（a）所示为二向应力状态单元体，则

$$\sigma_{r3} = \sigma_1 - \sigma_3 = 0 - (-120) = 120 \text{（MPa）}$$

$$\sigma_{r4} = \sqrt{\frac{1}{2}\left[(0+120)^2 + (-120+120)^2 + (-120-0)^2\right]} = 120 \text{（MPa）}$$

图 8-30（b）所示为三向应力状态单元体，则

$$\sigma_{r3} = \sigma_1 - \sigma_3 = -70 - (-220) = 150 \text{（MPa）}$$

$$\sigma_{r4} = \sqrt{\frac{1}{2}[(-70+150)^2 + (-150+220)^2 + (-220+70)^2]} = 130 \text{（MPa）}$$

[**例 8-9**] 受内压力作用的容器，其圆筒部分任意一点 A（图 8-31（a））处的应力状态如图 8-31（b）所示。当容器承受最大的正压力时，用应变计测得 $\varepsilon_x = 1.88 \times 10^{-4}$，$\varepsilon_y = 7.37 \times 10^{-4}$。已知钢材的弹性模量 $E = 210 \text{ GPa}$，泊松比 $\mu = 0.3$，许用应力 $[\sigma] = 170 \text{ MPa}$。试按第三强度理论校核 A 点的强度。

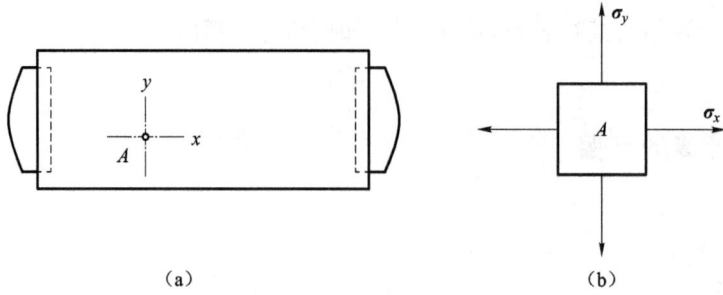

（a）

（b）

图 8-31　例 8-9 图

分析：首先根据已知条件，计算出 A 点上的应力，确定其主应力，然后代入第三强度理论公式进行计算，并校核其强度。

解：$\sigma_x = \dfrac{E}{1-\mu^2}(\varepsilon_x + \mu\varepsilon_y) = \dfrac{210\times10^3}{1-0.3^2}(1.88\times10^{-4} + 0.3\times7.37\times10^{-4}) = 94.408$（MPa）

$\sigma_y = \dfrac{E}{1-\mu^2}(\varepsilon_y + \mu\varepsilon_x) = \dfrac{210\times10^3}{1-0.3^2}(7.37\times10^{-4} + 0.3\times1.88\times10^{-4}) = 183.092$（MPa）

$\sigma_1 = \sigma_y = 183.092\ \text{MPa}$，　$\sigma_2 = \sigma_x = 94.408\ \text{MPa}$，　$\sigma_3 = 0$

根据第三强度理论：　$\sigma_{r3} = \sigma_1 - \sigma_3 = 183.092\ \text{MPa}$

$$\frac{\sigma_{r3} - [\sigma]}{[\sigma]} = \frac{183.092 - 170}{170} \times 100\% = 7.701\%$$

σ 超过 $[\sigma]$ 的 7.701%，不能满足强度要求。

[**例 8-10**] 铸铁零件危险点单元体如图 8-32 所示。$[\sigma_+] = 50\ \text{MPa}$，$[\sigma_-] = 150\ \text{MPa}$。用莫尔理论校核其强度。

分析：先求出单元体上的主应力，再由公式校核其强度。

解：求主应力：

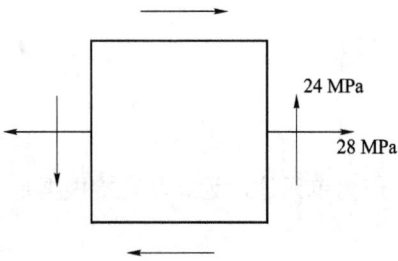

24 MPa

28 MPa

图 8-32　例 8-10 图

$$\sigma_1 = \frac{28}{2} + \sqrt{\left(\frac{28}{2}\right)^2 + (-24)^2} = 41.785\ (\text{MPa})$$

$$\sigma_3 = \frac{28}{2} - \sqrt{\left(\frac{28}{2}\right)^2 + (-24)^2} = -13.785\ (\text{MPa})$$

强度校核　　$\sigma_m = 41.785 - \dfrac{50}{150}(-13.785) = 46.38$（MPa）$< [\sigma_+]$

故此零件安全。

[**例 8-11**] 如图 8-33 所示一 T 形截面的铸铁外伸梁，试用莫尔强度理论校核 B 截面腹板与翼缘交界处的强度。铸铁的抗拉和抗压许用应力分别为 $[\sigma_+] = 30\ \text{MPa}$，$[\sigma_-] = 160\ \text{MPa}$。

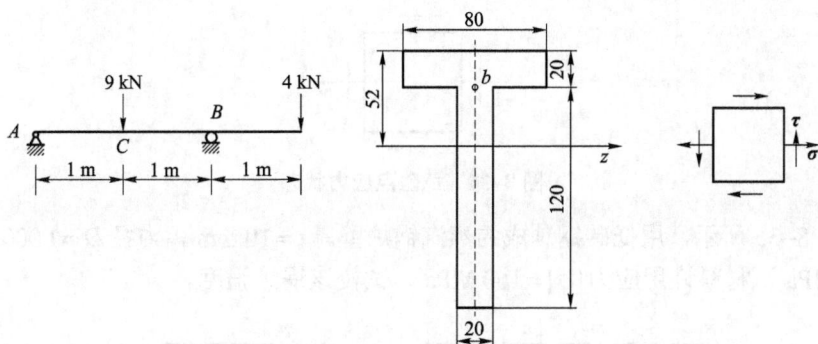

图 8-33   例 8-11 图

分析：本题主要是要确定 B 截面腹板与翼缘交界处横截面上的主应力，然后用莫尔强度理论公式校核其强度。为此，必先计算 B 截面 b 点的正应力和切应力，由此代入莫尔强度理论公式校核其强度。

由图 8-33 易知，B 截面：$M = -4\,\text{kN}\cdot\text{m}$，$F_\text{S} = -6.5\,\text{kN}$。

根据截面尺寸求得截面对中性轴 z 的惯性矩为

$$I_z = \frac{80 \times 20^3}{12} + 80 \times 20 \times 42^2 + \frac{20 \times 120^3}{12} + 20 \times 120 \times 28^2$$

$$= 7.637 \times 10^{-6}\,(\text{m}^4) = 7.637 \times 10^6\,(\text{mm}^4)$$

$$S_z^* = 80 \times 20 \times 42 = 67\,200\,(\text{mm}^3)$$

从而得出

$$\sigma = \frac{My}{I_z} = \frac{4 \times 10^6 \times 32}{7.637 \times 10^6} = 16.761\,(\text{MPa})$$

$$\tau = \frac{F_\text{S} S_z^*}{I_z b} = \frac{6.5 \times 10^3 \times 67\,200}{7.637 \times 10^6 \times 20} = 2.86\,(\text{MPa})$$

在截面 B 上，翼缘 b 点的应力状态如图 8-33 所示。求出主应力为

$$\left.\begin{array}{c}\sigma_1 \\ \sigma_3\end{array}\right\} = \frac{16.761}{2} \pm \sqrt{\left(\frac{16.761}{2}\right)^2 + 2.86^2} = \left.\begin{array}{c}17.237 \\ -0.475\end{array}\right.(\text{MPa})$$

由于铸铁的抗拉、抗压强度不等，应使用莫尔强度理论，有

$$\sigma_\text{rm} = \sigma_1 - \frac{[\sigma_+]}{[\sigma_-]}\sigma_3 = 17.237 - \frac{30}{160}(-0.475) = 17.326\,(\text{MPa}) < [\sigma_+]$$

满足莫尔强度理论的要求。

思　考　题

1. 在弯扭或拉扭组合变形的构件中，其危险点的应力状态如图 8-34 所示。试用第三或第四强度理论建立相应的强度条件。

工程力学

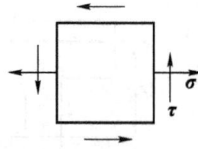

图 8-34　危险点应力状态

2. 如图 8-35 所示，用低碳钢制成的蒸汽锅炉壁厚 $t = 10\,\text{mm}$，内径 $D = 1\,000\,\text{mm}$，蒸汽压力 $p = 3\,\text{MPa}$，材料许用应力 $[\sigma] = 160\,\text{MPa}$，试校该锅炉强度。

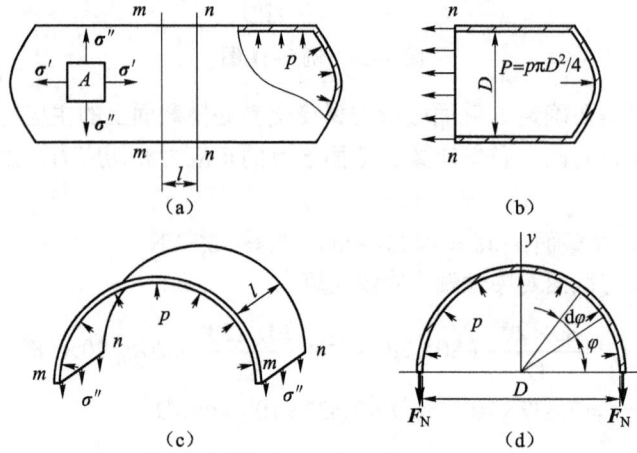

图 8-35　蒸汽锅炉

项目 9　组　合　变　形

前面的项目中，已讨论了杆件的拉伸（压缩）、剪切、扭转和弯曲等基本变形的强度计算。但在工程实际中，很多杆件往往同时发生两种或两种以上的基本变形，这种情况称为组合变形。

在材料服从胡克定律和小变形的条件下，杆件上虽然同时发生几种基本变形，但其中任何一种基本变形都不会改变其他基本变形所引起的内力和应力。即每一种基本变形都是各自独立、互不影响的。于是可以分别计算每一种基本变形各自引起的内力和应力，然后求出这些内力和应力的总和，即杆件在原外力作用下的内力和应力，这就是力作用的叠加原理。

在组合变形的计算中，通常先根据静力等效原理，把作用于杆件上的外力或载荷分解成几组，让每一组外力或载荷只产生一种基本变形，然后分别计算出与每一种基本变形对应的内力和应力，再用叠加法求出所有原外力或载荷共同作用下的内力和应力，找出危险截面，分析危险截面上危险点的应力，根据危险点的应力状态建立强度条件。本项目主要讨论工程上常见的拉伸（压缩）与弯曲、扭转与弯曲的组合变形。

9.1　拉伸（压缩）与弯曲组合变形

拉伸（压缩）与弯曲的组合变形是工程中常见的一种组合变形。现以矩形截面梁为例，说明其强度计算方法。如图 9-1（a）所示，外力 F 作用于梁的纵向对称面 Oxy 内，作用线通过截面形心且与梁的轴线成 α 角。将力 F 向 x、y 轴分解得

$$F_x = F\cos\alpha ，\quad F_y = F\sin\alpha$$

如图 9-1（b）所示，轴向力 F_x 使梁产生轴向拉伸变形，横向力 F_y 使梁产生弯曲变形，因此梁在外力 F 作用下产生拉伸与弯曲的组合变形。

作出梁的轴力图和弯矩图，如图 9-1（c）、（d）所示。由图可知，固定端 O 截面上的内力最大，故为危险截面，其轴力为 $F_N = F\cos\alpha$，弯矩为 $M = -Fl\sin\alpha$。

在轴力 F_N 作用下，固定端 O 截面产生均匀分布的正应力

$$\sigma_N = \frac{F_N}{A}$$

在弯矩 M 作用下，产生沿截面高度呈线性分布的正应力

$$\sigma_M = \frac{My}{I_z}$$

由于拉伸和弯曲变形在截面上产生的都是正应力，故可按代数和进行叠加，即

$$\sigma = \frac{F_N}{A} + \frac{My}{I_z} \tag{9-1}$$

应力分布规律如图 9–1（e）所示。由应力分布图可知，O 截面上、下边缘各点的应力分别为最大拉应力和最大压应力，其值分别为

$$\sigma_{max} = \frac{F_N}{A} + \frac{|M|}{W_z}, \ \sigma_{min} = -\frac{F_N}{A} + \frac{|M|}{W_z}$$

且处于单向应力状态，如图 9–1（f）所示。

应当注意，图 9–1（e）是当 $\sigma_N < \sigma_M$ 时的情况，这时 σ_{max} 为拉应力，σ_{min} 为压应力；而当 $\sigma_N \geq \sigma_M$ 时，σ_{max} 和 σ_{min} 均为拉应力。所以，截面上的应力分布情况要根据实际受力状态来确定。

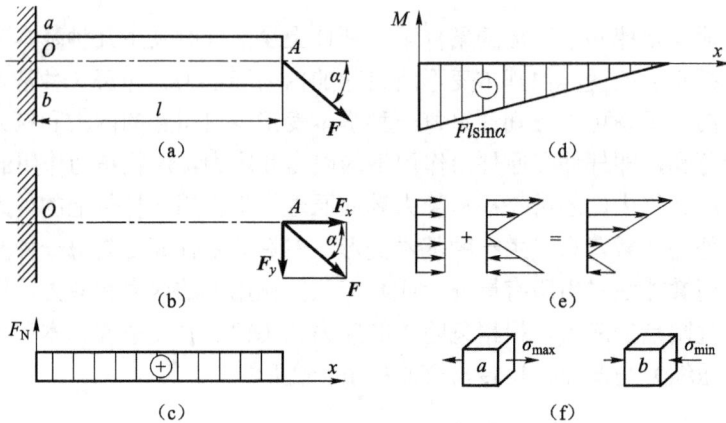

图 9–1　拉伸（压缩）与弯曲组合变形

由于矩形截面梁危险截面上的最大应力为拉应力，所以截面上边缘各点为危险点，强度条件为

$$\sigma_{max} = \frac{F_N}{A} + \frac{|M|}{W_z} \leq [\sigma]$$

由于压缩与弯曲的组合变形，危险截面上各点的应力分布仍按式（9–1）分析计算，只是轴力 F_N 取负值。

综上所述，横截面上由轴力和弯矩引起的正应力叠加后，应力最大值总是发生在截面的边缘处。但危险点在哪一侧，不仅要看叠加结果，还应结合杆件材料的性质加以分析，需采用不同形式的强度条件。

对于许用拉、压应力不相等的材料，且危险截面上同时存在最大拉、压应力时，则需使杆内的最大拉、压应力分别满足杆件的拉、压强度条件。

[例 9–1] 图 9–2（a）所示起重架最大起重量 $G = 40 \, \text{kN}$，结构自重不计，横梁 AB 由两根槽钢组成，跨长 $l = 3.5 \, \text{m}$，其 $[\sigma] = 120 \, \text{MPa}$，$E = 200 \, \text{GPa}$。

（1）选择槽钢型号。

（2）若拉杆 BC 为 $b \times h = 10 \, \text{mm} \times 40 \, \text{mm}$ 的钢条，材料与 AB 梁相同。当载荷 G 作用于梁 AB 的中点时，计算该点的铅垂位移。

分析： 应先作出 AB 梁的受力图，以便确定其变形形式；再进一步确定其危险截面和危险点，以便进行相应计算。

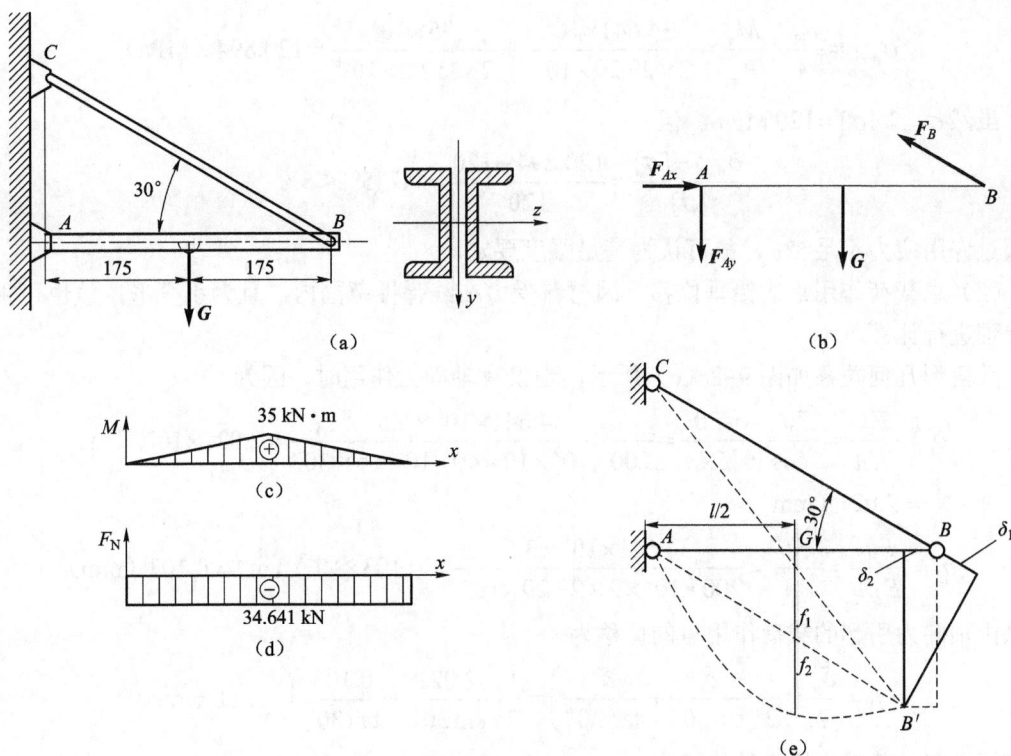

图 9-2　起重架

解：（1）*AB* 梁的受力简图如图 9-2（b）所示，可知其应为压弯组合变形，且当载荷 **G** 移动到梁中点时，横梁处于最危险状态。其弯矩图及轴力图如图 9-2（c）、（d）所示，可判断出危险截面应为梁的中点截面，其内力分量为

$$F_N = \frac{G/2}{\tan 30°} = \frac{40}{2\tan 30°} = 34.641 （kN）$$

$$M_z = \frac{Gl}{4} = \frac{40 \times 3.5}{4} = 35 （kN \cdot m）$$

因为在危险截面的上边缘有最大压应力，所以应以此点进行计算。

由强度条件 $\sigma = \dfrac{F_N}{A} + \dfrac{M_z}{W_z} \leqslant [\sigma]$ 进行截面设计，因为式中 *A*、W_z 均为待定参数，故不能直接求出。可先由弯曲强度选择截面，然后再考虑轴向力进行校核，则有

$$\sigma = \frac{M_z}{W_z} \leqslant [\sigma]$$

$$W_z \geqslant \frac{M_z}{[\sigma]} = \frac{35 \times 10^3}{120 \times 10^6} = 0.292 \times 10^{-3} （m^3） = 292 （cm^3）$$

因截面由两个槽钢组成，所以应由 $W_z = \dfrac{292}{2} = 146 （cm^3）$ 查表。可选用 No.18b 槽钢，其相关截面参数为 $A = 29.29\ cm^2$，$W_z = 152.2\ cm^3$，$I_z = 1370\ cm^4$。

所以横梁最大压应力的值为

$$\sigma_{\max} = \frac{F_N}{A} + \frac{M_z}{W_z} = \frac{34.641 \times 10^3}{2 \times 29.29 \times 10^{-4}} + \frac{35 \times 10^3}{2 \times 152.2 \times 10^{-6}} = 120.894 \text{（MPa）}$$

虽然 $\sigma_{\max} > [\sigma] = 120 \text{ MPa}$，但

$$\frac{\sigma_{\max} - [\sigma]}{[\sigma]} = \frac{120.894 - 120}{120} = 0.745\% < 5\%$$

即超过许用应力不足 5%，故可认为满足强度要求。

（2）求载荷作用点的铅垂位移。因材料受力在线弹性范围内，且为小变形，故也可由叠加原理进行计算。

其变形几何关系如图 9-2（e）所示，当仅有轴向力作用时，因为

$$\delta_1 = \frac{F_1 l_1}{E_1 A_1} = \frac{F_N l / \cos 30°}{\cos 30° E A_1} = \frac{34.641 \times 10^3 \times 3.5}{200 \times 10^9 \times 10 \times 40 \times 10^{-6} \cos^2 30°} = 2.021 \times 10^{-3} \text{（m）}$$

$$= 2.021 \text{（mm）}$$

$$\delta_2 = \frac{F_2 l_2}{E_2 A_2} = \frac{F_N l}{E A_2} = \frac{34.641 \times 10^3 \times 3.5}{200 \times 10^9 \times 2 \times 29.29 \times 10^{-4}} = 0.103 \times 10^{-3} \text{（m）} = 0.103 \text{（mm）}$$

所以由轴向力引起的载荷作用点的位移为

$$f_1 = \frac{\delta_B}{2} = \frac{1}{2}\left(\frac{\delta_1}{\sin 30°} + \frac{\delta_2}{\tan 30°}\right) = \frac{1}{2}\left(\frac{2.021}{\sin 30°} + \frac{0.103}{\tan 30°}\right) = 2.11 \text{（mm）}$$

由弯矩引起的载荷作用点的位移为

$$f_2 = \frac{G l^3}{48 E I_z} = \frac{40 \times 10^3 \times 3.5^3}{48 \times 200 \times 10^9 \times 1\,370 \times 10^{-8}} = 6.52 \times 10^{-3} \text{（m）} = 6.52 \text{（mm）}$$

所以载荷作用点的铅垂位移为

$$f = f_1 + f_2 = 2.11 + 6.52 = 8.63 \text{（mm）}$$

9.2 扭转与弯曲组合变形

扭转与弯曲组合变形是机械工程中最常见的情况。现以图 9-3（a）所示直角曲拐为例，说明杆件在扭转与弯曲组合变形下强度计算的方法。

（1）外力分析。

将作用于 C 端的集中载荷 F 向 AB 杆截面 B 的形心平移，得到力 F 及一个作用在 B 截面内的力偶，其力偶矩 $M_e = Fa$，如图 9-3（b）所示，故 AB 杆发生扭转与弯曲组合变形。

（2）内力分析。

绘出 AB 杆的扭矩图和弯矩图，如图 9-3（c）、（d）所示。由图可见，截面 A 为危险截面，其上扭矩和弯矩分别为 $T = M_e = Fa$，$M = -Fl$。

（3）应力分析。

在危险截面 A 上，由弯矩 M 引起的弯曲正应力的截面的最高点 1 和最低点 2 为最大，由扭矩 T 引起的扭转切应力在横截面的周边各点处最大，如图 9-3（e）所示。因此 1、2 两点为危险点，应力状态如图 9-3（f）、（g）所示，其应力值为

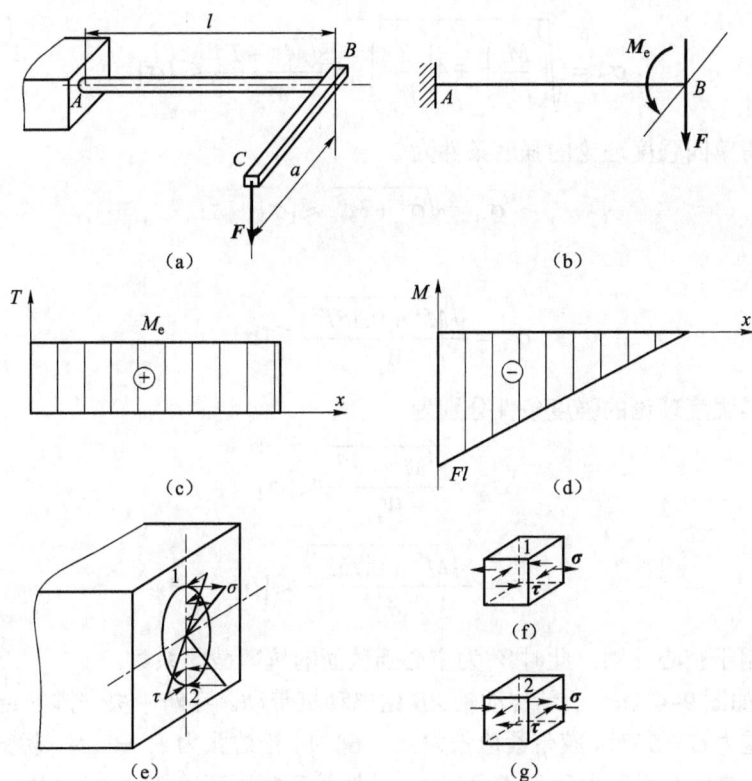

图 9–3 扭转与弯曲组合变形

$$\sigma = \frac{M}{W_z}, \ \tau = \frac{T}{W_\mathrm{p}}$$

对于许用拉、压应力相同的材料，这两点的危险程度是一样的。所以，可任取一点进行强度分析。现取 1 点进行强度计算，由于危险点的应力状态为复杂应力状态，故不能用建立基本变形强度条件的方法来解决强度问题，而需要应用强度理论来解决。由主应力的计算公式可得危险点 1 的三个主应力为

$$\begin{matrix} \sigma_1 \\ \sigma_3 \end{matrix} = \frac{\sigma}{2} \pm \sqrt{\left(\frac{\sigma}{2}\right)^2 + \tau^2} = \frac{\sigma}{2} \pm \frac{1}{2}\sqrt{\sigma^2 + 4\tau^2}$$

（4）强度计算。

对于塑性材料而言，应采用第三或第四强度理论来进行强度计算。若采用第三强度理论，则其相当应力为

$$\sigma_{\mathrm{r3}} = \sigma_1 - \sigma_3 = \sqrt{\sigma^2 + 4\tau^2}$$

所以其强度条件为

$$\sigma_{\mathrm{r3}} = \sqrt{\sigma^2 + 4\tau^2} \leqslant [\sigma]$$

将 $\sigma = \dfrac{M}{W_z}$，$\tau = \dfrac{T}{W_\mathrm{p}}$ 代入上式，并利用圆杆 $W_\mathrm{p} = 2W_z$，则得

$$\sigma_{r3} = \sqrt{\left(\frac{M}{W_z}\right)^2 + 4\left(\frac{T}{W_p}\right)^2} = \frac{\sqrt{M^2 + T^2}}{W_z} \leqslant [\sigma]$$

同理，可得第四强度理论的强度条件为

$$\sigma_{r4} = \sqrt{\sigma^2 + 3\tau^2} \leqslant [\sigma]$$

或

$$\sigma_{r4} = \frac{\sqrt{M^2 + 0.75T^2}}{W_z} \leqslant [\sigma]$$

第三和第四强度理论的强度条件分别为

$$\sigma_{r3} = \frac{\sqrt{M^2 + T^2}}{W_z} \leqslant [\sigma]$$

$$\sigma_{r4} = \frac{\sqrt{M^2 + 0.75T^2}}{W_z} \leqslant [\sigma]$$

上式也适用于空心圆轴，此时 W_z 为空心圆截面的抗弯截面系数。

[例 9-2] 如图 9-4（a）所示传动轴 AB 由电动机带动。在跨中央安排安装一胶带轮，直径 $D = 1.2\,m$，重力 $G = 5\,kN$，胶带紧边张力 $F_T = 6\,kN$，松边张力 $F_t = 3\,kN$。轴直径 $d = 0.1\,m$，长度 $l = 1.2\,m$，材料许用应力 $[\sigma] = 50\,MPa$。试按第三强度理论校核轴的强度。

解：（1）外力分析。将作用在胶带轮上的胶带拉力 F_T、F_t 向轴线简化，如图 9-4（b）所示。其中铅垂力

$$F = G + F_T + F_t$$

使轴在铅垂平面内产生弯曲变形。

外力偶矩

$$M_e = M_c = \frac{(F_T - F_t)D}{2} = \frac{(6-3) \times 1.2}{2} = 1.8 \,(kN \cdot m)$$

使轴产生扭曲变形。

故传动轴 AB 产生扭转与弯曲组合变形。

（2）内力分析。分别画出轴的扭矩图和弯矩图，如图 9-4（c）、（d）所示，由内力图可以判断出 C 截面右侧为危险截面。危险截面上的内力分量为 $T = -1.8\,kN \cdot m$，$M = 4.2\,kN \cdot m$。

（3）校核强度。按第三强度理论，由式 $\sigma_{r3} = \frac{\sqrt{M^2 + T^2}}{W_z}$ 得

$$\sigma_{r3} = \frac{\sqrt{M^2 + T^2}}{W_z} = \frac{\sqrt{(4.2 \times 10^6)^2 + (1.8 \times 10^6)^2}}{\pi \times (0.1 \times 10^3)^3 / 32} = 46.544 \,(MPa) < [\sigma]$$

所以轴 AB 满足强度要求。

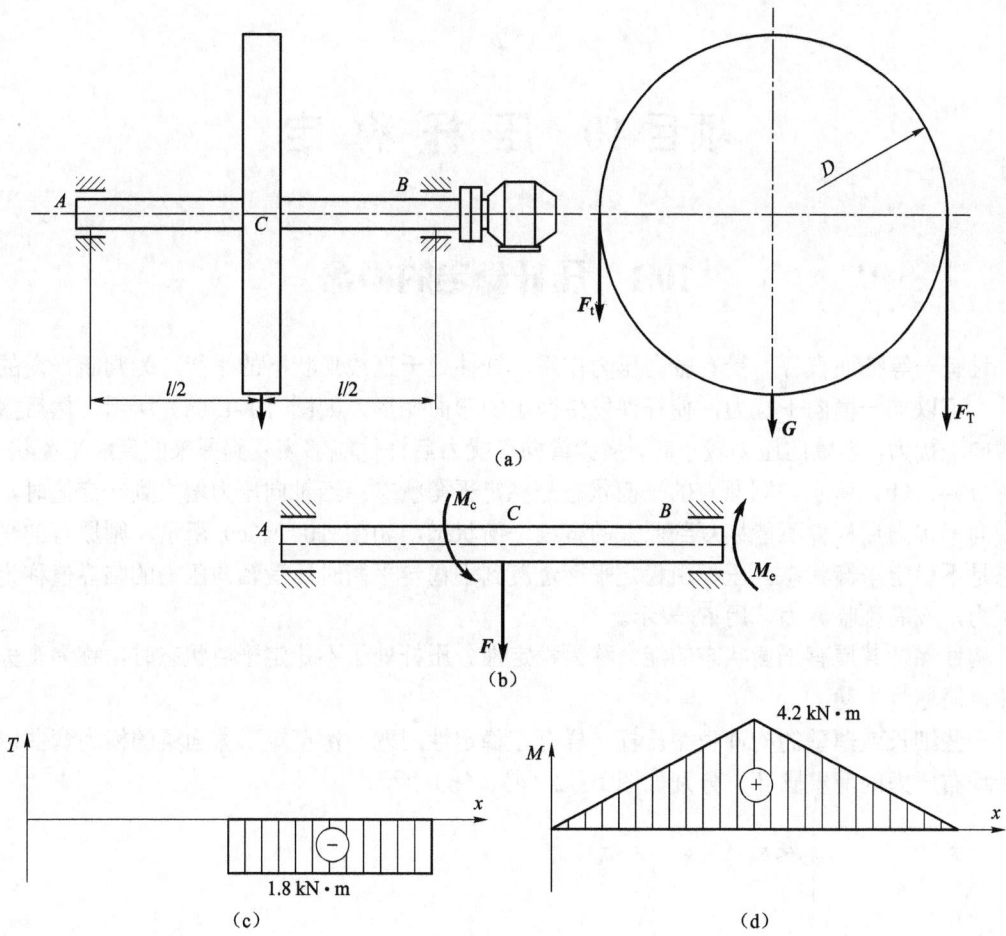

(a)

(b)

(c)

(d)

图 9-4 例 9-2 图

思 考 题

如图 9-5 所示手摇绞车的轴的直径 $d = 30\ \text{mm}$，材料为 Q235，$[\sigma] = 80\ \text{MPa}$。试按第三强度理论求绞车的最大起吊重量 P。

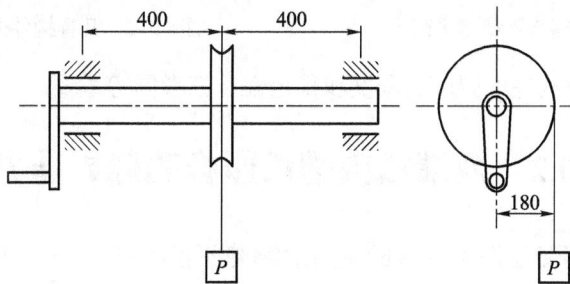

图 9-5 手摇绞车

项目 10 压 杆 稳 定

10.1 压杆稳定的概念

设有一等截面直杆，受有轴向压力作用，杆件处于直线形状下的平衡。为判断平衡的稳定性，可以加一横向干扰力，使杆件发生微小的弯曲变形，如图 10–1（a）所示。然后撤销此横向干扰力，当轴向压力较小时，撤销横向干扰力后杆件能够恢复到原来的直线平衡状态，如图 10–1（b）所示，则原有的平衡状态是稳定平衡状态；当轴向压力增大到一定值时，撤销横向干扰力后杆件不能恢复到原来的直线平衡状态，如图 10–1（c）所示，则原有的平衡状态是不稳定平衡状态。压杆由稳定平衡过渡到不稳定平衡时所受轴向压力的临界值称为临界压力，或简称临界力，用 F_{cr} 表示。

构件保持其原有平衡状态的能力称为稳定性。压杆处于不稳定平衡状态时，称为丧失稳定性，简称为失稳。

一些细长或薄壁的构件也跟压杆一样存在稳定性问题。薄壁矩形截面梁的横力弯曲以及承受均布压力的薄壁圆环，分别如图 10–2（a）、（b）所示。

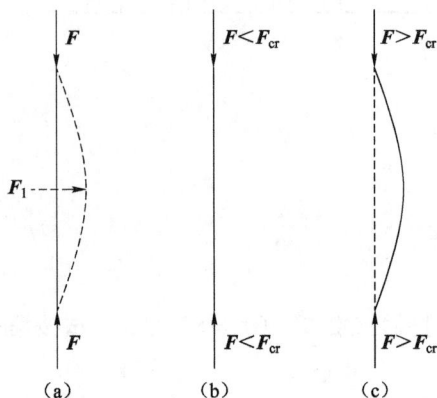

图 10–1 压杆的稳定平衡与不稳定平衡   图 10–2 几种构件失稳的示意图

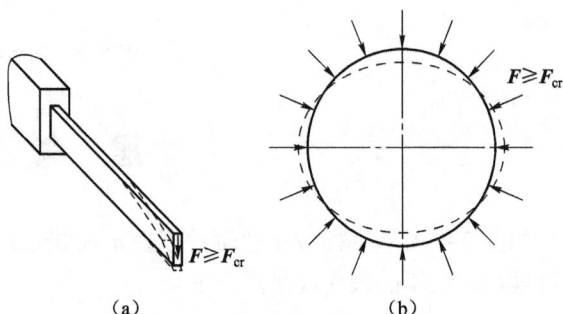

在设计中，要考虑构件的强度、刚度和稳定性，三者同等重要。

10.2 两端铰支细长压杆的临界压力

当 $F = F_{cr}$ 时，压杆处于图 10–1（b）所示的微弯平衡状态。现有一两端铰支的细长压杆，如图 10–3 所示。

取任一截面，由力的平衡方程可知，杆在任一距原点 O 为 x 处的弯矩为

$$M(x) = -Fy$$

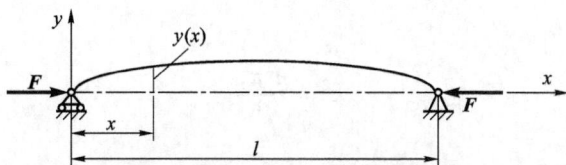

图 10–3　两端铰支的细长压杆

在弹性小变形条件下，处于微弯平衡状态的杆的挠曲线微分方程为

$$\frac{\mathrm{d}^2 y}{\mathrm{d}x^2} = \frac{M(x)}{EI}$$

将 $M(x) = -Fy$ 代入，杆的挠曲线微分方程可写为

$$\frac{\mathrm{d}^2 y}{\mathrm{d}x^2} + k^2 y = 0$$

式中，$k^2 = \dfrac{F}{EI}$。上式为二阶常系数齐次线性方程。

特征方程为

$$r^2 + k^2 = 0$$

有一对共轭复根

$$r = \pm ki$$

在数学中，求二阶常系数齐次微分方程 $y'' + py' + qy = 0$ 的通解，要算特征方程的解。

特征方程为

$$r^2 + pr + q = 0$$

① 有两个不相等的实根，$r_1 \neq r_2$，通解 $y = C_1 \mathrm{e}^{r_1 x} + C_2 \mathrm{e}^{r_2 x}$。

② 有两个相等的实根，$r_1 = r_2$，通解 $y = (C_1 + C_2 x)\mathrm{e}^{r_1 x}$。

③ 有一对共轭复根，$r_{1,2} = \alpha \pm \mathrm{i}\beta$，通解 $y = \mathrm{e}^{\alpha x}(C_1 \cos \beta x + C_2 \sin \beta x)$。

通过求解，得其通解为

$$y = A \sin kx + B \cos kx$$

式中，A 和 B 是积分常数，可由压杆两端的边界条件确定。此杆的边界条件为：在 $x = 0$ 处，$y = 0$；在 $x = l$ 处，$y = 0$。

由边界条件的第一式得

$$B = 0$$

于是上式成为

$$y = A \sin kx$$

由边界条件的第二式得

$$A \sin kl = 0$$

由于压杆处于微弯状态的平衡，因此 $A \neq 0$，所以

$$\sin kl = 0$$

由此得

$$kl = n\pi \quad (n = 0, 1, 2, 3 \cdots)$$

所以

$$k^2 = \frac{n^2\pi^2}{l^2}$$

注意前面已定义 $k^2 = \frac{F}{EI}$，即 $F = k^2EI$，将上式代入，可以得到

$$F = \frac{n^2\pi^2 EI}{l^2} \quad (n = 0, 1, 2, 3\cdots)$$

上述结果中若取 $n = 0$，则 $F = 0$，杆上无载荷，不会发生压杆稳定问题。故由 $n = 1$ 可给出使两端铰支压杆发生微弯平衡（失稳）的最小临界载荷为

$$F_{\mathrm{cr}} = \frac{\pi^2 EI}{l^2}$$

上式称为确定两端铰支压杆稳定临界载荷的欧拉公式。欧拉公式指出，压杆稳定的临界载荷 F_{cr} 与杆长 l 的平方成反比，l 越大，F_{cr} 越小，杆越容易发生屈曲失稳；压杆的临界载荷 F_{cr} 与杆的抗弯刚度 EI 成正比，杆的抗弯刚度越小，F_{cr} 越小，杆越容易发生屈曲失稳。细长杆件 l 大、抗弯刚度 EI 小，稳定问题是不可忽视的。

值得注意的是，对于图 10–3 所示的压杆屈曲问题，若两端为平面铰链支承，只允许杆在 xy 平面内弯曲，则截面惯性矩 $I = I_z$；若两端为球形铰链支承，则杆可在过轴线 x 的任一平面内发生弯曲。若截面对某轴惯性矩最小，则能承受的临界载荷也最小，将首先在垂直于该轴的平面内发生屈曲失稳。例如，对于图 10–4 所示的两端为球形铰支的矩形截面压杆，若 $h > b$，则显然有 $I_y = \frac{hb^3}{12} < I_z = \frac{bh^3}{12}$，故 y 为中性轴的方位将先发生屈曲失稳，即失稳时杆的轴线是在垂直于 y 的 xz 平面内发生弯曲的，临界载荷应由 $F_{\mathrm{cr}} = \frac{\pi^2 EI_y}{l^2}$ 计算。

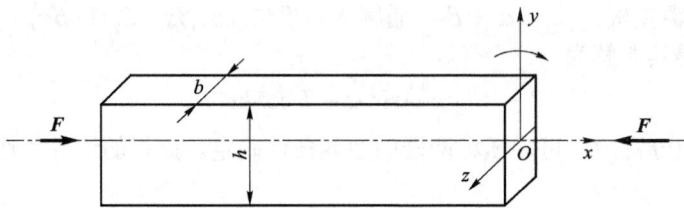

图 10–4　两端为球形铰支的矩形截面压杆

10.3　不同支承条件下细长压杆临界力的欧拉公式

对于各种支承情况的压杆，其临界力的欧拉公式可写成统一的形式：

$$F_{\mathrm{cr}} = \frac{\pi^2 EI}{(\mu l)^2}$$

式中，μ 称为相当长度系数，与杆端的约束情况有关；μl 称为压杆的计算长度。不同支承情况下，相当长度系数 μ 为

$$\mu = 1 \text{（两端铰支）}$$

$$\mu = 0.7 \quad (\text{一端铰支，一端固定})$$
$$\mu = 2 \quad (\text{一端自由，一端固定})$$
$$\mu = 0.5 \quad (\text{两端固定})$$

可见，杆端支承对于压杆的临界载荷有显著影响。杆的几何尺寸一定时，一端自由、一端固定时临界载荷最小；两端铰支，一端铰支、一端固定次之；两端固定支承时临界载荷最大。

[例 10-1] 柴油机的挺杆是钢制空心圆管，内、外径分别为 10 mm 和 12 mm，杆长 $l = 383 \, \text{mm}$，钢材的 $E = 210 \, \text{GPa}$，可简化为两端铰支的细长压杆，试计算该挺杆的临界压力 F_{cr}。

解：挺杆横截面的惯性矩：

$$I = \frac{\pi}{64}(D^4 - d^4) = \frac{\pi}{64}\left[(12 \times 10^{-3})^4 - (10 \times 10^{-3})^4\right] = 5.27 \times 10^{-10} \, (\text{m}^4)$$

挺杆的临界压力：

$$F_{\text{cr}} = \frac{\pi^2 EI}{(\mu l)^2} = \frac{\pi^2 \times 210 \times 10^9 \times 5.27 \times 10^{-10}}{(383 \times 10^{-3})^2} = 7\,446.156 \, (\text{N})$$

10.4　欧拉公式的应用范围及临界应力总图

一、欧拉公式的适用范围

将压杆的临界力 F_{cr} 除以横截面面积 A，即得压杆的临界应力

$$\sigma_{\text{cr}} = \frac{F_{\text{cr}}}{A} = \frac{\pi^2 EI}{(\mu l)^2 A} = \frac{\pi^2 E}{\left(\dfrac{\mu l}{i}\right)^2}$$

式中，$i = \sqrt{\dfrac{I}{A}}$ 为压杆横截面对中性轴的惯性半径。令 $\lambda = \dfrac{\mu l}{i}$，这是一个量纲为 1 的参数，称为压杆的长细比或柔度。上式可写成

$$\sigma_{\text{cr}} = \frac{\pi^2 E}{\lambda^2}$$

上式是临界应力的计算公式，也是欧拉公式的另一种形式。公式推导过程中，用到了挠曲线的近似微分方程，而挠曲线的近似微分方程是建立在胡克定律的基础上，因此只有材料在线弹性范围内工作时，欧拉公式才能适用。于是欧拉公式的适用范围为

$$\sigma_{\text{cr}} = \frac{\pi^2 E}{\lambda^2} \leqslant \sigma_{\text{p}}$$

或写成

$$\lambda \geqslant \sqrt{\frac{\pi^2 E}{\sigma_{\text{p}}}} = \pi \sqrt{\frac{E}{\sigma_{\text{p}}}} = \lambda_{\text{p}}$$

式中，λ_{p} 为能够应用欧拉公式的压杆柔度界限值。通常称 $\lambda \geqslant \lambda_{\text{p}}$ 的压杆为大柔度杆，或细长

压杆；而对于 $\lambda < \lambda_p$ 的压杆，就不能应用欧拉公式。

压杆的 λ_p 值取决于材料的力学性能。例如对于 Q235， $E = 206\,\text{GPa}$ ， $\sigma_p = 200\,\text{MPa}$ ，则可得

$$\lambda_p = \pi\sqrt{\frac{E}{\sigma_p}} = \pi\sqrt{\frac{206\times10^9}{200\times10^6}} \approx 100.825$$

[例 10-2] 如图 10-5 所示，压杆用型号 3，即尺寸为 $30\times30\times4$ 的等边角钢制成，已知杆长 $l = 0.5\,\text{m}$ ，材料为 Q235，试求该压杆的临界力。

解：首先计算压杆的柔度，要注意截面的最小惯性半径应取对 y_0 轴的惯性半径，即 $i_{y_0} = 0.58\,\text{cm}$ ，由此可以算出其柔度

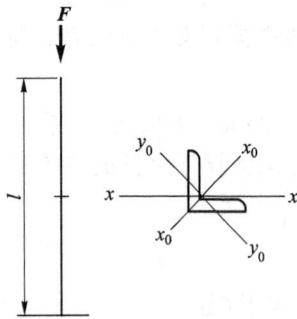

图 10-5 例 10-2 图

$$\lambda = \frac{\mu l}{i} = \frac{2\times0.5}{0.58\times10^{-2}} = 172.414$$

可见该压杆属于大柔度杆，可以使用欧拉公式计算其临界力，仍要注意截面的最小惯性矩应取对 y_0 轴的惯性矩，即 $I_{y_0} = i^2 \times A = 0.58 \times 2.28 = 0.77\,(\text{cm}^4)$ ，由此可以算出该压杆的临界力

$$F_{cr} = \frac{\pi^2 EI}{(\mu l)^2} = \frac{\pi^2 \times 206\times10^9 \times 0.77\times10^{-8}}{(2\times0.5)^2} = 15.655\times10^3\,(\text{N}) = 15.655\,(\text{kN})$$

[例 10-3] 如图 10-6 所示，一矩形截面的细长压杆，其两端用柱状铰与其他构件相连接。压杆的材料为 Q235， $E = 210\,\text{GPa}$ 。

（1）若 $l = 2.3\,\text{m}$ ， $b = 40\,\text{mm}$ ， $h = 60\,\text{mm}$ ，试求其临界力。

（2）试确定截面尺寸 b 和 h 的合理关系。

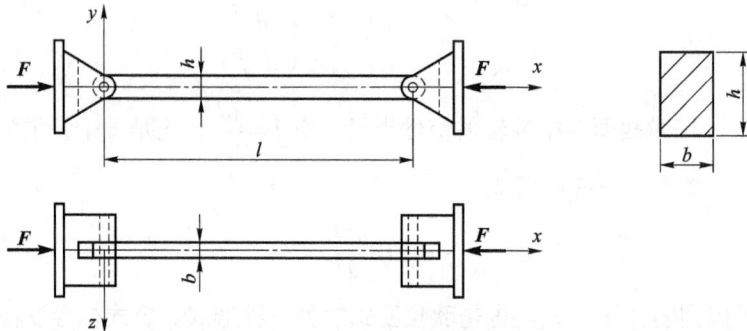

图 10-6 矩形截面的细长压杆

解：（1）若压杆在 xy 平面内失稳，则杆端约束条件为两端铰支，长度系数 $\mu_1 = 1$ ，惯性半径

$$i_z = \sqrt{\frac{I_z}{A}} = \sqrt{\frac{bh^3/12}{bh}} = \frac{h}{\sqrt{12}} = \frac{60}{\sqrt{12}} = 17.321\,(\text{mm})$$

$$\lambda_1 = \frac{\mu_1 l}{i_z} = \frac{1\times2.3}{17.321\times10^{-3}} = 132.787$$

若压杆在 xz 平面内失稳，则杆端约束条件为两端固定，长度系数 $\mu_2 = 0.5$ ，惯性半径

$$i_y = \sqrt{\frac{I_y}{A}} = \sqrt{\frac{hb^3/12}{bh}} = \frac{b}{\sqrt{12}} = \frac{40}{\sqrt{12}} = 11.547 \text{（mm）}$$

$$\lambda_2 = \frac{\mu_2 l}{i_y} = \frac{0.5 \times 2.3}{11.547 \times 10^{-3}} = 99.593$$

由于 $\lambda_1 > \lambda_2$，因此该杆失稳时将在 xy 平面内弯曲。该杆属于细长杆，可用欧拉公式计算其临界力

$$
\begin{aligned}
F_{cr} &= \frac{\pi^2 EI_z}{(\mu_1 l)^2} = \frac{\pi^2 Ebh^3/12}{(\mu_1 l)^2} \\
&= \frac{\pi^2 \times 210 \times 10^9 \times 0.04 \times 0.06^3/12}{(1 \times 2.3)^2} \\
&= 282.095 \times 10^3 \text{（N）} = 282.095 \text{（kN）}
\end{aligned}
$$

（2）若压杆在 xy 平面内失稳，其临界力为

$$F_{cr}' = \frac{\pi^2 EI_z}{l^2} = \frac{\pi^2 Ebh^3}{12l^2}$$

若压杆在 xz 平面内失稳，其临界力为

$$F_{cr}'' = \frac{\pi^2 EI_y}{(0.5l)^2} = \frac{\pi^2 Ehb^3}{3l^2}$$

截面的合理尺寸应使压杆在 xy 平面和 xz 平面两个平面内具有相同的稳定性，即

$$F_{cr}' = F_{cr}''$$

$$\frac{\pi^2 Ebh^3}{12l^2} = \frac{\pi^2 Ehb^3}{3l^2}$$

由此可得

$$h = 2b$$

二、中、小柔度杆的临界应力

如果压杆的柔度 $\lambda < \lambda_p$，则临界应力 σ_{cr} 就大于材料的比例极限 σ_p，这时欧拉公式已不适用。对于这类压杆，通常采用经验公式计算：

$$\sigma_{cr} = a - b\lambda$$

式中，a 和 b 分别为与材料相关的系数。一些常用材料的 a、b 值如表 10-1 所示。

表 10-1　常用材料的 a、b 值

材料	a/MPa	b/MPa	λ_p	λ_s
Q235	304	1.12	100	61.4
优质碳钢 $\sigma_s = 306$ MPa	460	2.57	100	60
硅钢 $\sigma_s = 353$ MPa	577	3.74	100	60
铬钼钢	980	5.3	55	40
硬铝	372	2.14	50	
铸铁	332	1.45	80	
木材	39	0.2	50	

三、压杆的临界应力总图

压杆的临界应力如图 10-7 所示。在柔度较小的 AB 段 ($\lambda < \lambda_s$)，杆称为小柔度杆，临界应力 $\sigma_{cr} = \sigma_s(\sigma_b)$，发生的破坏是强度不足；在柔度较大的 CD 段 ($\lambda > \lambda_p$)，杆称为大柔度杆，临界应力 $\sigma_{cr} = \dfrac{\pi^2 E}{\lambda^2}$，发生的破坏是应力小于比例极限的线性弹性屈服失稳；在中等柔度的 BC 段 ($\lambda_s \leqslant \lambda \leqslant \lambda_p$)，杆称为中柔度杆，对应的临界应力则为 $\sigma_p \leqslant \sigma_{cr} \leqslant \sigma_s$，故发生的是屈曲失稳破坏（并非线性弹性屈服失稳）。

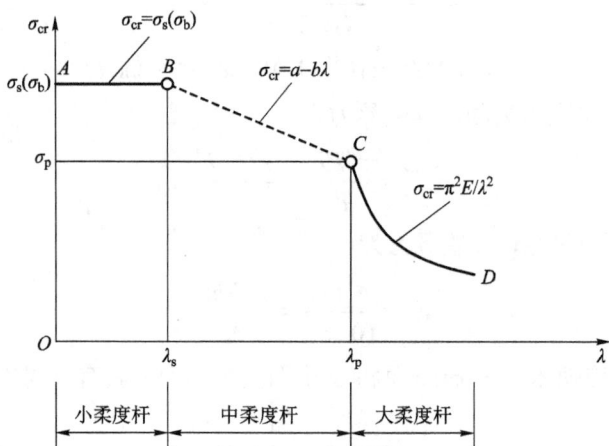

图 10-7 压杆的临界应力

10.5 压杆的稳定性计算

引入稳定许用安全系数 n_{st}，则许用压力为 $[F_{st}] = F_{cr} / n_{st}$，稳定性条件是

$$F \leqslant \frac{F_{cr}}{n_{st}} = [F_{st}]$$

稳定性条件还可写为

$$n = \frac{F_{cr}}{F} \geqslant n_{st}$$

稳定许用安全系数的选取，一般应大于强度安全系数。一般情况下，钢材稳定许用安全系数取 1.8~3.0，铸铁取 5.0~5.5，丝杆、活塞杆、发动机挺杆取 2.0~6.0，矿山、冶金设备取 4.0~8.0 等。

稳定性设计也包括稳定性校核、截面尺寸或杆长设计以及确定许用载荷等。

[例 10-4] 某硬铝合金圆截面压杆长 $L = 1\,\text{m}$，两端铰支，受压力 $F = 12\,\text{kN}$ 作用。已知 $\sigma_s = 320\,\text{MPa}$，$E = 70\,\text{GPa}$，若规定许用稳定安全系数为 $n_{st} = 5$，试设计其直径 d。

解：（1）由材料性能确定 λ_s、λ_p。查表 10-1，有 $a = 372\,\text{MPa}$，$b = 2.14\,\text{MPa}$，$\lambda_p = 50$。

$$\lambda_s = \frac{a - \sigma_s}{b} = \frac{372 - 320}{2.14} = 24.299$$

（2）确定临界载荷。由稳定性条件，有

$$F_{cr} \geqslant F \cdot n_{st} = 12 \times 5 = 60 \text{（kN）}$$

（3）估计截面直径 d。按大柔度杆设计，由欧拉公式有

$$F_{cr} = \frac{\pi^2 EI}{(\mu l)^2} = \frac{\pi^2 \times 70 \times 10^3 \times (\pi d^4 / 64)}{(1 \times 1\,000)^2} = 60\,000 \text{（N）}$$

解得

$$d = 36.471 \text{ mm}$$

取 $d = 38 \text{ mm}$。

（4）计算杆的柔度，检验按欧拉公式设计的正确性。

$$\lambda = \frac{\mu l}{i} = \frac{1 \times 1\,000}{38 / 4} = 105.263 > \lambda_p = 50$$

可见，按欧拉公式设计是正确的。

10.6　提高压杆稳定性的措施

一、合理选用材料

对于大柔度压杆，其临界应力 σ_{cr} 与材料的弹性模量 E 成正比，所以选用 E 值大的材料可提高压杆的稳定性。但实际中，一般压杆均是由钢材制成的，弹性模量差别不大，故用高强度钢代替普通钢做成压杆对提高稳定性意义不大。而对于中、小柔度杆，由经验公式可知，其临界应力与材料强度有关，所以选用高强度钢将有利于压杆的稳定性。

二、减小压杆的柔度

1. 选择合理的截面形状，增大截面的惯性矩

在压杆横截面面积 A 一定时，应尽可能使材料远离截面形心，使其惯性矩 I 增大。这样可使其惯性半径 $i = \sqrt{\dfrac{I}{A}}$ 增大，则柔度值将减小。如用空心圆形、矩形截面代替实心截面等。

2. 减小压杆的长度

在条件许可的情况下，可通过增加中间约束等方法来减小压杆的计算长度，这样可使压杆的柔度值明显减小，以达到提高压杆稳定性的目的。

3. 改善压杆支承

杆端约束刚性越强，压杆的长度系数越小，则其临界应力越大。所以，通过增加杆端支承刚性，也可提高压杆的稳定性。

思 考 题

如图 10–8 所示矩形截面压杆，上端自由，下端固定。已知 $b = 2\,\mathrm{cm}$，$h = 4\,\mathrm{cm}$，$l = 1\,\mathrm{m}$，材料的弹性模量 $E = 200\,\mathrm{GPa}$，试计算压杆的临界载荷。

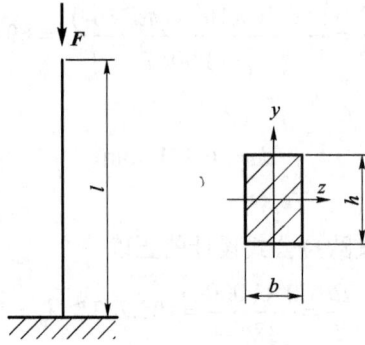

图 10–8　矩形截面压杆

项目 11　动载荷与交变应力

11.1　动载荷与动应力的概念

静载荷是指力由零开始缓慢增大到某一数值，以后就基本上保持不变的载荷。在这种情况下，可以认为构件中各质点的加速度都等于零或者小得可以忽略不计。但在工程实际中，还会遇到许多运动的构件，这些构件在外力作用下产生加速度。由于惯性力的作用，构件出现不可忽视的动力效应。这种因动力效应而引起的载荷称为动载荷，如轮船靠泊时的冲击力、起吊重物时的惯性力，如图 11-1 所示。构件由动载荷引起的应力和变形称为动应力和动变形。构件在动载荷作用下，同样有强度、刚度和稳定性的问题。构件内的应力随时间作交替变化，则称为交变应力，如图 11-2 所示。

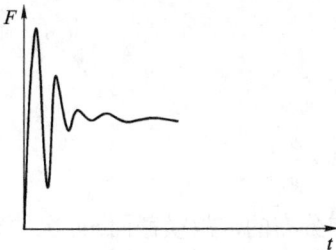

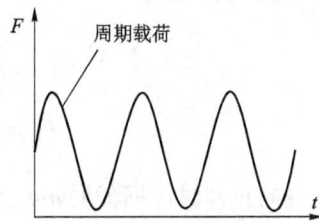

图 11-1　动载荷　　　　　　　图 11-2　交变应力

构件在交变应力作用下，即使是塑性很好的材料，最大应力远低于材料的极限应力，也会发生骤然断裂。因此，在交变应力作用下的构件还要作疲劳强度校核。

动载荷作用下构件的强度问题是比较复杂的，本项目只对下面两类问题作简单介绍：

（1）已知构件加速度时的动应力计算。

（2）冲击时的动应力计算。

试验表明，在静载荷下服从胡克定律的材料，只要动应力不超过比例极限，在动载荷下胡克定律仍然有效，且弹性模量也和静载荷下的数值相同。

11.2　构件作匀加速直线运动时的动应力计算和强度条件

构件作匀加速直线运动时，内部各质点具有相同的加速度。

动静法：应用达朗贝尔原理，加惯性力，把动载荷问题转化为静载荷问题。

起重机以匀加速度 a 提升一根杆件（见图 11-3（a）），求此杆件 mn 面上的动应力。

杆的长度为 l，横截面面积为 A，杆件每单位长度的自重，即集度为 q_j，加速度为 a。用距下端为 x 的横截面 mn 将杆分为两部分，并取下半部分为研究对象（见图 11-3（b））。上半部分在下半部分的截面上作用着轴力 $\boldsymbol{F}_N$。此外，下半部分还受到沿轴线均匀分布的自重 q_j

工程力学

的作用。

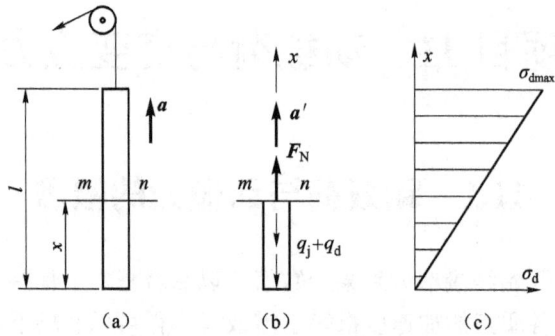

图 11-3 起重机匀加速提升重物

按照动静法，在它的每个质点上加上惯性力，这个惯性力也是沿轴线均匀分布的，其集度为 $q_d = \dfrac{q_j}{g}a$，方向与加速度 a 相反，即向下，如图 11-3（b）所示。于是，下半部分上的轴向力、重力和惯性力组成一共轴平衡力系。

由 $\sum X = 0$，得

$$F_N - (q_j + q_d)x = 0$$

$$F_N = (q_j + q_d)x = q_j x\left(1 + \frac{a}{g}\right)$$

由于在轴向拉伸时，横截面 mn 上的正应力是均匀分布的，故横截面 mn 上的动应力为

$$\sigma_d = \frac{F_N}{A} = \frac{q_j x}{A}\left(1 + \frac{a}{g}\right) \qquad ①$$

当 $a = 0$ 时，杆件在静载荷作用下，杆件上唯一的载荷是重力 $q_j x$，相应的静应力为

$$\sigma_j = \frac{q_j x}{A} \qquad ②$$

代入式①得

$$\sigma_d = \sigma_j\left(1 + \frac{a}{g}\right) \qquad ③$$

引入符号 $K_d = 1 + \dfrac{a}{g}$，则

$$\sigma_d = K_d \sigma_j \qquad (11-1)$$

式中，K_d 称为动载荷系数。该式表明，动应力等于相应的静应力乘以动载荷系数。

由式①可知，当 $x = 1$ 时，得最大动应力为

$$\sigma_{dmax} = \frac{q_j l}{A}\left(1 + \frac{a}{g}\right) = K_d \sigma_{jmax} \qquad ④$$

式中，σ_{jmax} 为最大静应力。强度条件为

$$\sigma_{dmax} = K_d\sigma_{jmax} \leqslant [\sigma] \qquad (11-2)$$

或

$$\sigma_{jmax} \leqslant \frac{[\sigma]}{K_d} \qquad (11-3)$$

[例 11-1] 如图 11-4 所示，梁由钢丝绳起吊匀加速上升，加速度为 a。已知梁的横截面面积为 A，抗弯截面系数为 W，材料的密度为 γ，求梁的最大动应力。

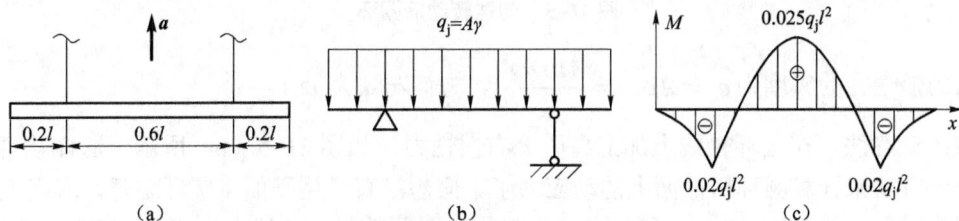

图 11-4　钢丝绳起吊梁

解：（1）梁的计算简图如图 11-4 所示，这是一个外伸梁。

（2）若梁静止或匀速上升，那么梁受到由自重引起的均布载荷的作用，其载荷集度为

$$q_j = A\gamma$$

最大静应力为

$$\sigma_j = \frac{M_j}{W} = \frac{0.025A\gamma l^2}{W}$$

（3）考虑梁匀加速运动，动载荷因数为

$$K_d = 1 + \frac{a}{g}$$

构件实际受到的最大应力为

$$\sigma_d = K_d\sigma_j = \left(1 + \frac{a}{g}\right)\frac{0.025A\gamma l^2}{W}$$

11.3　构件作匀速转动时的动应力计算和强度条件

构件作匀速转动时，内部各质点均具有向心加速度。

在机械工程中，除了作匀速直线运动的构件外，还有作旋转运动的构件。构件转动时，由于惯性力的影响，也会引起动应力。例如，机器中的飞轮，在运转过程中轮缘内就有很大的动应力。如果略去轮辐的影响，飞轮的轮缘就可简化为旋转的圆环来分析。设有圆环通过圆心且垂直于圆环平面的轴，以匀角速度 ω 旋转，如图 11-5（a）所示。

由于是匀速转动，环内各点的切向加速度 $a_\tau = 0$，而只有指向圆环中心的法向加速度 a_n。若圆环的平均直径 D 远大于其厚度 t，则可以近似地认为环内各点的法向加速度大小相等，且都等于 $\frac{D\omega^2}{2}$。设此圆环的横截面面积为 A，材料单位体积的质量为 ρ，于是沿圆环轴线均

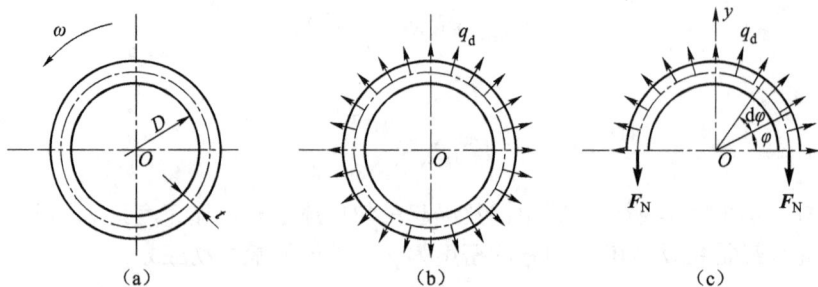

图 11-5　匀速转动的圆环

匀分布的惯性力的集度为 $q_d = A\rho a_n = \dfrac{A\rho D\omega^2}{2}$，方向与 a_n 相反。

按照动静法，在圆环轴线上加上离心分布惯性力，如图 11-5（b）所示，这样就可以用静力学的方法来计算圆环横截面上的动应力了。假想沿直径用平面将圆环切开，取出上半部分为研究对象，如图 11-5（c）所示。由于对称，两侧截面上的拉力应该大小相等，现用 F_N 表示。将此半个圆环分成无数多个微段，每个微段长度为 $\dfrac{D}{2}\mathrm{d}\varphi$，则每个微段上的惯性力为

$$\mathrm{d}Q = q_d \frac{D}{2}\mathrm{d}\varphi = \frac{A\rho D^2}{4}\omega^2 \mathrm{d}\varphi$$

它的方向是离心向外的。将上半个圆环所有分布惯性力向 y 轴上投影，并求其总和，得

$$Q_y = \int_0^\pi \mathrm{d}Q\sin\varphi = \int_0^\pi \frac{A\rho D^2}{4}\omega^2\sin\varphi\,\mathrm{d}\varphi = \frac{A\rho D^2}{2}\omega^2$$

由平衡方程 $\sum Y = 0$，得

$$-2F_N + Q_y = 0$$

$$F_N = \frac{Q_y}{2} = \frac{A\rho D^2}{4}\omega^2$$

由此求得圆环横截面上的动应力为

$$\sigma_d = \frac{F_N}{A} = \frac{\rho D^2}{4}\omega^2 = \rho v^2 \qquad (11-4)$$

式中，$v = \omega\dfrac{D}{2}$ 是圆环轴线上点的线速度。按以上方法求得的动应力应满足的强度条件是

$$\sigma_d = \rho v^2 \leqslant [\sigma] \qquad (11-5)$$

[例 11-2] 在 AB 轴的 B 端有一质量很大的飞轮，如图 11-6 所示。与飞轮相比，轴的质量可忽略不计，轴的另一端 A 装有制动离合器。飞轮的转速为 $n = 100\,\mathrm{r/min}$，转动惯量 $I_z = 0.5\,\mathrm{kN \cdot ms^2}$。轴的直径 $d = 100\,\mathrm{mm}$。制动时使轴在 10 s 内均匀减速至停止转动。求最大动应力。

解：飞轮与轴的转动角速度为

$$\omega_0 = \frac{n\pi}{30} = \frac{100\times\pi}{30} = \frac{10\pi}{3}\ (\mathrm{rad/s})$$

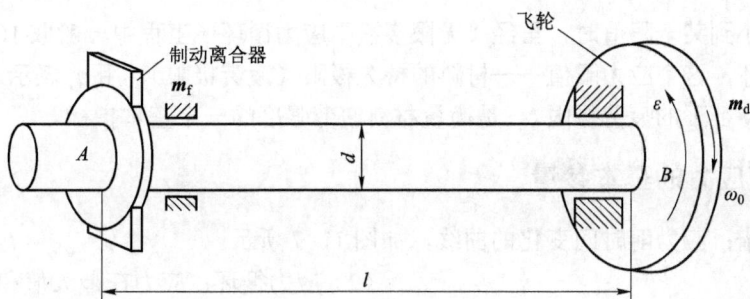

图 11–6　例 11–2 图

当飞轮与轴同时均匀减速时，其角加速度为

$$\varepsilon = \frac{\omega_1 - \omega_0}{t} = \frac{0 - \dfrac{10\pi}{3}}{10} = -\frac{\pi}{3} \text{（rad / s）}$$

负号表示 ε 和 ω_0 的方向相反，如图 11–6 所示。按动静法，在飞轮上加上方向与 ε 相反的惯性力偶 m_d，且

$$m_d = -I_z \varepsilon = -0.5 \times \left(-\frac{\pi}{3}\right) = \frac{\pi}{6} \text{（kN·m）}$$

设作用在轴上的摩擦力矩为 m_f，由平衡方程 $\sum m_x = 0$，求出

$$m_f = m_d = \frac{\pi}{6} \text{ kN·m}$$

AB 轴由于摩擦力矩和惯性力矩引起的扭转变形，横截面上的扭矩为

$$T = m_d = \frac{\pi}{6} \text{ kN·m}$$

故横截面上的最大扭转切应力为

$$\tau_{max} = \frac{T}{W} = \frac{\dfrac{\pi}{6} \times 10^3}{\dfrac{\pi}{16} \times (100 \times 10^{-3})^3} = 2.667 \text{（MPa）}$$

11.4　交变应力和疲劳破坏

一、疲劳破坏机理

交变应力：随时间作交替变化的应力。

疲劳破坏：金属材料若长期处于交变应力下，在最大工作应力远低于材料的屈服强度，且不产生明显塑性变形情况下，发生的骤然断裂。

破坏机理：实际上是构件在交变应力下，经历疲劳裂纹源的形成、疲劳裂纹的扩展以及最后的脆断三个过程。

疲劳寿命：发生疲劳破坏时的循环次数 N。

当 σ_{max} 减小到某一限值时，虽经"无限多次"应力循环（工程中一般取 10^7 次），材料仍不发生疲劳破坏，这个应力限值——材料的持久极限（疲劳极限），用 σ_r 表示。

对称循环特征下的疲劳极限 σ_{-1} 是衡量材料疲劳强度的一个基本指标。

二、交变应力的基本参量

（1）应力谱：应力随时间变化的曲线，如图 11-7 所示。

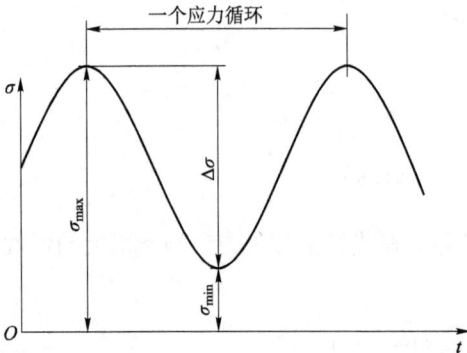

图 11-7　应力谱曲线

（2）应力循环：应力在最大值和最小值之间作周期性变化，应力每重复变化一次，称为一个应力循环。

（3）循环特征（或叫应力比）：应力循环中最小应力与最大应力的比值，即

$$r = \frac{\sigma_{min}}{\sigma_{max}}$$

（4）应力幅：应力变化的幅度，即

$$\Delta\sigma = \sigma_{max}(\tau_{max}) - \sigma_{min}(\tau_{min})$$

（5）对称循环交变应力：当 $\sigma_{max} = -\sigma_{min}$ 时，r 即 -1。

（6）非对称循环交变应力：当 $r \neq -1$ 时。

（7）脉冲循环交变应力：当 $r = 0$ 时，即 $\sigma_{min} = 0$。

（8）同号（异号）应力循环：当 $r \neq 0$ 时。

（9）疲劳寿命：疲劳破坏时，所经历的应力循环次数。

对称循环、静应力和脉冲循环的应力谱曲线如图 11-8 所示。

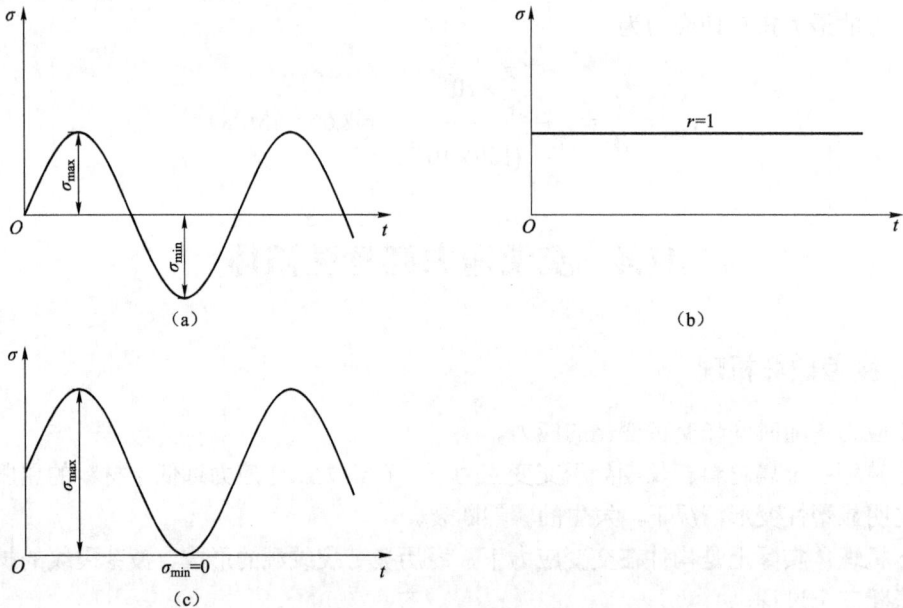

图 11-8　对称循环、静应力和脉冲循环的应力谱曲线

（a）对称 $r = 1$；（b）静载 $\Delta\sigma = 1$；（c）脉冲循环 $\Delta\sigma = \sigma_{max}$

三、钢结构构件及其连接的疲劳计算

（1）疲劳强度理论条件：$\sigma_{max} \leqslant [\sigma_{-1}]$。

（2）方法：按许用应力幅法建立疲劳强度条件。

长幅疲劳破坏问题（应力循环中$\Delta\sigma$不变的疲劳）许用应力幅：

$$[\Delta\sigma] = \left(\frac{C}{N}\right)^{\frac{1}{\beta}}$$

式中，N 为交变应力循环次数；C 和 β 为参数，可查表，C 是与构件和连接的种类及其受力情况有关的系数。

长幅疲劳强度条件为

$$\Delta\sigma \leqslant [\Delta\sigma]$$

焊接部位强度条件为

$$\Delta\sigma = \sigma_{max} - \sigma_{min}$$

非焊接部位强度条件为

$$\Delta\sigma = \sigma_{max} - 0.7\sigma_{min}$$

验算的条件：

（1）应力变化的循环次数 $N \geqslant 10^{-5}$。

（2）应力循环中出现拉应力的部位。

思 考 题

图 11-9（a）所示结构中，钢制 AB 轴的中点处固结一与之垂直的均质杆 CD，两者的直径均为 d。长度 $AC=CB=CD=l$。轴 AB 以等角速度 ω 绕自身轴旋转。已知 $l=0.6$ m，$d=80$ mm，$\omega=40$ rad/s，材料密度 $\rho=7.95\times10^3$ kg/m^3，许用应力 $[\sigma]=70$ MPa。试校核轴 AB 和杆 CD 的强度是否安全。

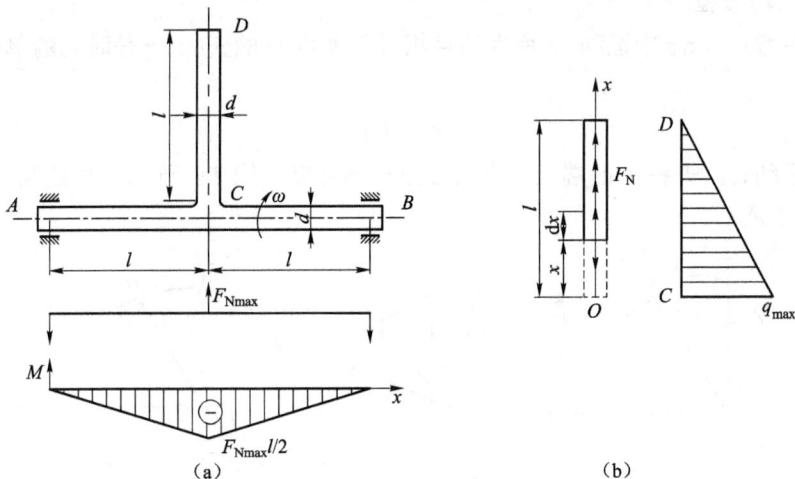

图 11-9 轴的强度校核

项目 12　运动学基础

在静力学中，我们研究了物体在力系作用下的平衡条件。如果作用在物体上的力系不平衡，物体的运动状态将发生变化。研究物体运动状态变化的规律以及引起运动状态改变的原因属于运动学和动力学的研究范畴。

运动学是从几何方面来研究物体的运动，即研究物体运动的几何性质，而不涉及改变运动的原因。几何性质包括轨迹、运动方程、速度和加速度。

运动学中用到的几个基本概念：

（1）参考体：物体的运动是绝对的，但对某一物体的运动描述是相对的。任何一个物体在空间的位置和运动情况必须选取另一个物体作为参考才能确定，这个参考的物体称为参考体。与参考体固连的坐标系称为参考系。在运动学中，固连于地球上的参考系，通常称为静参考系。

（2）瞬时：指物体在运动过程中某一时刻，它对应于物体运动的瞬时状态。

（3）时间间隔：指两个瞬时相隔的时间，它表示某事件所经过的一段时间历程。

（4）质点：只具有质量而无大小的几何点。

研究物体的运动时，如果物体的大小和形状对所研究的问题并不是主要因素，就可以把物体抽象化为一个质点。在运动学中不涉及质量，常简称为点或动点。

12.1　点　的　运　动

一、矢量法

1. 点的运动方程

动点在参考系 $Oxyz$ 中运动，r 称为动点相对于原点 O 的矢径。r 是时间的单值连续函数，可表示为

$$r = r(t)$$

当动点运动时，矢径 r 的端点在空间画出一条连续曲线 L，称为矢端曲线，即动点的轨迹，如图 12-1 所示。

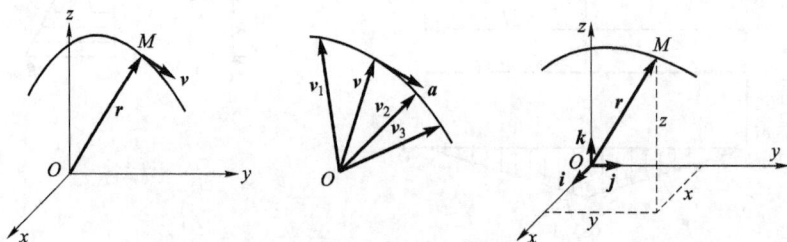

图 12-1　点的运动

2. 点的速度和加速度

速度：描述动点运动快慢和方向的物理量，等于矢径对时间的一阶导数。

$$v = \frac{\mathrm{d}r}{\mathrm{d}t} = \dot{r}$$

速度是矢量，它的模等于 $\left|\dfrac{\mathrm{d}r}{\mathrm{d}t}\right|$，方向沿矢端曲线的切线，并指向运动的前进方向。

加速度：描述点的速度大小和方向变化的物理量。它等于动点的速度矢量对时间的一阶导数，或等于动点的矢径对时间的二阶导数，即

$$a = \frac{\mathrm{d}v}{\mathrm{d}t} = \frac{\mathrm{d}^2 r}{\mathrm{d}t^2} = \ddot{r}$$

加速度也是矢量，其模等于 $\left|\dfrac{\mathrm{d}v}{\mathrm{d}t}\right|$，方向沿速度始端曲线的切线。所谓速度矢端曲线，是指从任选的一点出发，画出动点在不同瞬时的速度矢，连接这些速度矢端的连续曲线。

二、直角坐标法

1. 点的运动方程

$$x = x(t),\ y = y(t),\ z = z(t)$$

因动点的轨迹与时间无关，故可将上面三个方程中的时间 t 消去，求得动点的轨迹方程。

2. 点的速度和加速度在固定直角坐标轴上的投影

因为

$$v = v_x i + v_y j + v_z k$$

又因为

$$r = xi + yj + zk$$

所以

$$v_x = \frac{\mathrm{d}x}{\mathrm{d}t},\ v_y = \frac{\mathrm{d}y}{\mathrm{d}t},\ v_z = \frac{\mathrm{d}z}{\mathrm{d}t}$$

速度在固定直角坐标轴上的投影等于对应坐标对时间的一阶导数。

速度的大小和方向余弦分别为

$$\left. \begin{aligned} v &= \sqrt{\dot{x}^2 + \dot{y}^2 + \dot{z}^2} \\ \cos(v, i) &= \dot{x}/v,\ \cos(v, j) = \dot{y}/v,\ \cos(v, k) = \dot{z}/v \end{aligned} \right\}$$

同样可得

$$\left. \begin{aligned} a_x &= \frac{\mathrm{d}v_x}{\mathrm{d}t} = \frac{\mathrm{d}^2 x}{\mathrm{d}t^2} \\ a_y &= \frac{\mathrm{d}v_y}{\mathrm{d}t} = \frac{\mathrm{d}^2 y}{\mathrm{d}t^2} \\ a_z &= \frac{\mathrm{d}v_z}{\mathrm{d}t} = \frac{\mathrm{d}^2 z}{\mathrm{d}t^2} \end{aligned} \right\}$$

加速度在固定坐标轴上的投影等于速度在对应坐标轴上的投影对时间的一阶导数，或等于对应坐标对时间的二阶导数。

加速度的大小和方向余弦分别为

$$a = \sqrt{\ddot{x}^2 + \ddot{y}^2 + \ddot{z}^2}$$
$$\cos(\boldsymbol{a,i}) = \ddot{x}/a, \cos(\boldsymbol{a,j}) = \ddot{y}/a, \cos(\boldsymbol{a,k}) = \ddot{z}/a$$

[**例 12–1**] 如图 12–2 所示，曲柄 OA 长为 r，在平面内绕 O 轴转动。杆 AB 穿过套筒 C 与曲柄 A 点铰接。设 $\varphi = 2\omega t$（ω 为常数），$OC = r$，$AB = 2r$，试求 AB 杆端点 B 的运动方程、速度和加速度。

解： 选取固定直角坐标系 Oxy，则 B 点的直角坐标可写为

$$x = OA \cdot \cos\varphi + AB \cdot \cos\alpha = r\cos\varphi + 2r\sin\frac{\varphi}{2}$$

$$y = -(AB \cdot \sin\alpha - OA \cdot \sin\varphi) = r\sin\varphi - 2r\cos\frac{\varphi}{2}$$

得
$$\begin{cases} x = r\cos 2\omega t + 2r\sin\omega t \\ y = r\sin 2\omega t - 2r\cos\omega t \end{cases}$$

$$\begin{cases} v_x = -2r\omega\sin 2\omega t + 2r\omega\cos\omega t \\ v_y = 2r\omega\cos 2\omega t + 2r\omega\sin\omega t \end{cases}$$

所以
$$v = \sqrt{v_x^2 + v_y^2} = 2r\omega\sqrt{2(1-\sin\omega t)}$$

$$\begin{cases} a_x = -4r\omega^2\cos 2\omega t - 2r\omega^2\sin\omega t \\ a_y = -4r\omega^2\sin 2\omega t + 2r\omega^2\cos\omega t \end{cases}$$

所以
$$a = 2r\omega^2\sqrt{5-4\sin\omega t}$$

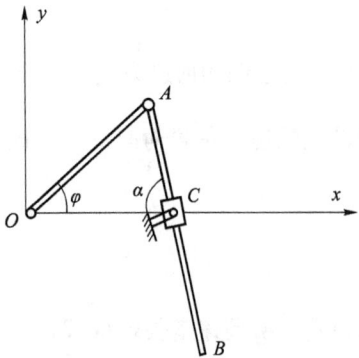

图 12–2　例 12–1 图

三、自然坐标法（弧坐标法）

以点的轨迹作为一条曲线形式的坐标轴来确定动点的位置的方法叫自然坐标法。前提是动点的运动轨迹已知。

1. 点的运动方程

如图 12–3 所示，设动点 M 沿某一已知轨迹 AB 运动。在轨迹上任选一点 O 为原点，并沿轨迹规定正负方向。由原点 O 沿轨迹到动点 M 的弧长冠以适当的正负号，即 $s = \pm\overset{\frown}{OM}$，称为点的弧坐标。当动点 M 沿轨迹运动时，弧坐标 s 是时间的单值连续函数，即

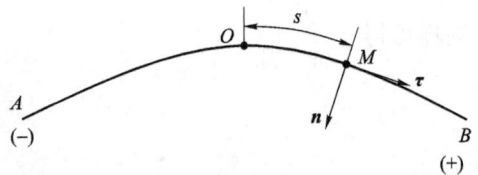

图 12–3　弧坐标

$$s = s(t) \text{——点的弧坐标形式的运动方程}$$

2. 空间曲线的曲率、密切面和自然轴系

曲率：如图 12–4 所示，设曲线 C 是光滑的，曲线 C 上从点 M 到点 M' 的弧为 Δs，切线的转角为 $\Delta\alpha$。曲线在 M 点处的曲率为

$$K = \lim_{\Delta s \to 0}\frac{\Delta\alpha}{\Delta s} = \frac{\mathrm{d}\alpha}{\mathrm{d}s}$$

曲率 K 的倒数 $1/K=\rho$ 具有长度的单位，称为曲线 M 点处的曲率半径，即 $\rho=\dfrac{\mathrm{d}s}{\mathrm{d}\alpha}$。

密切面如图 12-5 所示。

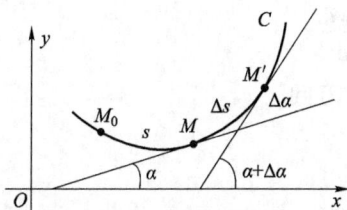

图 12-4　曲率的求法

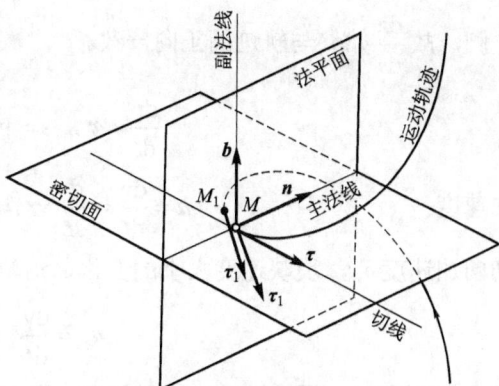

图 12-5　密切面

自然轴系：以 M 点为原点，以其切线、主法线、副法线为坐标轴所建立的正交坐标系。

$$\boldsymbol{b}=\boldsymbol{\tau}\times\boldsymbol{n}$$

如图 12-6 所示，当动点 M 沿曲线运动时，自然轴系随点运动，$\boldsymbol{\tau}$、$\boldsymbol{n}$ 和 $\boldsymbol{b}$ 大小都不变，但方向会不断变化。

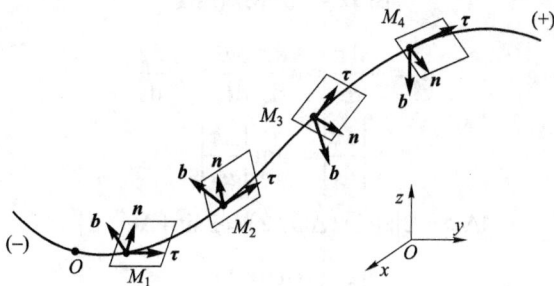

图 12-6　自然轴系

3. 点的速度和加速度在自然坐标轴上的投影

点的速度如图 12-7 所示。

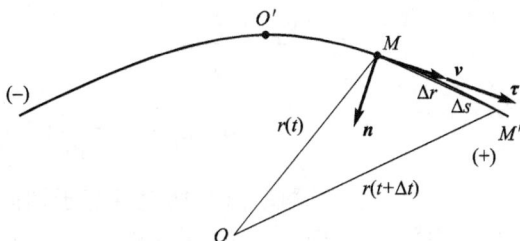

图 12-7　点的速度

速度：
$$\boldsymbol{v}=\frac{\mathrm{d}\boldsymbol{r}}{\mathrm{d}t}=\frac{\mathrm{d}\boldsymbol{r}}{\mathrm{d}s}\cdot\frac{\mathrm{d}s}{\mathrm{d}t}=\dot{s}\frac{\mathrm{d}\boldsymbol{r}}{\mathrm{d}s}$$

$\dfrac{\mathrm{d}r}{\mathrm{d}s}$ 的大小：
$$\left|\dfrac{\mathrm{d}r}{\mathrm{d}s}\right|=\lim_{\Delta s\to0}\left|\dfrac{\Delta r}{\Delta s}\right|=1$$

方向：沿 Δr 在 $\Delta s\to0$ 时的极限方向，即曲线 M 点处的切线方向，且 Δs 和 Δr 总在 M 点的同一侧，故 $\dfrac{\mathrm{d}r}{\mathrm{d}s}$ 始终与轨迹的正向一致。

$$\dfrac{\mathrm{d}r}{\mathrm{d}t}=\boldsymbol{\tau}, \quad \dot s=v, \quad v=v\boldsymbol{\tau}$$

加速度：
$$\boldsymbol{a}=\dfrac{\mathrm{d}v}{\mathrm{d}t}=\dfrac{\mathrm{d}}{\mathrm{d}t}(v\boldsymbol{\tau})=\dfrac{\mathrm{d}v}{\mathrm{d}t}\boldsymbol{\tau}+v\dfrac{\mathrm{d}\boldsymbol{\tau}}{\mathrm{d}t}$$

切向加速度 $\boldsymbol{a}_\tau$，反映速度大小的变化，沿轨迹的切线方向。

$$\boldsymbol{a}_\tau=\dfrac{\mathrm{d}v}{\mathrm{d}t}\boldsymbol{\tau}=\ddot s\boldsymbol{\tau}$$

法向加速度 $\boldsymbol{a}_n$，反映速度方向的变化，如图 12-8 所示。

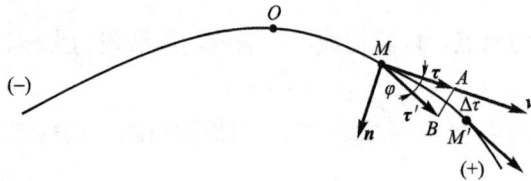

图 12-8 法向加速度

$$\boldsymbol{a}_n=v\dfrac{\mathrm{d}\boldsymbol{\tau}}{\mathrm{d}t}=v\dfrac{\mathrm{d}\boldsymbol{\tau}}{\mathrm{d}s}\dfrac{\mathrm{d}s}{\mathrm{d}t}=v^2\dfrac{\mathrm{d}\boldsymbol{\tau}}{\mathrm{d}s}$$

$\dfrac{\mathrm{d}\boldsymbol{\tau}}{\mathrm{d}s}$ 的大小：
$$\left|\dfrac{\mathrm{d}\boldsymbol{\tau}}{\mathrm{d}s}\right|=\lim_{\Delta s\to0}\left|\dfrac{\Delta\boldsymbol{\tau}}{\Delta s}\right|$$

$$|\Delta\boldsymbol{\tau}|=2|\boldsymbol{\tau}|\sin(\Delta\varphi/2)=2\sin(\Delta\varphi/2)$$

$$\left|\dfrac{\mathrm{d}\boldsymbol{\tau}}{\mathrm{d}s}\right|=\lim_{\Delta s\to0}\left|\dfrac{2\sin\dfrac{\Delta\varphi}{2}}{\Delta s}\right|=\lim_{\Delta s\to0}\left|\dfrac{\Delta\varphi}{\Delta s}\right|=\dfrac{1}{\rho}$$

方向：沿主法线，指向曲率中心。

$$\boldsymbol{a}_n=\dfrac{v^2}{\rho}\boldsymbol{n}=\dfrac{\dot s^2}{\rho}\boldsymbol{n}$$

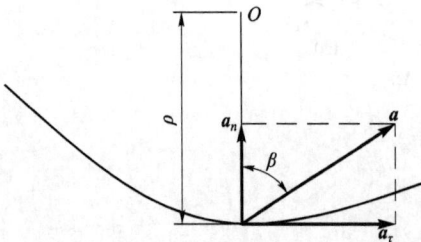

图 12-9 点的全加速度的大小和方向

$$\boldsymbol{a}=\boldsymbol{a}_\tau+\boldsymbol{a}_n=\dfrac{\mathrm{d}v}{\mathrm{d}t}\boldsymbol{\tau}+\dfrac{v^2}{\rho}\boldsymbol{n}=\ddot s\boldsymbol{\tau}+\dfrac{\dot s^2}{\rho}\boldsymbol{n}$$

即动点的加速度等于切向加速度和法向加速度的矢量和。加速度 $\boldsymbol{a}$ 必在密切面内，其在副法线上的投影恒为零，如图 12-9 所示。

若已知动点的切向加速度和法向加速度，则加速度的大小和方向为

$$a = \sqrt{a_\tau^2 + a_n^2} = \sqrt{\left(\frac{\mathrm{d}v}{\mathrm{d}t}\right)^2 + \left(\frac{v^2}{\rho}\right)^2}$$

$$\tan\beta = \frac{|a_\tau|}{a_n}$$

式中，β 为加速度 a 与主法线 n 的夹角。

[例 12-2] 如图 12-10 所示，已知 R，$\varphi = \omega t$（ω 为常数）。求：

（1）小环 M 的运动方程、速度和加速度。

（2）小环 M 相对于 AB 杆的速度和加速度。

解：（1）建立图示弧坐标。

运动方程：$\qquad s = R(2\varphi) = 2R\omega t$

速度：$\qquad v = \frac{\mathrm{d}s}{\mathrm{d}t} = 2R\omega$

加速度：$\qquad \begin{cases} a_\tau = \dfrac{\mathrm{d}v}{\mathrm{d}t} = 0 \\ a_n = \dfrac{v^2}{R} = 4R\omega^2 \end{cases}$

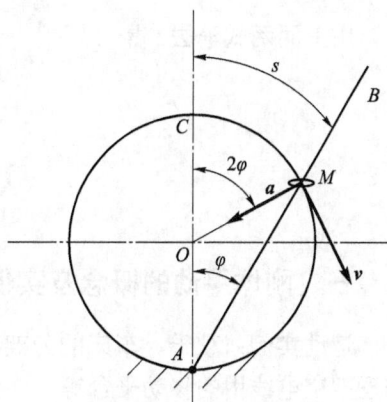

图 12-10　例 12-2 图

（2）建立图示直角坐标系。

运动方程：$\qquad x_M' = 2R\cos\varphi = 2R\cos\omega t$

速度：$\qquad v_M' = \frac{\mathrm{d}x_M'}{\mathrm{d}t} = -2R\omega\sin\omega t$

加速度：$\qquad a_M' = \frac{\mathrm{d}v_M'}{\mathrm{d}t} = -2R\omega^2\cos\omega t$

四、点运动的几种特殊情况

1. 匀速直线运动

最简单的一种运动形式，当点匀速直线运动时，由于 v 为常量，$\rho \to \infty$，故 $a_\tau = 0$，$a_n = 0$。全加速度 $a = 0$。

2. 匀速曲线运动

当点作匀速曲线运动时，由于 v 为常量，故 $a_\tau = 0$，$a_n \neq 0$。全加速度 $a = a_n$。

3. 匀变速直线运动

当点作匀变速直线运动时，a_τ 为常量，a_n 为 0。若已知运动的初始条件，即当 $t = 0$ 时，$v = v_0$，$s = s_0$。由 $\mathrm{d}v = a\mathrm{d}t$，$\mathrm{d}s = v\mathrm{d}t$，两边同时积分可得其速度与运动方程为

$$v = v_0 + at$$

$$s = s_0 + v_0 t + \frac{1}{2}at^2$$

由上面两式消去 t 得

$$v^2 - v_0^2 = 2a(s - s_0)$$

4. 匀变速曲线运动

当点作匀变速曲线运动时，a_τ 为常量，$a_n = \dfrac{v^2}{\rho}$。若已知运动的初始条件，即当 $t = 0$ 时，$v = v_0$，$s = s_0$。由 $\mathrm{d}v = a\mathrm{d}t$，$\mathrm{d}s = v\mathrm{d}t$，两边同时积分可得其速度与运动方程为

$$v = v_0 + a_\tau t$$

$$s = s_0 + v_0 t + \frac{1}{2} a_\tau t^2$$

由上面两式消去 t 得

$$v^2 - v_0^2 = 2a_\tau (s - s_0)$$

12.2 刚体的平动

一、刚体平动的概念及实例

运动实例：秋千、车床的刀架、沿直线轨道行驶的列车车厢、蒸汽机车头轮上的连杆、修理架空电线用的移动平台等。

特点：在运动时，刚体上任一直线始终与原来位置保持平行。刚体的这种运动称为刚体的平行移动（简称平动）。刚体平动时，刚体上的点可以作直线运动，也可以作曲线运动。

二、平动刚体上各点的运动规律

如图 12–11 所示，设刚体上的任意两点，在瞬时 t 位于 A、B，在瞬时 t_1 位于 A_1、B_1，在瞬时 t_2、t_3、t_4 位于 A_2、B_2，A_3、B_3 和 A_4、B_4。根据刚体的定义和平动的定义得

$$AB \mathbin{/\mkern-5mu/} A_1 B_1 \mathbin{/\mkern-5mu/} A_2 B_2 \mathbin{/\mkern-5mu/} A_3 B_3 \mathbin{/\mkern-5mu/} A_4 B_4$$

所以，$AA_1 = BB_1$，$A_1 A_2 = B_1 B_2$，$A_2 A_3 = B_2 B_3$，$A_3 A_4 = B_3 B_4$。

即折线 $AA_1 A_2 A_3 A_4$ 和折线 $BB_1 B_2 B_3 B_4$ 相同。在时间间隔趋近于零的极限情况下，折线 $AA_1 A_2 A_3 A_4$ 和折线 $BB_1 B_2 B_3 B_4$ 成为光滑曲线，且形状完全相同，也就是点的轨迹相同。

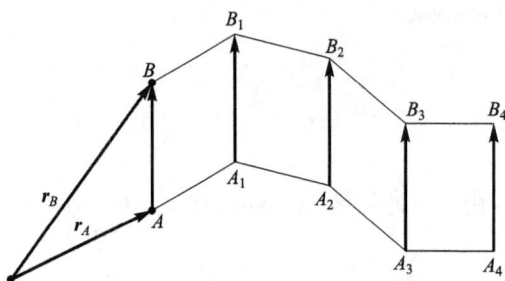

图 12–11 平动刚体上各点的运动

$$\boldsymbol{r}_B = \boldsymbol{r}_A + \overrightarrow{AB} \qquad (\overrightarrow{AB} \text{ 为常矢量})$$

由点的速度定义可知

$$v_A = \lim_{\Delta t \to 0} \frac{\overrightarrow{AA_1}}{\Delta t}, v_B = \lim_{\Delta t \to 0} \frac{\overrightarrow{BB_1}}{\Delta t}$$

因为

$$\overrightarrow{AA_1} = \overrightarrow{BB_1}$$

所以

$$\boldsymbol{v}_A = \boldsymbol{v}_B$$

同理

$$\boldsymbol{a}_A = \boldsymbol{a}_B$$

结论:

① 刚体平动时,其上各点的轨迹完全相同。

② 刚体平动时,每一瞬时各点的速度相同,加速度也相同。

③ 刚体的平动可归纳为点的运动来研究。

[例 12–3] 如图 12–12 所示,荡木用两条等长的钢索平行吊起,钢索长为 l,当荡木摆动时,钢索的摆动规律为 $\varphi = \varphi_0 \sin\left(\dfrac{\pi}{4}t\right)$,试求荡木中点 M 的速度和加速度。

解: 荡木作平动,其上各点的速度和加速度完全相同。

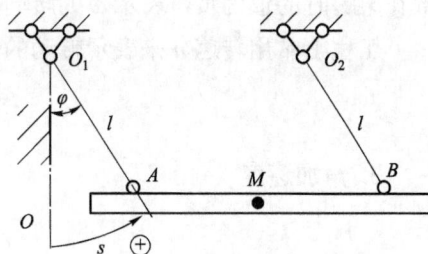

图 12–12　荡木

$$v_M = v_A, \quad a_M = a_A$$

$$s = \varphi_0 l \sin\left(\frac{\pi}{4}t\right)$$

$$v = \frac{\mathrm{d}s}{\mathrm{d}t} = \frac{\pi}{4} l \varphi_0 \cos\left(\frac{\pi}{4}t\right)$$

$$a_\tau = \frac{\mathrm{d}v}{\mathrm{d}t} = -\frac{\pi^2}{16} l \varphi_0 \sin\left(\frac{\pi}{4}t\right)$$

$$a_n = \frac{v^2}{l} = \frac{\pi^2}{16} l^2 \varphi_0^2 \cos^2\left(\frac{\pi}{4}t\right)$$

12.3　刚体的定轴转动

一、定义

运动实例:门、窗、电动机的转子、钟表指针、直升机旋翼等。

特点:当刚体运动时,刚体内有一条直线始终固定不动,而这条直线以外的各点则绕此直线作圆周运动。刚体的这种运动叫作定轴转动,简称转动。

二、转动刚体的运动规律

1. 转动方程

$$\varphi = \varphi(t)$$

单位:弧度(rad)。

物理意义:表示刚体的位置随时间的变化规律。转角 φ 是代数量,规定:从转轴 z 的正端向负端看,逆时针转动为正,顺时针转动为负,如图 12–13 所示。

2. 角速度

$$\omega = \frac{\mathrm{d}\varphi}{\mathrm{d}t} = \varphi'(t)$$

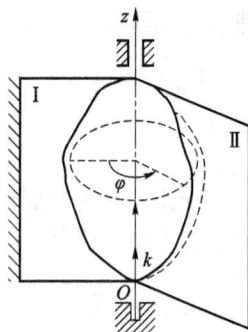

图 12–13　刚体的定轴转动

单位：弧度/秒（rad/s）。

物理意义：反映刚体转动的快慢程度，是代数量。其正负号决定了刚体转动的方向。如果导数在某瞬时的值为正，表示 ω 的转向与转角 φ 正向一致，是逆时针转动；反之，如果导数在某瞬时的值为负，表示 ω 的转向与转角 φ 负向一致，是顺时针转动。

工程上常用转速 n 来表示转动的快慢。转速 n 与角速度 ω 的换算关系为

$$\omega = \frac{2\pi}{60} \cdot n = \frac{\pi n}{30}$$

3. 角加速度

$$\varepsilon = \frac{\mathrm{d}\omega}{\mathrm{d}t} = \frac{\mathrm{d}^2\varphi}{\mathrm{d}t^2} = \varphi''(t)$$

单位：弧度/秒^2（rad/s^2）。

物理意义：反映刚体角速度变化快慢，是代数量。当 ε 与 ω 同号时，刚体作加速转动；当 ε 与 ω 异号时，刚体作减速转动。

4. 两种特殊情况

（1）匀速转动。

ω 为常量，$\varphi = \varphi_0 + \omega t, \varepsilon = 0$。

（2）匀变速转动。

ε 为常量，$\omega = \omega_0 + \varepsilon t$，$\varphi = \varphi_0 + \omega_0 t + \frac{1}{2}\varepsilon t^2$。

[**例 12-4**] 已知转轴的转动方程为 $\varphi = 2t^2$（φ 的单位为 rad，t 的单位为 s），求：当 $t = 2$ s 时，转轴的角速度和角加速度。

解：因为

$$\varphi = 2t^2, \omega = \frac{\mathrm{d}\varphi}{\mathrm{d}t} = 4t, \varepsilon = \frac{\mathrm{d}^2 j}{\mathrm{d}t^2} = 4$$

所以

$$t = 2 \text{ s}, \omega = 8 \text{ rad/s}, \varepsilon = 4 \text{ rad}/\text{s}^2$$

12.4　定轴转动刚体上点的速度和加速度

一、速度

分析运动：刚体定轴转动时，刚体上所有各点都将在垂直于转轴的平面内作圆周运动，圆心在轴线 O 上，半径 R 等于点到转轴的距离，又叫转动半径，如图 12-14 所示。

因为

$$s = M_O M = R\varphi$$

所以

$$v = \frac{\mathrm{d}s}{\mathrm{d}t} = \frac{\mathrm{d}}{\mathrm{d}t}(R\varphi) = R \cdot \frac{\mathrm{d}\varphi}{\mathrm{d}t} = R \cdot \omega$$

结论：在每一瞬时，刚体内任意点的速度等于该点转动半径与刚体角加速度的乘积，方向垂直于转动半径，指向与 ω 转向一致。

二、加速度

同一瞬时转动半径上各点的加速度分布规律如图 12-15 所示。

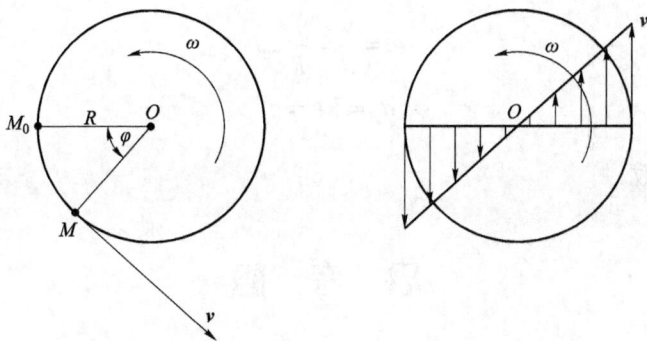

图 12–14　定轴转动刚体上点的速度及其分布规律

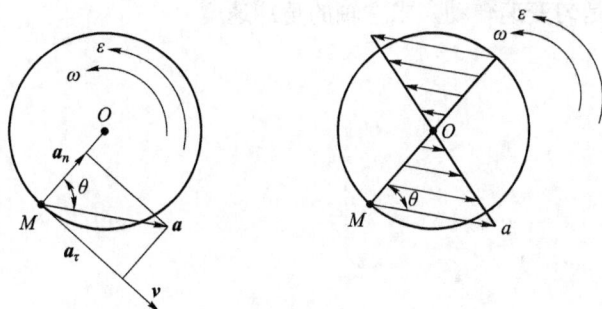

图 12–15　同一瞬时转动半径上各点的加速度分布规律

$$a = \frac{\mathrm{d}\boldsymbol{v}}{\mathrm{d}t} = \boldsymbol{a}_\tau + \boldsymbol{a}_n$$

$\boldsymbol{a}_\tau$：大小为 $a_\tau = \dfrac{\mathrm{d}v}{\mathrm{d}t} = r \cdot \dfrac{\mathrm{d}\omega}{\mathrm{d}t} = r \cdot \varepsilon$；方向为垂直于转动半径，指向与 ε 的转向一致。

$\boldsymbol{a}_n$：大小为 $a_n = \dfrac{v^2}{r} = \omega^2 r$，方向为沿半径指向圆心。

$\boldsymbol{a}$：大小为 $a = \sqrt{a_\tau^2 + a_n^2} = r\sqrt{\varepsilon^2 + \omega^4}$；方向为 $\alpha = \arctan \dfrac{|a_\tau|}{a_n} = \arctan \dfrac{|\varepsilon|}{\omega^2}$，$\alpha$ 为加速度与转动半径所夹的锐角。

结论 1：在每一瞬时，转动刚体内所有各点的切向加速度、法向加速度以及全加速度与各点的转动半径成正比。

结论 2：在每一瞬时，转动刚体内所有各点的全加速度与转动半径的夹角都相同，即 α 与转动半径的大小无关。

[例 12–5] 矿井提升机的罐笼按匀变速直线运动的规律上升，$y = a_0 t^2 / 2$，其中 a_0 是常数，求卷筒的角速度和角加速度。

解：（1）分析运动：罐笼平动，卷筒定轴转动。

（2）求罐笼的速度及加速度。

$$v = \frac{\mathrm{d}y}{\mathrm{d}t} = a_0 t, \quad a = \frac{\mathrm{d}v}{\mathrm{d}t} = a_0$$

这也是卷筒边缘上任一点 M 的速度和加速度。

$$\omega = \frac{v}{R} = \frac{1}{R}a_0 t$$

切向加速度 $\qquad a_\tau = R\varepsilon = a_0$

式中，$\varepsilon = \dfrac{a_0}{R}$ 为常数。

思 考 题

车细螺纹时，如果车床主轴的转速 $n_0 = 300$ r/min，要求主轴在两转后立即停车，以便很快反转。设停车过程是匀变速转动，求主轴的角加速度。

项目 13　点的合成运动和刚体的平面运动

13.1　合成运动的概念

一、合成运动实例

前面我们研究点和刚体的运动，都是以地面为参考体的，然而在实际问题中，还常常要在相对于地面运动的参考系上观测和研究物体的运动。在这两个坐标系中所观察到的研究对象的运动是不同的但又有关联。例如，无风时，站在地上的人看到雨点是铅垂下落的，但坐在行驶的车辆上的人看到的雨点却是向后倾斜下落的。产生这种差异，是由于观察者所在的坐标系不一样。但两者得到的结论都是正确的，都反映了雨点的运动这一客观存在。合成运动实例如图 13-1 所示。

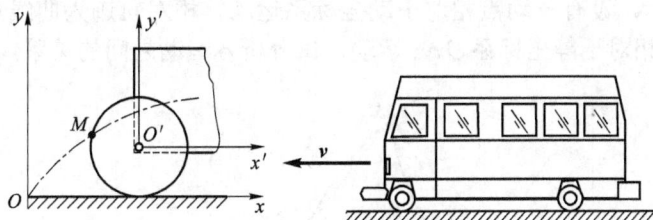

图 13-1　合成运动实例

二、合成运动的概念

一般将研究的点称为动点；将固连于地球表面的参考系称为静参考系，并用 $Oxyz$ 表示；把相对于地球运动的参考系（如固连在行驶车辆上的参考系）称为动参考系，并以 $O'x'y'z'$ 表示。

两个坐标系：

① 定坐标系（定系）：建立在地面上的坐标系。

② 动坐标系（动系）：建立在运动物体上的坐标系。

三种运动：

① 绝对运动：动点相对于定系的运动。

② 相对运动：动点相对于动系的运动。

③ 牵连运动：动系相对于定系的运动。

以上概念可简单地总结为"一点、二系、三运动"。

绝对运动和相对运动都是点的运动，可以是直线运动或曲线运动。而牵连运动是一个坐标系相对于另一个坐标系的运动，为刚体的运动，可能是平动、转动或更复杂的运动。

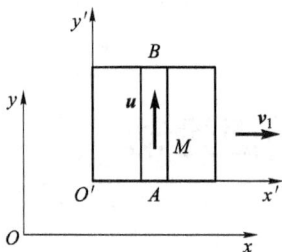

图 13-2　合成运动实例

[例 13-1] 如图 13-2 所示，以速度 v_1 向东行驶的车厢内，地板上有一南北向的槽 AB，一小球 M 沿槽以不变的速度 u 向北运动，而站在地面的人看到小球往东偏北方向运动，速度 $v = \sqrt{(u^2 + v_1^2)}$。

Oxy：静坐标系，与物体固结。

$O'x'y'$：动坐标系，与运动车厢固结。

这里，车厢相对地面的运动为牵连运动（牵连速度，牵连加速度）；小球 M 相对车厢的运动是相对运动（相对速度，相对加速度）；小球相对地面的运动为绝对运动（绝对速度，绝对加速度）。

13.2　速度合成定理

一、点的速度合成定理

牵连点：某瞬时动系上与动点相重合的那一点称为动点的牵连点。某瞬时牵连点的速度和加速度定义为动点在该瞬时的牵连速度和牵连加速度。

用 v 代表绝对速度；用 v_r 代表相对速度；用 v_e 代表牵连速度。

如图 13-3 所示，设有一动点相对于动坐标系运动，相对轨迹为曲线 C；同时曲线 C 又随同动坐标系一起相对于静坐标系 $Oxyz$ 运动，试分析各运动之间的关系。

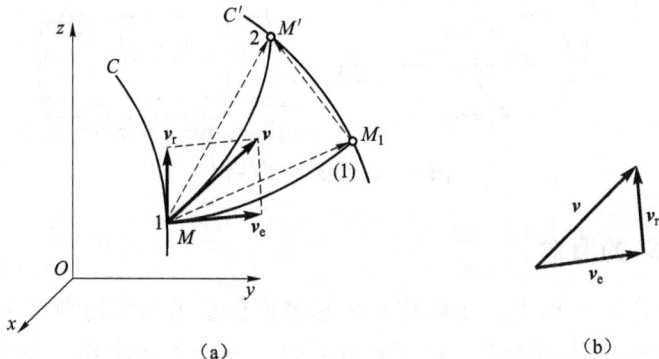

图 13-3　点的速度合成

曲线 C 随同动系的运动是牵连运动。设在瞬时 t，动点在位置 M，与曲线 C（即动坐标系）上的点 1 重合。

经过一段时间 Δt 后，曲线 C 随同动系运动到另一位置（设以 C' 表示）。假设动点不作相对运动，则动点随动参考系运动到 M_1 点，MM_1 称为动点的牵连轨迹。但由于有相对运动，动点实际到达 M' 点（与曲线 C' 上的点 2 重合）。

动点相对于静系运动的绝对轨迹为 $\overrightarrow{MM'}$。作矢量 $\overrightarrow{MM'}$、$\overrightarrow{MM_1}$ 和 $\overrightarrow{M_1M'}$。矢量 $\overrightarrow{MM'}$ 代表动点的绝对位移；矢量 $\overrightarrow{MM_1}$ 是在瞬时 t 动系上与动点相重合的一点在 Δt 时间内的位移，约定称为牵连位移；矢量 $\overrightarrow{M_1M'}$ 则代表相对位移。

由三角形 MM_1M' 可见

$$\overrightarrow{MM'} = \overrightarrow{MM_1} + \overrightarrow{M_1M'}$$

将上式各项同除以Δt，并取$\Delta t \rightarrow 0$时的极限，得

$$\lim_{\Delta t \to 0} \frac{\overrightarrow{MM'}}{\Delta t} = \lim_{\Delta t \to 0} \frac{\overrightarrow{MM_1}}{\Delta t} + \lim_{\Delta t \to 0} \frac{\overrightarrow{M_1M'}}{\Delta t}$$

$$v = v_e + v_r$$

这是一矢量式子，可以列出两个投影方程，因而可以求解两个未知量。

这表明，在任一瞬时，动点的绝对速度等于牵连速度与相对速度的矢量和。这种关系称为速度合成定理。

二、应用举例

[例 13–2] 如图 13–4 所示，半圆形凸轮，其半径为 R，若已知凸轮的移动速度 v，从动杆 AB 被凸轮推起。试求图示位置时从动杆 AB 的移动速度。

解：（1）选择动点、动系与静系。

动点——AB 的端点 A。

动系——$Ox'y'$，固连于凸轮。

静系——固连于水平轨道。

（2）运动分析。

绝对运动——直线运动。

相对运动——沿凸轮轮廓的曲线运动。

牵连运动——水平平移。

（3）速度分析。

绝对速度 v_a：大小未知，方向沿杆 AB 向上。

牵连速度 v_e：$v_e = v$，方向水平向右。

相对速度 v_r：大小未知，方向沿凸轮圆周的切线。

应用速度合成定理

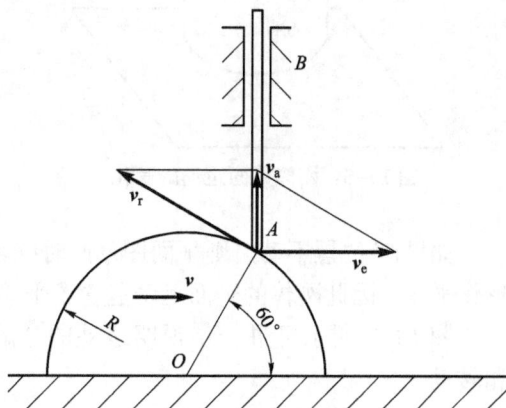

图 13–4　例 13-2 图

$$v_a = v_e + v_r$$

$$v_a = v_e \cdot \cot 60° = 0.577v$$

此瞬时杆 AB 的速度方向向上。

13.3　刚体平面运动的概念及运动方程

在运动中，刚体上的任意一点与某一固定平面始终保持相等的距离，这种运动称为平面运动。

如图 13–5 所示，刚体上每一点都在与固定平面 M 平行的平面内运动。若作一平面 N 与平面 M 平行并以此去截割刚体得一平面图形 S，可知该平面图形 S 始终在平面 N 内运动。而垂直于图形 S 的任一条直线 A_1A_2 必然作平移。A_1A_2 的运动可用其与图形 S 的交点 A 的运动来代替。无数的点 A 构成了平面 S。因此，刚体的平面运动可以简化为平面图形 S 在其自身平面内的运动。

如图 13–6 所示，平面图形 S 在其平面上的位置完全可由图形内任意线段 $O'M$ 的位置来

确定，而要确定此线段的位置，只需确定线段上任一点 O' 的位置和线段 $O'M$ 与固定坐标轴 Ox 间的夹角 φ 即可。点 O'的坐标和角 φ 都是时间 t 的函数，即

$$x_{O'} = f_1(t), \quad y_{O'} = f_2(t), \quad \varphi = f_3(t)$$

这就是刚体的平面运动方程。

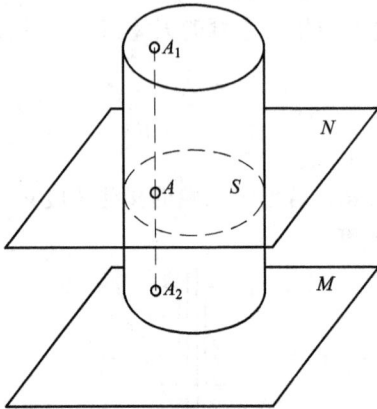

图 13-5 刚体平面运动的简化

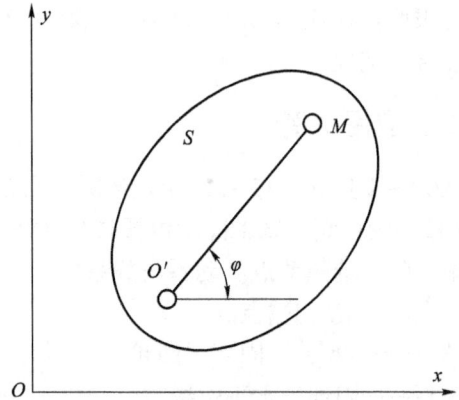

图 13-6 平面图形 S 在定平面 Oxy 内运动

如果 O' 位置不动，则平面图形此时绕轴 O' 作定轴转动；如果 $O'M$ 方位不变，则平面图形作平移。因此刚体的平面运动包含了平移和定轴转动两种情况。

图 13-7 所示可进一步说明运动的分解问题，即平面运动可取任意基点而分解为平移和转动。

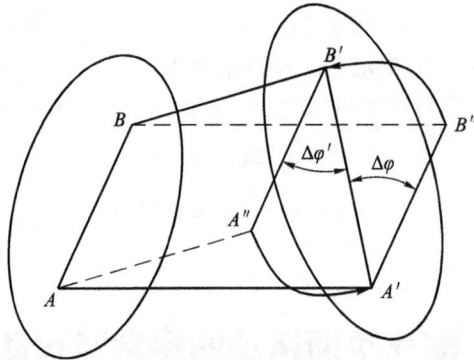

图 13-7 平动和转动的合成

$$\Delta\varphi = \Delta\varphi', \quad \frac{\mathrm{d}\varphi}{\mathrm{d}t} = \frac{\mathrm{d}\varphi'}{\mathrm{d}t}$$

$$\omega = \omega', \quad \alpha = \alpha'$$

平移的速度和加速度与基点的选择有关，而绕基点转动的角速度和角加速度与基点的选择无关，因此以后无须标明绕哪一点转动。虽然基点可任意选取，但在解决实际问题时，往往选取运动情况已知的点作为基点。

13.4　平面图形上各点的速度分析

一、基点法（速度合成法）

如图 13–8 所示，已知点 A 的速度及平面图形转动的角速度，求点 B 的速度。

$$v_a = v_e + v_r$$

$$v_B = v_A + v_{BA}$$

$$v_{BA} = \overline{BA} \cdot \omega$$

平面图形内任一点的速度等于基点的速度与该点随图形绕基点转动速度的矢量和，这就是平面运动的速度合成法或称基点法。

[例 13–3] 椭圆规机构如图 13–9 所示。已知连杆 AB 的长度 $l = 20$ cm，滑块 A 的速度 v_A=10 cm/s，求连杆与水平面夹角为 30° 时，滑块 B 和连杆中点 M 的速度。

解：AB 作平面运动，以 A 为基点，分析点 B 的速度。

$$v_B = v_A + v_{BA}$$

由图中几何关系得

$$v_B = v_A \cot 30° = 10\sqrt{3} \ \text{cm}/\text{s} = 17.321 \ \text{cm}/\text{s}$$

$$v_{BA} = \frac{v_A}{\sin 30°} = 20 \ \text{cm}/\text{s}$$

$$\omega_{AB} = \frac{v_{BA}}{l} = 1 \ \text{rad}/\text{s}$$

方向如图 13–9 所示。

如图 13–10 所示，以 A 为基点，则 M 点的速度为

$$v_M = v_A + v_{MA}$$

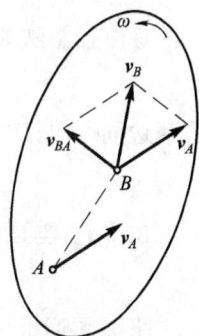

图 13–8　基点法

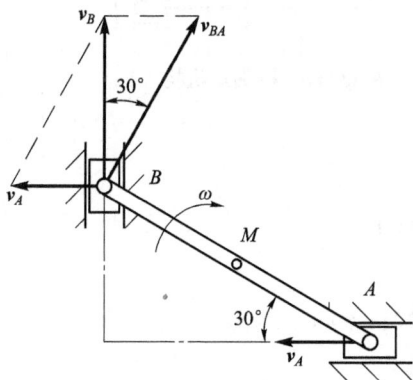

图 13–9　椭圆规机构

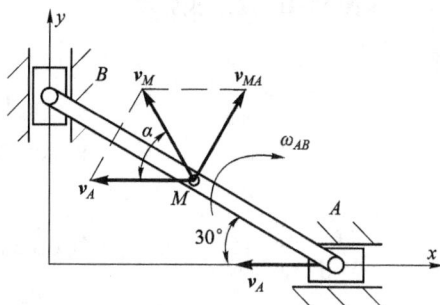

图 13–10　连杆中点 M 的速度求法

将各矢量投影到坐标轴上得

$$x\text{轴}: -v_M\cos\alpha = -v_A + v_{MA}\cos 60°$$
$$y\text{轴}: \quad v_M\sin\alpha = v_{MA}\sin 60°$$

解之得

$$v_M = 10 \ \text{cm/s}$$
$$\tan\alpha = \sqrt{3}, \quad \alpha = 60°$$

二、速度投影法

速度投影法如图 13-11 所示。

$$\boldsymbol{v}_B = \boldsymbol{v}_A + \boldsymbol{v}_{BA}$$

将两边同时向 AB 方向投影：

$$[\boldsymbol{v}_B]_{AB} = [\boldsymbol{v}_A]_{AB} + [\boldsymbol{v}_{BA}]_{AB}$$

由于 $\boldsymbol{v}_{BA}$ 垂直于 AB，因此 $[\boldsymbol{v}_{BA}]_{AB} = 0$。于是

$$[\boldsymbol{v}_B]_{AB} = [\boldsymbol{v}_A]_{AB}$$

平面图形上任意两点的速度在其连线上的投影（大小和方向）相等。这就是速度投影定理。

[例 13-4] 椭圆规机构如图 13-12 所示。已知连杆 AB 的长度 $l = 20$ cm，滑块 A 的速度 v_A=10 cm/s，当连杆与水平面夹角为 30° 时，用速度投影定理解滑块 B 和连杆中点 M 的速度。

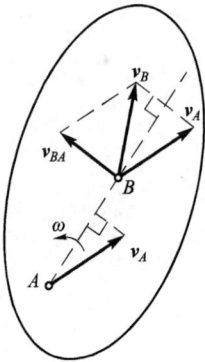

图 13-11 速度投影法

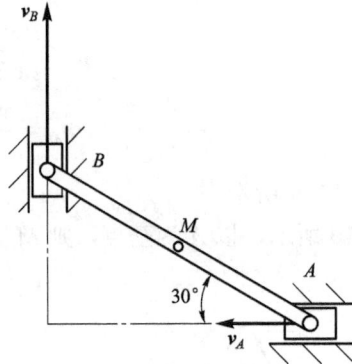

图 13-12 椭圆规机构

解：

$$[\boldsymbol{v}_B]_{AB} = [\boldsymbol{v}_A]_{AB}$$
$$v_A\cos 30° = v_B\cos 60°$$

解得

$$v_B = 10\sqrt{3} \ \text{cm/s} = 17.321 \ \text{cm/s}$$
$$v_M = 10 \ \text{cm/s}$$

三、瞬心法（瞬时速度重心法）

如图 13-13 所示，设有一个平面图形 S 的角速度为 ω，图形上点 A 的速度为 v_A。在 v_A

的垂线上取一点 C（由 v_A 到 AC 的转向与图形的转向一致），有

$$v_C = v_A - \omega \cdot \overline{AC}$$

如果取 $\overline{AC} = v_A / \omega$，则

$$v_C = v_A - \omega \cdot \overline{AC} = 0$$

该点称为瞬时速度中心，或简称为速度瞬心。

定理：一般情况下，在每一瞬时，平面图形上都唯一地存在一个速度为零的点。

如图 13-14 所示，图形内各点速度的大小与该点到速度瞬心的距离成正比；速度的方向垂直于该点到速度瞬心的连线，指向图形转动的一方。C 为速度瞬心。

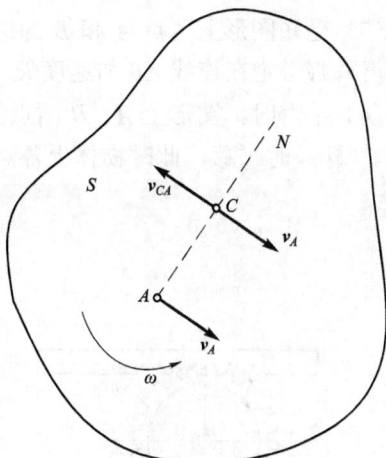

图 13-13　瞬心位置的确定

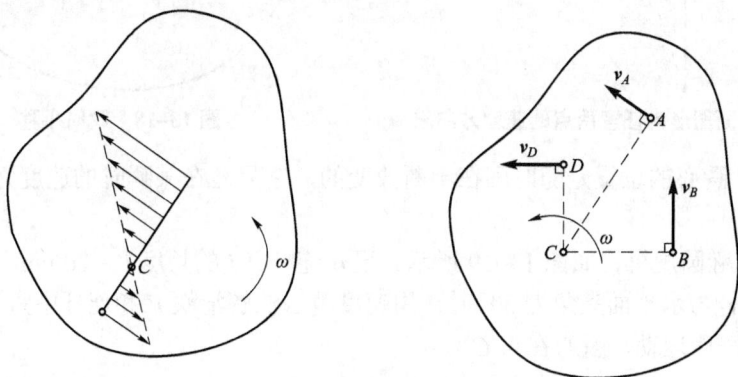

图 13-14　瞬心法

确定速度瞬心位置的方法有下列四种：

（1）平面图形沿一固定表面作无滑动的滚动（纯滚动），图形与固定面的接触点就是图形的速度瞬心。如图 13-15 所示，车轮在地面上作无滑动的滚动时，接触点 C 就是图形的速度瞬心。

（2）如图 13-16 所示，已知图形内任意两点 A 和 B 的速度的方向，速度瞬心 C 的位置必在两点速度垂线的交线上。

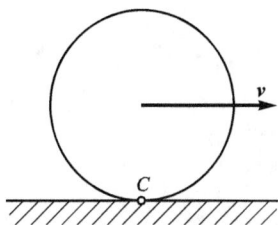

图 13-15　纯滚动

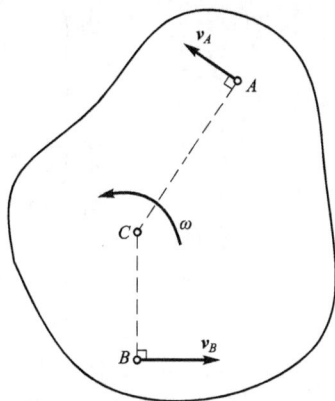

图 13-16　已知平面图形内任意两点的速度方向求瞬心

（3）已知图形上两点 A 和 B 的速度相互平行，并且速度的方向垂直于两点的连线 AB，则速度瞬心必定在连线 AB 与速度矢 v_A 和 v_B 端点连线的交点 C 上，如图 13–17 所示。

（4）某瞬时，图形上 A、B 两点的速度相等，如图 13–18 所示，图形的速度瞬心在无限远处。（即瞬时平移，此时物体上各点速度相等，但加速度不一定相等。）

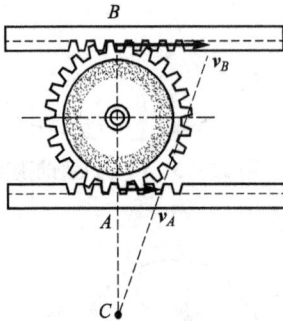

图 13–17 已知平面图形内任意两点的速度方向求瞬心

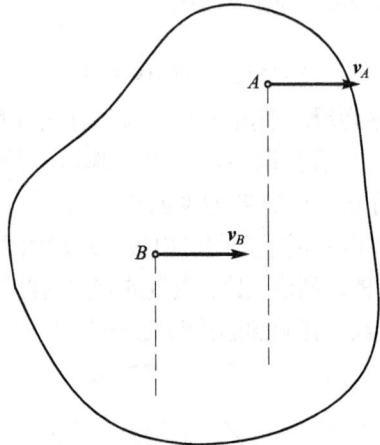

图 13–18 瞬时平移

另外注意，瞬心的位置是随时间在不断改变的，它只是在某瞬时的速度为零，加速度一般并不为零。

[**例 13–5**] 椭圆规机构如图 13–19 所示。已知连杆 AB 的长度 $l = 20$ cm，滑块 A 的速度 $v_A = 10$ cm/s。连杆与水平面夹角为 30° 时，用速度瞬心法解滑块 B 和连杆中点 M 的速度。

解：AB 作平面运动，瞬心在点 C。

$$\omega_{AB} = \frac{v_A}{AC} = \frac{v_A}{l\sin 30°} = 1 \, \text{rad/s}$$

$$v_B = \overline{BC} \cdot \omega_{AB} = l\cos 30° \cdot \omega_{AB} = 10\sqrt{3} \, \text{cm/s} = 17.321 \, \text{cm/s}$$

$$v_B = 10\sqrt{3} \, \text{cm/s} = 17.321 \, \text{cm/s}$$

$$v_M = \overline{MC} \cdot \omega_{AB} = \frac{l}{2} \cdot \omega_{AB} = 10 \, \text{cm/s}$$

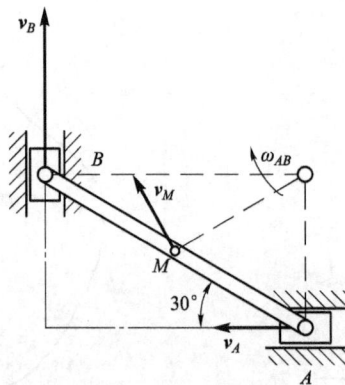

图 13–19 椭圆规机构

思　考　题

　　如图 13–20 所示，已知轮子在地面上作纯滚动，轮心的速度为 v，半径为 r。求轮子上 A_1、A_2、A_3 和 A_4 点的速度。

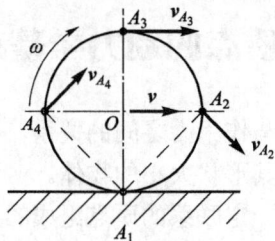

图 13–20　轮子的运动

项目 14 动力学基础

14.1 质点的动力学基本方程

动力学是研究物体的机械运动与作用力之间的关系。

质点：具有一定质量而不考虑其形状大小的物体。

质点系：由有限或无限个有着一定联系的质点组成的系统。

刚体是一个特殊的质点系，由无数个相互间距离保持不变的质点组成，又称为不变质点系。

动力学的基本定律：牛顿三定律。

第一定律——惯性定律：任何质点如不受力作用，则将保持原来静止或匀速直线运动状态。物体保持其运动状况不变的固有属性，称为惯性。质量为物体惯性的度量。

第二定律：质点的质量和加速度大小的乘积，等于作用于质点的力的大小，加速度的方向与力的方向相同。

第二定律公式

$$ma = F \quad \text{——质点动力学的基本方程}$$

国际单位：质量的单位为 kg，加速度的单位为 m/s^2，力的单位为 N（牛顿），且 $1\ N=1\ kg×1\ m/s^2$。在不同地区，重力加速度 g 稍有差异，物体重力也略有不同。在一般计算中可取 $g=9.8\ m/s^2$。

几点说明：

（1）适用范围：惯性系，一般将固连于地面的坐标系或相对于地面作匀速直线运动的坐标系作为惯性参考系。

（2）F 为合外力。

（3）动力学基本方程表示为微分形式的方程，称为矢量微分方程。

（4）以牛顿三定律为基础的力学为古典力学。

第三定律——作用与反作用定律：两物体之间的作用力和反作用力总是大小相等，方向相反，沿同一条直线，并同时分别作用在两个物体上。

14.2 质点动力学的两类问题

一、质点的运动微分方程

将动力学基本方程 $F = ma$ 表示为微分形式的方程，称为质点的运动微分方程。设质量为 m 的质点 M，在合力 F 的作用下，以加速度 a 运动，如图 14-1 所示。

矢量形式：

$$m\ddot{\boldsymbol{r}} = \sum \boldsymbol{F}$$ ——质点矢量形式的运动微分方程

1. 直角坐标上的投影

$$\left. \begin{array}{l} m\ddot{x} = \sum X \\ m\ddot{y} = \sum Y \\ m\ddot{z} = \sum Z \end{array} \right\} 质点直角坐标形式的运动微分方程$$

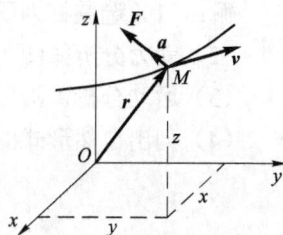

图 14-1　质点的运动

2. 自然轴上的投影

$$\left. \begin{array}{l} ma_\tau = m\dfrac{\mathrm{d}^2 s}{\mathrm{d}t^2} = \sum F_\tau \\[2mm] ma_n = m\dfrac{v^2}{\rho} = \sum F_n \\[2mm] 0 = \sum F_b \end{array} \right\} 质点弧坐标形式的运动微分方程$$

质点运动微分方程除以上三种基本形式外，还可有极坐标形式、柱坐标形式，等等。应用质点运动微分方程，可以求解质点动力学的两类问题。

二、质点动力学的两类基本问题

第一类：已知质点的运动，求作用在质点上的力——微分问题。

解题步骤和要点：

（1）正确选择研究对象（一般选择联系已知量和待求量的质点）。

（2）正确进行受力分析，注意主动力和约束反力，画出受力图（应在一般位置上进行分析）。

（3）正确进行运动分析（分析质点运动的特征量）。

（4）选择并列出适当形式的质点运动微分方程。

（5）求解未知量（建立坐标系）。

[例 14-1] 如图 14-2 所示，桥式起重机跑车吊挂一重力为 G 的重物，沿水平横梁作匀速运动，速度为 v_0，重物中心至悬挂点距离为 l。突然刹车，重物因惯性绕悬挂点 O 向前摆动。求钢丝绳的最大拉力。

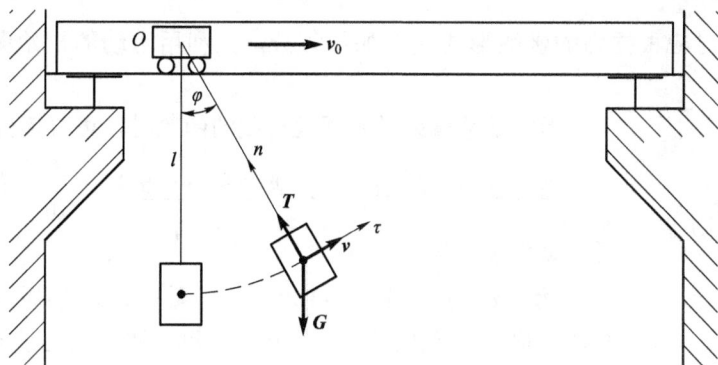

图 14-2　桥式起重机

解：（1）选重物为研究对象。

（2）受力分析如图 14-2 所示。

（3）运动分析，沿以 O 为圆心，l 为半径的圆弧摆动。

（4）列出自然形式的质点运动微分方程。

$$ma_\tau = \sum F_\tau \ , \quad \frac{G}{g}\frac{\mathrm{d}v}{\mathrm{d}t} = -G\sin\varphi \tag{1}$$

$$ma_n = \sum F_n \ , \quad \frac{G}{g}\frac{v^2}{l} = T - G\cos\varphi \tag{2}$$

（5）求解未知量。

由式（2）得
$$T = G\left(\cos\varphi + \frac{v^2}{gl}\right)$$

由式（1）知，重物作减速运动，故

$$\varphi = 0 \ , \quad T = T_{\max}$$

$$T_{\max} = G\left(1 + \frac{v_0^2}{gl}\right)$$

注：

① 减小绳子拉力的途径：减小跑车速度或增大绳长。

② $T_{\max}$ 称为动拉力，由两部分组成，一部分由物体质量决定，称为静拉力；另一部分由加速度引起，称为附加动拉力。

第二类：已知作用在质点上的力，求质点的运动。

已知的作用力可能是常力，也可能是变力。变力可能是时间、位置、速度或者同时是上述几种变量的函数。——积分问题

解题步骤和要点：

（1）正确选择研究对象。

（2）正确进行受力分析，画出受力图（判断力是什么性质的力，对变力建立力的表达式）。

（3）正确进行运动分析（除分析质点的运动特征外，还要确定其运动初始条件）。

（4）选择并列出适当形式的质点运动微分方程。

（5）求解未知量。

注意：积分时应根据力的函数形式决定如何积分，并利用运动的初始条件，求出质点的运动。

当力是常量或是时间及速度的函数时，可直接分离变量积分。

当力是位置的函数时，先进行变量置换，$\dfrac{\mathrm{d}v}{\mathrm{d}t} = \dfrac{\mathrm{d}v}{\mathrm{d}s}\cdot\dfrac{\mathrm{d}s}{\mathrm{d}t} = v\dfrac{\mathrm{d}v}{\mathrm{d}s}$，再分离变量积分。

[例 14-2] 如图 14-3 所示，一质量为 m 的质点 M，以 v_0 从地面往上抛，空气阻力 $R = -cv$。试建立质点的运动微分方程，并写出初始条件。

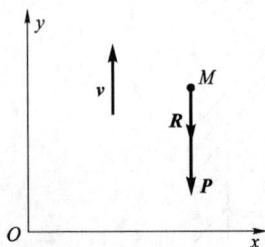

图 14-3　质点的运动

解：（1）上升阶段。

受力分析：重力 P、阻力 R。

建立如图 14–3 所示坐标系，则沿 y 轴的质点运动微分方程为

$$m\ddot{y} = -P - R$$

即

$$m\ddot{y} = -mg - |c\dot{y}|$$

因为

$$\dot{y} > 0$$

所以

$$m\ddot{y} = -mg - c\dot{y}$$

（2）下降阶段。

如图 14–4 所示，受力分析：重力 P、阻力 R。

沿 y 轴的质点运动微分方程为

$$m\ddot{y} = -P + R$$

$$m\ddot{y} = -mg + |c\dot{y}|$$

因为

$$\dot{y} < 0$$

所以

$$m\ddot{y} = -mg - c\dot{y}$$

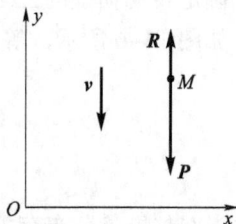

图 14–4　质点的运动及受力分析

因此，对于整个上升、下降过程质点的运动微分方程为

$$m\ddot{y} = -mg - c\dot{y}$$

初始条件为

$$t = 0 \text{ 时，} \quad y = 0, \quad \dot{y} = v_0$$

14.3　刚体定轴转动的动力学基本方程

一、定轴转动的动力学基本方程

按照刚体上任意两点距离不变的定义，把刚体分为许多个质点，对每个质点应用动力学基本方程，由此可得出刚体定轴转动的动力学基本方程。

如图 14–5 所示，任选质点 k 来分析。设它的质量为 m_k，到转轴的距离为 r_k。当刚体转动时，角加速度为 α，m_k 受到的外力的合力为 F_k，内力的合力为 f_k。对质点 k 应用动力学基本方程，有：

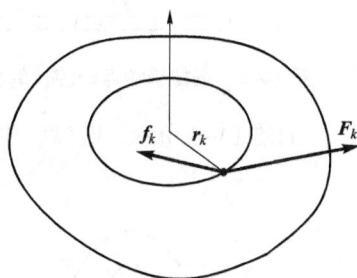

图 14–5　刚体的定轴转动

第 k 个质元 $\qquad F_k + f_k = m_k a_k$

切线方向 $\qquad F_{k\tau} + f_{k\tau} = m_k a_{k\tau}$

在上式两边同乘以 r_k $\quad F_{k\tau} r_k + f_{k\tau} r_k = m_k a_{k\tau} r_k = m_k r_k \cdot (r_k \alpha)$

对所有质元求和 $\quad \sum F_{k\tau} r_k + \sum f_{k\tau} r_k = \left(\sum m_k r_k^2\right) \alpha$

式中，$\sum f_{k\tau} r_k$ 为内力矩之和，值为 0；$\sum m_k r_k^2$ 为转动惯量 J。

刚体绕定轴转动微分方程（刚体的转动定律）为

$$M = J\alpha$$

与牛顿第二定律比较：$M \to F, J \to m, \alpha \to a$。

二、转动惯量

定义

$$J = \sum_k \Delta m_k r_k^{\ 2} \text{——质量不连续分布}$$

$$J = \int_V r^2 \mathrm{d}m \text{——质量连续分布}$$

确定转动惯量的三个要素：总质量、质量分布和转轴的位置。

如图 14-6 所示，等长的细木棒或细铁棒绕端点轴转动惯量为

$$J = \int_0^L x^2 \lambda \mathrm{d}x = \int_0^L x^2 \frac{M}{L} \mathrm{d}x = \frac{1}{3} ML^2$$

$$J_{\text{铁}} > J_{\text{木}}$$

式中，J 与质量分布有关。

如图 14-7 所示，圆环绕中心轴旋转的转动惯量为

$$J = \int_0^L R^2 \mathrm{d}m = \int_0^{2\pi R} R^2 \lambda \mathrm{d}l$$

$$= R^2 \lambda \int_0^{2\pi R} \mathrm{d}l = 2\pi R^3 \frac{m}{2\pi R} = mR^2$$

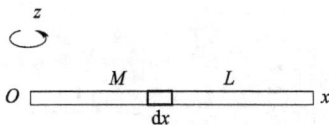

图 14-6　细棒绕端点轴旋转的转动惯量的计算

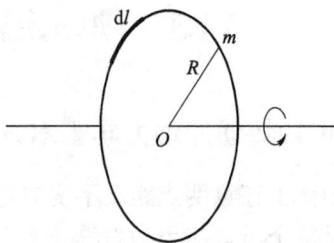

图 14-7　圆环绕中心轴旋转的转动惯量的计算

如图 14-8 所示，圆盘绕中心轴旋转的转动惯量为

$$\mathrm{d}m = \sigma \mathrm{d}s = = \frac{m}{\pi R^2} 2\pi r \mathrm{d}r = \frac{2mr}{R^2} \mathrm{d}r$$

$$J = \int_0^m r^2 \mathrm{d}m = \int_0^R \frac{2m}{R^2} r^3 \mathrm{d}r = \frac{m}{2} R^2$$

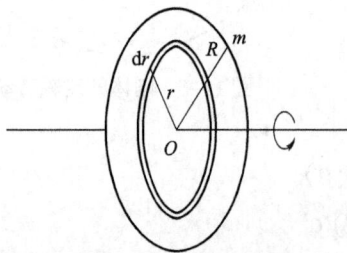

图 14-8　圆盘绕中心轴旋转的转动惯量计算

如图 14-9 所示，J 与转轴的位置有关，其数值分别如下：

$$J = \int_0^L x^2 \lambda \mathrm{d}x = \frac{1}{3} ML^2$$

$$J = \int_{-L/2}^{L/2} x^2 \lambda \mathrm{d}x = \frac{1}{12} ML^2$$

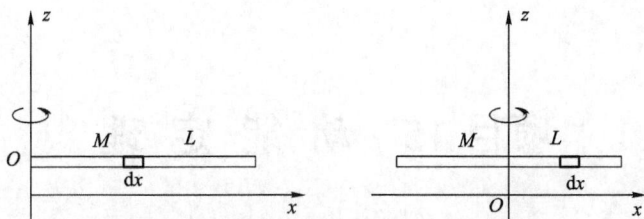

图 14-9　转轴位置不同物体转动惯量的计算

14.4　刚体定轴转动动力学基本方程的应用

［例 14-3］已知圆盘半径 $R = 0.5\,\mathrm{m}$，质量 $m = 100\,\mathrm{kg}$。在不变力矩的作用下，绕垂直于圆盘平面且过质心的 z 轴，由静止开始作匀加速转动，$10\,\mathrm{s}$ 后圆盘的转速 $n = 240\,\mathrm{r/min}$。不计轴承处摩擦，求作用在圆盘上的力矩的大小。

解：圆盘转动惯量

$$J_z = \frac{1}{2}mR^2 = 12.5\,\mathrm{kg \cdot m^2}$$

$10\,\mathrm{s}$ 后角速度 $\omega = n\pi/30 = 8\pi\,\mathrm{s^{-1}}$，角加速度 $\alpha = \omega/t = 0.8\pi\,\mathrm{s^{-2}}$。

由刚体绕定轴转动的动力学基本方程可知

$$M_z = J_z\alpha = 12.5 \times 0.8\pi = 31.416\,(\mathrm{N \cdot m})$$

思　考　题

升降机以匀加速度 a 上升，台面上放置一重力为 G 的物体，如图 14-10 所示，求重物对台面的压力。

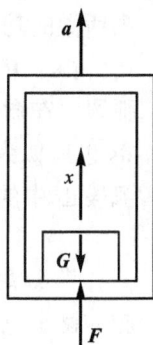

图 14-10　升降机简图

项目 15　动 能 定 理

15.1　力 的 功

一、功在直线运动中的定义

设质点 M 在常力 $\boldsymbol{F}$ 作用下沿直线运动，如图 15-1 所示。质点由 M_1 处移至 M_2 的位移为 s，则力 $\boldsymbol{F}$ 所做的功为

$$W = Fs\cos\alpha$$

式 $W = Fs\cos\alpha$ 可写成

$$W = \boldsymbol{F} \cdot \boldsymbol{s}$$

即作用在质点上的常力沿直线路程所做的功，等于力矢与质点位移的数量积。

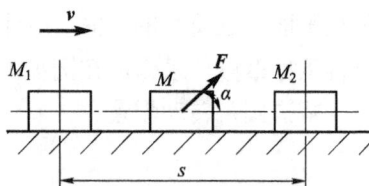

图 15-1　常力在直线运动上的功

功是代数量，单位是 J（焦耳），$1\,\mathrm{J} = 1\,\mathrm{N} \cdot \mathrm{m}$。

（1）$\alpha < 90°$ 时，$W > 0$，力做正功。

（2）$\alpha > 90°$ 时，$W < 0$，力做负功。

（3）$\alpha = 90°$ 时，$W = 0$，力不做功或做功为 0。

二、变力在曲线路程上的功

设质点 M 在变力作用下沿曲线由 M_1 运动到 M_2，如图 15-2 所示，求变力 $\boldsymbol{F}$ 在路程 $\overset{\frown}{M_1 M_2}$ 中所做的功。

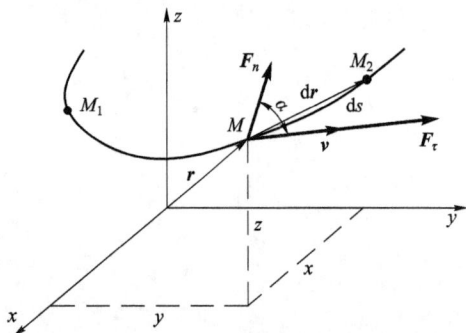

图 15-2　变力在曲线路程上的功

由于 $\boldsymbol{F}$ 是变力，因此把 $\overset{\frown}{M_1 M_2}$ 分成无数微小的弧段。在微小弧段 $\mathrm{d}s$ 上，力 $\boldsymbol{F}$ 可近似地看作常力，$\mathrm{d}s$ 也近似为直线。由式 $W = Fs\cos\alpha$ 可得力在微小弧段 $\mathrm{d}s$ 中的元功为

$$\delta W = F \cdot \mathrm{d}s$$

当 $\mathrm{d}s$ 足够小时，$\mathrm{d}s = |\mathrm{d}\boldsymbol{r}|$，其中 $\mathrm{d}\boldsymbol{r}$ 是与 $\mathrm{d}s$ 相对应的微小位移，则式 $\delta W = F \cdot \mathrm{d}s$ 可写成

$$\delta W = \boldsymbol{F} \cdot \mathrm{d}\boldsymbol{r}$$

若以矢量分析法表示 $\boldsymbol{F}$ 和 $\mathrm{d}\boldsymbol{r}$，即

$$\delta W = (F_x \boldsymbol{i} + F_y \boldsymbol{j} + F_z \boldsymbol{k}) \cdot (\mathrm{d}x\boldsymbol{i} + \mathrm{d}y\boldsymbol{j} + \mathrm{d}z\boldsymbol{k})$$

展开后可得上式的解析表达式为

$$\delta W = F_x \mathrm{d}x + F_y \mathrm{d}y + F_z \mathrm{d}z$$

变力 F 在 $\widehat{M_1M_2}$ 路程上的总功，可由式 $\delta W = F \cdot ds$ 积分得

$$W = \int_{M_1}^{M_2} \delta W = \int_{M_1}^{M_2} F \cos \alpha ds$$

这是沿曲线 $\widehat{M_1M_2}$ 的曲线积分。一般情况下，其值与积分的路线有关。变力 F 在 $\widehat{M_1M_2}$ 路程中的总功，也可由式 $\delta W = F_x dx + F_y dy + F_z dz$ 积分求得：

$$W = \int_{M_1}^{M_2} (F_x dx + F_y dy + F_z dz)$$

这是功的解析表达式。

三、几种常见力的功的计算

1. 重力的功

设质点 M 的重力为 G，沿曲线由 M_1 运动到 M_2。如图 15-3 所示，重力在三个坐标轴上的投影分别为 $F_x = F_y = 0$，$F_z = -G$。

由式 $W = \int_{M_1}^{M_2} (F_x dx + F_y dy + F_z dz)$ 得重力的功为

$$W = \int_{z_1}^{z_2} -G dz = -G(z_2 - z_1) = Gh$$

图 15-3　重力的功

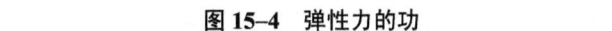

式中，h 为质点在始点位置 M_1 与终点位置 M_2 的高度差。

2. 弹性力的功

质点 M 与弹簧一端连接，弹簧另一端固定于 O' 点，如图 15-4 所示。

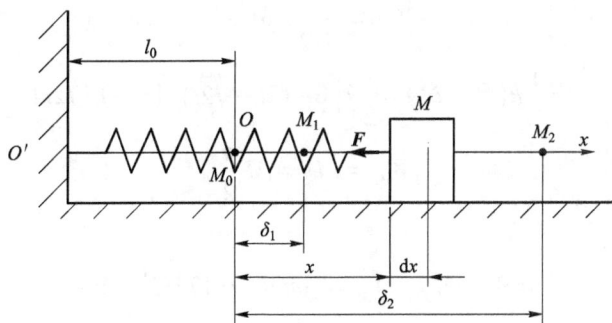

图 15-4　弹性力的功

M 作直线运动，从 M_1 运动到 M_2，设弹簧的原长为 l_0，刚度系数为 k（k 的单位是 N / m，表示弹簧发生单位变形所需的作用力）。取自然长度的位置为坐标原点 O，弹簧中心线为坐标轴，并以弹簧伸长方向为正方向。设质点位于 M 处，此时弹簧被拉长为 x。根据胡克定律，有 $F = -kx$，方向指向 O 点。当质点 M 有一微小位移 dx 时，弹性力元功为

$$\delta W = -F dx = -kx dx$$

当质点由 M_1 运动到 M_2 时，弹性力所做的功为

$$W = \int_{\delta_1}^{\delta_2} -kx\mathrm{d}x = \frac{1}{2}k(\delta_1^2 - \delta_2^2)$$

3. 动摩擦力的功

当质点受动摩擦力作用由 M_1 运动到 M_2 时，由于动摩擦力的方向总是与质点运动的方向相反，根据摩擦定理，$F' = fF_N$，则摩擦力的功为

$$W = -\int_{M_1}^{M_2} fF_N\mathrm{d}s$$

[例 15–1] 原长为 $\sqrt{2}l$、刚度系数为 k 的弹簧，与长为 l、质量为 m 的均质杆 OA 连接，OA 杆直立于铅直面内，如图 15–5 所示。当 OA 受到常力矩 M 的作用时，求杆由铅直位置绕 O 轴转到水平位置时，各力所做的功及合力的功。

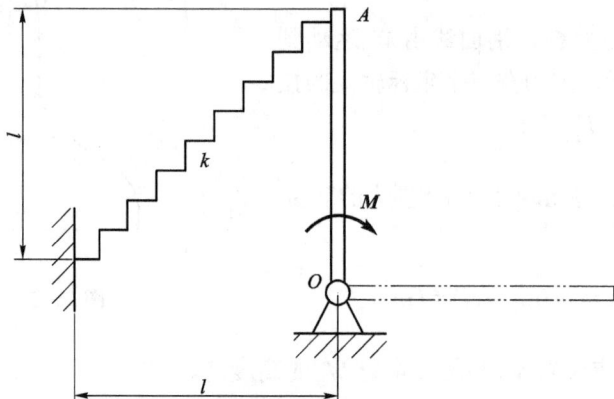

图 15–5   例 15–1 图

解：杆受重力、弹性力和力矩作用，各力所做的功分别为

$$W_G = \frac{1}{2}mgl$$

$$W_F = \frac{1}{2}k(\delta_1^2 - \delta_2^2) = \frac{1}{2}k\left[0 - (2l - \sqrt{2}l)^2\right] = -0.172kl^2$$

$$W_M = M\varphi = M\frac{\pi}{2}$$

合力的功为

$$W = W_G + W_F + W_M = \frac{1}{2}mgl - 0.172kl^2 + M\frac{\pi}{2}$$

15.2　动　能　定　理

一、动能的计算

1. 质点和质点系的动能

一切运动的物体都具有一定的能量。物体由于机械运动所具有的能量称为动能。

设质量为 m 的质点，某瞬时的速度大小为 v，则质点质量与其速度平方乘积的一半，称为质点在该瞬时的动能，用 E_k 表示，即

$$E_k = \frac{1}{2}mv^2$$

动能的单位与功的单位相同。

质点系内各质点的动能总和称为质点系的动能。设质点系由 n 个质点组成，其中第 i 个质点的质量为 m_i，瞬时速度为 v_i，则质点系的动能为

$$E_k = \sum\left(\frac{1}{2}m_iv_i^2\right)$$

2. 平动刚体的动能

刚体平动时，其内各质点的瞬时速度都相同，由式 $E_k = \sum\left(\frac{1}{2}m_iv_i^2\right)$ 可得

$$E_k = \sum\left(\frac{1}{2}m_iv_i^2\right) = \sum\left(\frac{1}{2}m_iv_C^2\right) = \frac{1}{2}mv_C^2$$

式中，v_C 为其质心的速度。

3. 定轴转动刚体的动能

设刚体绕固定轴 z 转动，某瞬时的角速度为 ω。

若刚体内任一质点的质量为 m_i，离 z 轴的距离为 r_i，速度 $v_i = r_i\omega$，则刚体的动能为

$$E_k = \sum\left(\frac{1}{2}m_iv_i^2\right) = \sum\left(\frac{1}{2}m_ir_i^2\omega^2\right) = \frac{1}{2}J_z\omega^2$$

4. 平面运动刚体的动能

设作平面运动的刚体的质量为 m，在某瞬时的速度瞬心为 P，质心为 C，角速度为 ω，此时可视为刚体绕瞬心定轴转动，则刚体的动能为

$$E_k = \frac{1}{2}J_P\omega^2$$

式中，J_P 为刚体对通过瞬心并与运动平面垂直的轴的转动惯量。

刚体作平面运动时的动能等于刚体以质心速度平动时的动能与刚体相对于质心轴转动的动能之和。

[例 15-2] 滚子 A 的质量为 m，沿倾角为 α 的斜面作纯滚动，滚子借绳子跨过滑轮 B 连接质量为 m_1 的物体，如图 15-6 所示。滚子与滑轮质量相等，半径相同，皆为均质圆盘。此瞬时物体速度为 v，绳子不可伸长，质量不计，求系统的动能。

解： 取系统为研究对象，其中重物平动，滑轮定轴转动，滚子平面运动，系统动能为

$$E_k = \frac{1}{2}m_1v^2 + \frac{1}{2}J_B\omega^2 + \frac{1}{2}mv_C^2 + \frac{1}{2}J_C\omega^2$$

由运动学知识可知，$v_C = v$，$v = r\omega$，代入得

$$E_k = \frac{1}{2}m_1v^2 + \frac{1}{2}\times\frac{1}{2}mr^2\frac{v^2}{r^2} + \frac{1}{2}mv^2 + \frac{1}{2}\times\frac{1}{2}mr^2\frac{v^2}{r^2} = \left(\frac{1}{2}m_1 + m\right)v^2$$

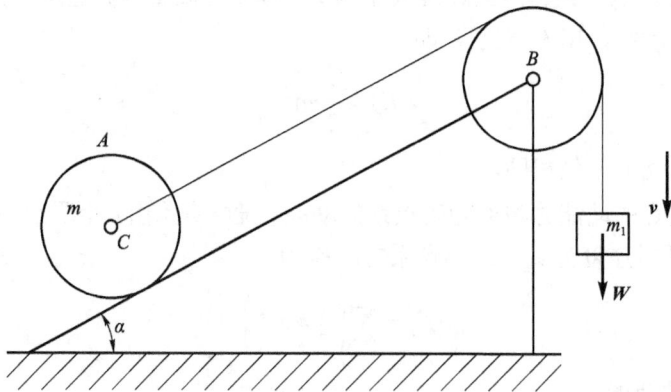

图 15–6 例 15–2 图

二、动能定理

1. 质点的功能定理

设质量为 m 的质点 M 在力 F 作用下作曲线运动，由 M_1 运动到 M_2，速度由 v_1 变为 v_2，如图 15–7 所示。

由动力学基本方程，有

$$m\frac{\mathrm{d}v}{\mathrm{d}t} = F$$

等式两边分别点乘 $\mathrm{d}r$，得

$$m\frac{\mathrm{d}v}{\mathrm{d}t} \cdot \mathrm{d}r = F \cdot \mathrm{d}r$$

即

$$mv \cdot \mathrm{d}v = F \cdot \mathrm{d}r$$

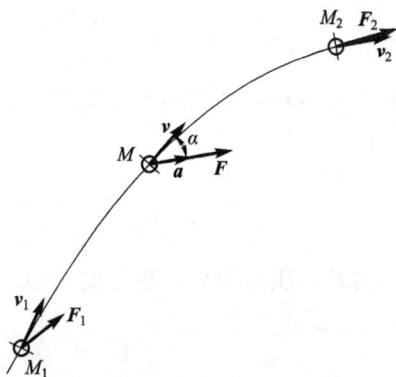

图 15–7 质点在力的作用下作曲线运动

而 $mv \cdot \mathrm{d}v = \dfrac{m}{2}\mathrm{d}(v \cdot v) = \mathrm{d}\left(\dfrac{m}{2}v^2\right)$，代入上式有

$$\mathrm{d}\left(\frac{1}{2}mv^2\right) = \delta W$$

式 $\mathrm{d}\left(\dfrac{m}{2}v^2\right) = \delta W$ 表明，质点动能的微分等于作用在质点上力的功，这就是质点动能定理的微分形式。将式 $\mathrm{d}\left(\dfrac{1}{2}mv^2\right) = \delta W$ 沿曲线 $\overset{\frown}{M_1M_2}$ 积分得

$$\int_{v_1}^{v_2}\mathrm{d}\left(\frac{1}{2}mv^2\right) = \int_{M_1}^{M_2}\delta W$$

即

$$\frac{1}{2}mv_2^2 - \frac{1}{2}mv_1^2 = W$$

式 $\frac{1}{2}mv_2^2 - \frac{1}{2}mv_1^2 = W$ 表明，在任一路程中质点动能的变化，等于作用在质点上的力在同一路程中做的功，这就是质点动能定理的积分形式。

在动能定理中，包含质点的速度、运动的路程和力，可用来求解与质点速度、路程有关的问题，也可用来求解加速度的问题。它是标量方程，故比较方便。

2. 质点系的动能定理

质点动能定理可以推广到质点系。设质点系由 n 个质点组成，系内任一点的质量为 m_i，某瞬时速度为 v_i，所受外力的合力为 $F_i^{(e)}$，内力的合力为 $F_i^{(i)}$。当质点有微小位移 $\mathrm{d}r$ 时，由质点的动能定理得微分形式

$$\mathrm{d}\left(\frac{1}{2}m_i v_i^2\right) = \delta W_i^{(e)} + \delta W_i^{(i)}$$

式中，$\delta W_i^{(e)}$ 和 $\delta W_i^{(i)}$ 表示作用在该质点的外力和内力的元功。质点系中各个质点皆可写出这种方程，相加得

$$\sum \mathrm{d}\left(\frac{1}{2}m_i v_i^2\right) = \sum \delta W_i^{(e)} + \sum \delta W_i^{(i)}$$

或

$$\mathrm{d}\sum\left(\frac{1}{2}m_i v_i^2\right) = \sum \delta W_i^{(e)} + \sum \delta W_i^{(i)}$$

即

$$\mathrm{d}E_k = \sum \delta W_i^{(e)} + \sum \delta W_i^{(i)}$$

式 $\mathrm{d}E_k = \sum \delta W_i^{(e)} + \sum \delta W_i^{(i)}$ 表明，质点系动能的微分等于作用于质点系上的所有外力和内力元功的代数和，这就是质点系动能定理的微分形式。将式 $\mathrm{d}E_k = \sum \delta W_i^{(e)} + \sum \delta W_i^{(i)}$ 积分得

$$E_{k2} - E_{k1} = \sum W_i^{(e)} + \sum W_i^{(i)}$$

式 $E_{k2} - E_{k1} = \sum W_i^{(e)} + \sum W_i^{(i)}$ 表明，质点系动能在任一路程的变化，等于作用在质点系上所有外力和内力在同一路程中所做功的代数和。

由于质点系内力功的总和在一般情况下不一定等于零，因此将作用于质点系上的力分为主动力和约束反力，则质点系动能定理可写成

$$\mathrm{d}E_k = \sum \delta W_F + \sum \delta W_N$$

$$E_{k2} - E_{k1} = \sum W_F + \sum W_N$$

式中，$\sum W_F$ 和 $\sum W_N$ 分别表示作用于质点系所有主动力和约束反力在路程中做功的代数和。

对于理想约束，其 $\sum W_N = 0$，故动能定理的积分形式可写成

$$E_{k2} - E_{k1} = \sum W_F$$

式 $E_{k2} - E_{k1} = \sum W_F$ 表明，在理想约束情况下，质点系的动能在任一路程中的变化，等于作用在质点系上所有主动力在同一路程中所做功的代数和。

质点系动能定理建立了力、位移和速度之间的关系，且不是矢量方程。应用此定理解决

与上述三者相关的质点系动力学问题较方便。

[**例 15–3**] 滚子 A 的质量为 m，沿倾角为 α 的斜面作纯滚动，滚子借绳子跨过滑轮 B 连接质量为 m_1 的物体，如图 15–8 所示。滚子与滑轮质量相等，半径相同，皆为均质圆盘。求系统由静止开始到重物下降 h 高度时的速度和加速度。

解：系统受物体重力、轴承约束力、斜面对滚子的法向反力及摩擦力作用，如图 15–8 所示。

在理想约束情况下，约束反力的功为零。滚子作纯滚动，它与斜面接触处为速度瞬心，系统只有重物及滚子的重力做功，为

$$\sum W_F = m_1gh - mgh\sin\alpha$$

系统动能在例 15–2 已求出，代入质点系动能定理

$$\left(\frac{1}{2}m_1 + m\right)v^2 = m_1gh - mgh\sin\alpha$$

得

$$v = \sqrt{\frac{2gh(m_1 - m\sin\alpha)}{m_1 + 2m}}$$

求重物的加速度，可将动能定理两边对时间 t 求一阶导数，

$$\left(\frac{1}{2}m_1 + m\right)2va = (m_1g - mg\sin\alpha)v$$

得

$$a = \frac{m_1g - mg\sin\alpha}{m_1 + 2m}$$

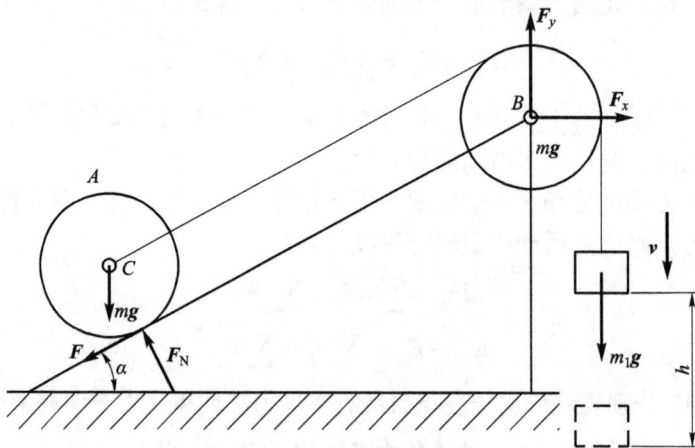

图 15–8　例 15–3 图

思　考　题

为测定车辆运动阻力系数 K（K 为运动阻力 F 与其正压力之比），将车辆从斜面 A 处无

初速度地滑下。车辆滑到水平面后继续运行到 C 处停止。已知斜面长为 l，高度为 h，斜面在水平面上的投影长度为 s'，车辆在水平面上的运行距离为 s，如图 15-9 所示，求车辆运动阻力系数 K。

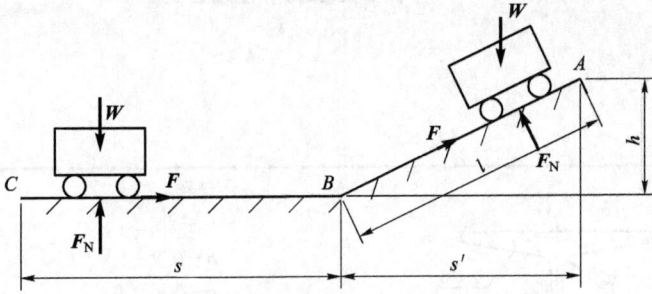

图 15-9　车辆运动阻力系数的测定方法

附录　常用型钢规格表

1. 普通工字钢

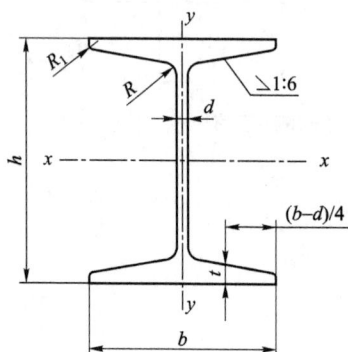

符号：

h—高度；

b—宽度；

d—腹板厚度；

t—翼缘平均厚度；

I—惯性矩；

W—截面模量；

i—回转半径；

S_x—半截面的面积矩。

长度：

型号 10～18，长 5～19 m；

型号 20～63，长 6～19 m。

型号		尺寸/mm						截面面积/ cm²	理论质量/ (kg·m⁻¹)	x—x 轴				y—y 轴		
		$h/$ mm	$b/$ mm	$d/$ mm	$t/$ mm	$R/$ mm	$R_1/$ mm			$I_x/$ cm⁴	$W_x/$ cm³	$i_x/$ cm	$I_x/S_x/$ cm	$I_y/$ cm⁴	$W_y/$ cm³	$i_y/$ cm
10		100	68	4.5	7.6	6.5	3.3	14.3	11.2	245	49	4.14	8.69	33	9.6	1.51
12.6		126	74	5	8.4	7	3.5	18.1	14.2	488	77	5.19	11	47	12.7	1.61
14		140	80	5.5	9.1	7.5	3.8	21.5	16.9	712	102	5.75	12.2	64	16.1	1.73
16		160	88	6	9.9	8	4.0	26.1	20.5	1 127	141	6.57	13.9	93	21.1	1.89
18		180	94	6.5	10.7	8.5	4.3	30.7	24.1	1 699	185	7.37	15.4	123	26.2	2.00
20	a	200	100	7	11.4	9	4.5	35.5	27.9	2 369	237	8.16	17.4	158	31.6	2.11
	b		102	9				39.5	31.1	2 502	250	7.95	17.1	169	33.1	2.07
22	a	220	110	7.5	12.3	9.5	4.8	42.1	33	3 406	310	8.99	19.2	226	41.1	2.32
	b		112	9.5				46.5	36.5	3 583	326	8.78	18.9	240	42.9	2.27
25	a	250	116	8	13	10	5.0	48.5	38.1	5 017	401	10.2	21.7	280	48.4	2.4
	b		118	10				53.5	42	5 278	422	9.93	21.4	297	50.4	2.36
28	a	280	122	8.5	13.7	10.5	5.3	55.4	43.5	7 115	508	11.3	24.3	344	56.4	2.49
	b		124	10.5				61	47.9	7 481	534	11.1	24	364	58.7	2.44
32	a	320	130	9.5	15	11.5	5.8	67.1	52.7	11 080	692	12.8	27.7	459	70.6	2.62
	b		132	11.5				73.5	57.7	11 626	727	12.6	27.3	484	73.3	2.57
	c		134	13.5				79.9	62.7	12 173	761	12.3	26.9	510	76.1	2.53

型号		尺寸/mm						截面面积/cm²	理论质量/(kg·m⁻¹)	x—x 轴				y—y 轴		
		h/mm	b/mm	d/mm	t/mm	R/mm	R_1/mm			I_x/cm⁴	W_x/cm³	i_x/cm	I_x/S_x/cm	I_y/cm⁴	W_y/cm³	i_y/cm
36	a	360	136	10	15.8	12	6.0	76.4	60	15 796	878	14.4	31	555	81.6	2.69
	b		138	12				83.6	65.6	16 574	921	14.1	30.6	584	84.6	2.64
	c		140	14				90.8	71.3	17 351	964	13.8	30.2	614	87.7	2.6
40	a	400	142	10.5	16.5	12.5	6.3	86.1	67.6	21 714	1 086	15.9	34.4	660	92.9	2.77
	b		144	12.5				94.1	73.8	22 781	1 139	15.6	33.9	693	96.2	2.71
	c		146	14.5				102	80.1	23 847	1 192	15.3	33.5	727	99.7	2.67
45	a	450	150	11.5	18	13.5	6.8	102	80.4	32 241	1 433	17.7	38.5	855	114	2.89
	b		152	13.5				111	87.4	33 759	1 500	17.4	38.1	895	118	2.84
	c		154	15.5				120	94.5	35 278	1 568	17.1	37.6	938	122	2.79
50	a	500	158	12.0	20	14	7.0	119	93.6	46 472	1 859	19.7	42.9	1 122	142	3.07
	b		160	14.0				129	101	48 556	1 942	19.4	42.3	1 171	146	3.01
	c		162	16.0				139	109	50 639	2 026	19.1	41.9	1 224	151	2.96
56	a	560	166	12.5	21	14.5	7.3	135	106	65 576	2 342	22	47.9	1 366	165	3.18
	b		168	14.5				147	115	68 503	2 447	21.6	47.3	1 424	170	3.12
	c		170	16.5				158	124	71 430	2 551	21.3	46.8	1 485	175	3.07
63	a	630	176	13	22	15	7.5	155	122	94 004	2 984	24.7	53.8	1 702	194	3.32
	b		178	15				167	131	98 171	3 117	24.2	53.2	1 771	199	3.25
	c		780	17				180	141	102 339	3 249	23.9	52.6	1 842	205	3.2

2. H 型钢

符号：

h—高度；

b—宽度；

t_1—腹板厚度；

t_1—翼缘厚度；

I—惯性矩；

W—截面模量；

i—回转半径；

S_x—半截面的面积矩。

类别	H 型钢规格 ($h \times b \times t_1 \times t_2 \times r$)	截面面积 A/cm²	理论质量 q/(kg·m⁻¹)	x—x 轴			y—y 轴		
				I_x/cm⁴	W_x/cm³	i_x/cm	I_y/cm⁴	W_y/cm³	i_y/cm
HW	100×100×6×8×10	21.9	17.22	383	76.5	4.18	134	26.7	2.47
	125×125×6.5×9×10	30.31	23.8	847	136	5.29	294	47	3.11
	150×150×7×10×13	40.55	31.9	1 660	221	6.39	564	75.1	3.73
	175×17 5×7.5×11×3	51.43	40.3	2 900	331	7.5	984	112	4.37
	200×200×8×12×16	64.28	50.5	4 770	477	8.61	1 600	160	4.99
	#200×204×12×12×16	72.28	56.7	5 030	503	8.35	1 700	167	4.85

类别	H型钢规格 ($h \times b \times t_1 \times t_2 \times r$)	截面面积 A/cm^2	理论质量 $q/$ $(kg \cdot m^{-1})$	x—x 轴			y—y 轴		
				$I_x/$ cm^4	$W_x/$ cm^3	$i_x/$ cm	$I_y/$ cm^4	$W_y/$ cm^3	$i_y/$ cm
HW	250×250×9×14×16	92.18	72.4	10 800	867	10.8	3 650	292	6.29
	#250×255×14×14×16	104.7	82.2	11 500	919	10.5	3 880	304	6.09
	#294×302×12×12×20	108.3	85	17 000	1 160	12.5	5 520	365	7.14
	300×300×10×15×20	120.4	94.5	20 500	1 370	13.1	6 760	450	7.49
	300×305×15×15×20	135.4	106	21 600	1 440	12.6	7 100	466	7.24
	#344×348×10×16×20	146	115	33 300	1 940	15.1	11 200	646	8.78
	350×350×12×19×20	173.9	137	40 300	2 300	15.2	13 600	776	8.84
	#388×402×15×15×24	179.2	141	49 200	2 540	16.6	16 300	809	9.52
	#394×398×11×18×24	187.6	147	56 400	2 860	17.3	18 900	951	10
	400×400×13×21×24	219.5	172	66 900	3 340	17.5	22 400	1 120	10.1
	#400×408×21×21×24	251.5	197	71 100	3 560	16.8	23 800	1 170	9.73
	#414×405×18×28×24	296.2	233	93 000	4 490	17.7	31 000	1 530	10.2
	#428×407×20×35×24	361.4	284	119 000	5 580	18.2	39 400	1 930	10.4
HM	148×100×6×9×13	27.25	21.4	1 040	140	6.17	151	30.2	2.35
	194×150×6×9×16	39.76	31.2	2 740	283	8.3	508	67.7	3.57
	244×175×7×11×16	56.24	44.1	6 120	502	10.4	985	113	4.18
	294×200×8×12×20	73.03	57.3	11 400	779	12.5	1 600	160	4.69
	340×250×9×14×20	101.5	79.7	21 700	1 280	14.6	3 650	292	6
	390×300×10×16×24	136.7	107	38 900	2 000	16.9	7 210	481	7.26
	440×300×11×18×24	157.4	124	56 100	2 550	18.9	8 110	541	7.18
	482×300×11×15×28	146.4	115	60 800	2 520	20.4	6 770	451	6.8
	488×300×11×18×28	164.4	129	71 400	2 930	20.8	8 120	541	7.03
	582×300×12×17×28	174.5	137	103 000	3 530	24.3	7 670	511	6.63
	588×300×12×20×28	192.5	151	118 000	4 020	24.8	9 020	601	6.85
	#594×302×14×23×28	222.4	175	137 000	4 620	24.9	10 600	701	6.9
HN	100×50×5×7×10	12.16	9.54	192	38.5	3.98	14.9	5.96	1.11
	125×60×6×8×10	17.01	13.3	417	66.8	4.95	29.3	9.75	1.31
	150×75×5×7×10	18.16	14.3	679	90.6	6.12	49.6	13.2	1.65
	175×90×5×8×10	23.21	18.2	1 220	140	7.26	97.6	21.7	2.05
	198×99×4.5×7×13	23.59	18.5	1 610	163	8.27	114	23	2.2
	200×100×5.5×8×13	27.57	21.7	1 880	188	8.25	134	26.8	2.21
	248×124×5×8×13	32.89	25.8	3 560	287	10.4	255	41.1	2.78
	250×125×6×9×13	37.87	29.7	4 080	326	10.4	294	47	2.79
	298×149×5.5×8×16	41.55	32.6	6 460	433	12.4	443	59.4	3.26
	300×150×6.5×9×16	47.53	37.3	7 350	490	12.4	508	67.7	3.27
	346×174×6×9×16	53.19	41.8	11 200	649	14.5	792	91	3.86
	350×175×7×11×16	63.66	50	13 700	782	14.7	985	113	3.93
	#400×150×8×13×16	71.12	55.8	18 800	942	16.3	734	97.9	3.21

续表

类别	H 型钢规格 ($h \times b \times t_1 \times t_2 \times r$)	截面面积 A/cm^2	理论质量 $q/$ $(\mathrm{kg} \cdot \mathrm{m}^{-1})$	x—x 轴			y—y 轴		
				$I_x/$ cm^4	$W_x/$ cm^3	$i_x/$ cm	$I_y/$ cm^4	$W_y/$ cm^3	$i_y/$ cm
HN	396×199×7×11×16	72.16	56.7	20 000	1 010	16.7	1 450	145	4.48
	400×200×8×13×16	84.12	66	23 700	1 190	16.8	1 740	174	4.54
	#450×150×9×14×20	83.41	65.5	27 100	1 200	18	793	106	3.08
	446×199×8×12×20	84.95	66.7	29 000	1 300	18.5	1 580	159	4.31
	450×200×9×14×20	97.41	76.5	33 700	1 500	18.6	1 870	187	4.38
	#500×150×10×16×20	98.23	77.1	38 500	1 540	19.8	907	121	3.04
	496×199×9×14×20	101.3	79.5	41 900	1 690	20.3	1 840	185	4.27
	500×200×10×16×20	114.2	89.6	47 800	1 910	20.5	2 140	214	4.33
	#506×201×11×19×20	131.3	103	56 500	2 230	20.8	2 580	257	4.43
	596×199×10×15×24	121.2	95.1	69 300	2 330	23.9	1 980	199	4.04
	600×200×11×17×24	135.2	106	78 200	2 610	24.1	2 280	228	4.11
	#606×201×12×20×24	153.3	120	91 000	3 000	24.4	2 720	271	4.21
	#692×300×13×20×28	211.5	166	172 000	4 980	28.6	9 020	602	6.53
	700×300×13×24×28	235.5	185	201 000	5 760	29.3	10 800	722	6.78

注："#"表示的规格为非常用规格。

3. 普通槽钢

符号：

h—高度；

b—腿宽度；

d—腹板厚度；

t—平均腿厚度；

I—惯性矩；

W—截面模量；

i—回转半径；

r_1—腿端圆弧半径；

r—内圆弧半径；

z_0—y—y 轴与 y_1—y_1 轴间距离。

型号	尺寸/mm						截面 面积/ cm^2	理论质量/ $(\mathrm{kg} \cdot \mathrm{m}^{-1})$	x—x 轴			y—y 轴			y_1—y_1	$z_0/$ cm
	$h/$ mm	$b/$ mm	$d/$ mm	$t/$ mm	$r/$ mm	$r_1/$ mm			$I_x/$ cm^4	$W_x/$ cm^3	$i_x/$ cm	$I_y/$ cm^4	$W_y/$ cm^3	$i_y/$ cm	$I_{y_1}/$ cm^4	
5	50	37	4.5	7	7	3.5	6.92	5.44	26	10.4	1.94	8.3	3.5	1.1	20.9	1.35
6.3	63	40	4.8	7.5	7.5	3.75	8.45	6.63	51	16.3	2.46	11.9	4.6	1.19	28.3	1.39
8	80	43	5	8	8	4	10.24	8.04	101	25.3	3.14	16.6	5.8	1.27	37.4	1.42
10	100	48	5.3	8.5	8.5	4.25	12.74	10	198	39.7	3.94	25.6	7.8	1.42	54.9	1.52
12.6	126	53	5.5	9	9	4.5	15.69	12.31	389	61.7	4.98	38	10.3	1.56	77.8	1.59
14 a	140	58	6	9.5	9.5	4.75	18.51	14.53	564	80.5	5.52	53.2	13	1.7	107.2	1.71
b		60	8	9.5	9.5	4.75	21.31	16.73	609	87.1	5.35	61.2	14.1	1.69	120.6	1.67

型号		尺寸/mm						截面面积/cm²	理论质量/(kg·m⁻¹)	x—x轴			y—y轴			y_1—y_1	z_0/cm
		h/mm	b/mm	d/mm	t/mm	r/mm	r_1/mm			I_x/cm⁴	W_x/cm³	i_x/cm	I_y/cm⁴	W_y/cm³	i_y/cm	I_{y_1}/cm⁴	
16	a	160	63	6.5	10	10	5	21.95	17.23	866	108.3	6.28	73.4	16.3	1.83	144.1	1.79
	b		65	8.5	10	10	5	25.15	19.75	935	116.8	6.1	83.4	17.6	1.82	160.8	1.75
18	a	180	68	7	10.5	10.5	5.25	25.69	20.17	1 273	141.4	7.04	98.6	20	1.96	189.7	1.88
	b		70	9	10.5	10.5	5.25	29.29	22.99	1 370	152.2	6.84	111	21.5	1.95	210.1	1.84
20	a	200	73	7	11	11	5.5	28.83	22.63	1 780	178	7.86	128	24.2	2.11	244	2.01
	b		75	9	11	11	5.5	32.83	25.77	1 914	191.4	7.64	143.6	25.9	2.09	268.4	1.95
22	a	220	77	7	11.5	11.5	5.75	31.84	24.99	2 394	217.6	8.67	157.8	28.2	2.23	298.2	2.1
	b		79	9	11.5	11.5	5.75	36.24	28.45	2 571	233.8	8.42	176.5	30.1	2.21	326.3	2.03
25	a	250	78	7	12	12	6	34.91	27.4	3 359	268.7	9.81	175.9	30.7	2.24	324.8	2.07
	b		80	9	12	12	6	39.91	31.33	3 619	289.6	9.52	196.4	32.7	2.22	355.1	1.99
	c		82	11	12	12	6	44.91	35.25	3 880	310.4	9.3	215.9	34.6	2.19	388.6	1.96
28	a	280	82	7.5	12.5	12.5	6.25	40.02	3 142	4 753	339.5	10.9	217.9	35.7	2.33	393.3	2.09
	b		84	9.5	12.5	12.5	6.25	45.62	35.81	5 118	365.6	10.59	241.5	37.9	2.3	428.5	2.02
	c		86	11.5	12.5	12.5	6.25	51.22	40.21	5 484	391.7	10.35	264.1	40	2.27	467.3	1.99
32	a	320	88	8	14	14	7	48.5	38.07	7 511	469.4	12.44	304.7	46.4	2.51	547.5	2.24
	b		90	10	14	14	7	54.9	43.1	8 057	503.5	12.11	335.6	49.1	2.47	592.9	2.16
	c		92	12	14	14	7	61.3	48.12	8 603	537.7	11.85	365	51.6	2.44	642.7	2.13
36	a	360	96	16	16	16	8	60.89	47.8	11 874	659.7	13.96	455	63.6	2.73	818.5	2.44
	b		98	11	16	16	8	68.09	53.45	12 652	702.9	13.63	496.7	66.9	2.7	880.5	2.37
	c		100	13	16	16	8	75.29	59.1	13 429	746.1	13.36	536.6	70	2.67	948	2.34
40	a	400	100	10.5	18	18	9	75.04	58.91	17 578	878.9	15.3	592	78.8	2.81	1 057.9	2.49
	b		102	12.5	18	18	9	83.04	65.19	18 644	932.2	14.98	640.6	82.6	2.78	1 135.8	2.44
	c		104	14.5	18	18	9	91.04	71.47	19 711	985.6	14.71	687.8	86.2	2.75	1 220.3	2.42

4. 等边角钢

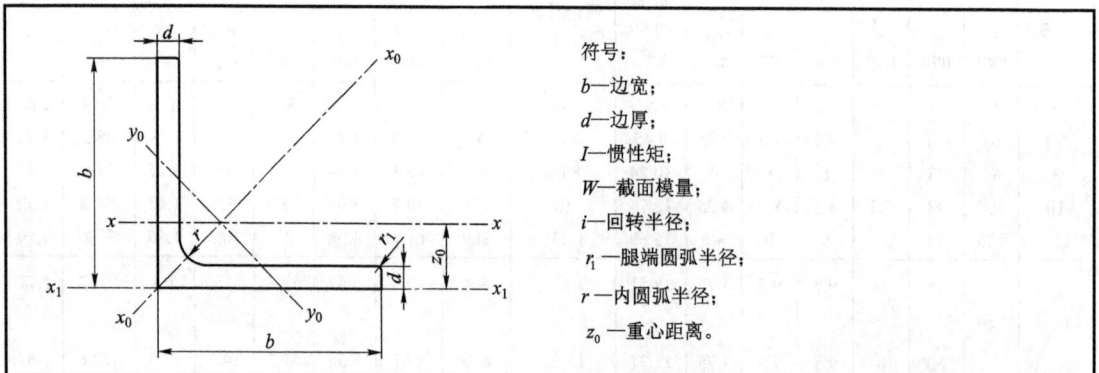

符号：

b—边宽；

d—边厚；

I—惯性矩；

W—截面模量；

i—回转半径；

r_1—腿端圆弧半径；

r—内圆弧半径；

z_0—重心距离。

续表

型号	尺寸/mm b	d	r	截面面积/cm²	理论质量/(kg·m⁻¹)	外表面积/(m²·m⁻¹)	参考数值 x—x I_x/cm⁴	i_x/cm	W_x/cm³	x_0—x_0 I_{x_0}/cm⁴	i_{x_0}/cm	W_{x_0}/cm³	y_0—y_0 I_{y_0}/cm⁴	i_{y_0}/cm	W_{y_0}/cm³	x_1—x_1 I_{x_1}/cm⁴	z_0/cm
2	20	3	3.5	1.132	0.889	0.078	0.4	0.59	0.29	0.63	0.75	0.45	0.17	0.39	0.2	0.81	0.6
		4		1.459	1.145	0.077	0.5	0.58	0.36	0.78	0.73	0.55	0.22	0.38	0.24	1.09	0.64
2.5	25	3		1.432	1.124	0.098	0.82	0.76	0.46	1.29	0.95	0.73	0.34	0.49	0.33	1.57	0.73
		4		1.859	1.459	0.097	1.03	0.74	0.59	1.62	0.93	0.92	0.43	0.48	0.4	2.11	0.76
3	30	3	4.5	1.749	1.373	0.117	1.46	0.91	0.68	2.31	1.15	1.09	0.61	0.59	0.51	2.71	0.85
		4		2.276	1.786	0.117	1.84	0.9	0.87	2.92	1.13	1.37	0.77	0.58	0.62	3.63	0.89
3.6	36	3		2.109	1.656	0.141	2.58	1.11	0.99	4.09	1.39	1.61	1.07	0.71	0.76	4.68	1
		4		2.756	2.163	0.141	3.29	1.09	1.28	5.22	1.38	2.05	1.37	0.7	0.93	6.25	1.04
		5		3.382	2.654	0.141	3.59	1.08	1.56	6.24	1.36	2.45	1.65	0.7	1.09	7.84	1.07
4	40	3	5	2.359	1.852	0.157	3.59	1.23	1.23	5.69	1.55	2.01	1.49	0.79	0.96	6.41	1.09
		4		3.086	2.442	0.157	4.6	1.22	1.6	7.29	1.54	2.58	1.91	0.79	1.19	8.56	1.13
		5		3.791	2.967	0.156	5.53	1.21	1.96	8.76	1.52	3.1	2.3	0.78	1.39	10.74	1.17
4.5	45	3	5	2.659	2.088	0.177	5.17	1.4	1.58	8.2	1.76	2.58	2.14	0.89	1.24	9.12	1.22
		4		3.486	2.736	0.177	6.65	1.38	2.05	10.56	1.74	3.32	2.75	0.89	1.54	12.18	1.26
		5		4.292	3.369	0.176	8.04	1.37	2.51	12.74	1.72	4	3.33	0.88	1.81	15.25	1.3
		6		5.076	3.985	0.176	9.33	1.36	2.95	14.76	1.7	4.64	3.89	0.88	2.06	18.36	1.33
5	50	3	5.5	2.971	2.332	0.197	7.18	1.55	1.96	11.37	1.96	3.22	2.98	1	1.57	12.5	1.34
		4		3.897	3.059	0.197	9.26	1.54	2.56	14.7	1.94	4.16	3.82	0.99	1.96	16.69	1.38
		5		4.803	3.77	0.196	11.21	1.53	3.13	17.79	1.92	5.03	4.64	0.98	2.31	20.9	1.42
		6		5.688	4.465	0.196	13.05	1.52	3.68	20.68	1.91	5.85	5.42	0.98	2.63	25.14	1.46
5.6	56	3	6	3.343	2.624	0.221	10.19	1.75	2.48	16.14	2.2	4.08	4.24	1.13	2.02	17.56	1.48
		4		4.39	3.446	0.22	13.18	1.73	3.24	20.92	2.18	5.28	5.46	1.11	2.52	23.43	1.53
		5		5.415	4.251	0.22	16.02	1.72	3.97	25.42	2.17	6.42	6.61	1.1	2.98	29.33	1.57
		8		8.367	6.586	0.219	23.63	1.68	6.03	37.37	2.11	9.44	9.89	1.09	4.16	47.24	1.68
6.3	63	4	7	4.978	3.907	0.248	19.03	1.96	4.13	30.17	2.46	6.78	7.89	1.26	3.29	33.35	1.7
		5		6.143	4.822	0.248	23.17	1.94	5.08	36.77	2.45	8.25	9.57	1.25	3.9	41.73	1.74
		6		7.288	5.721	0.247	27.12	1.93	6	43.03	2.43	9.66	11.2	1.24	4.46	50.14	1.78
		8		9.515	7.469	0.247	34.46	1.9	7.75	54.56	2.4	12.25	14.33	1.23	5.47	67.11	1.85
		10		11.657	9.151	0.246	41.09	1.88	9.39	64.85	2.36	14.56	17.33	1.22	6.36	84.31	1.93
7	70	4	8	5.57	4.372	0.275	26.39	2.18	5.14	41.8	2.74	8.44	10.99	1.4	4.17	45.74	1.86
		5		6.875	5.397	0.275	32.21	2.16	6.32	51.08	2.73	10.32	13.34	1.39	4.95	57.21	1.91
		6		8.16	6.406	0.275	37.77	2.15	7.48	59.93	2.71	12.11	15.61	1.38	5.67	68.73	1.95
		7		9.424	7.398	0.275	43.09	2.14	8.59	68.35	2.69	13.81	17.82	1.38	6.34	80.29	1.99
		8		10.667	8.373	0.274	48.17	2.12	9.68	76.37	2.68	15.43	19.98	1.37	6.98	91.92	2.03
7.5	75	5	9	7.412	5.818	0.295	39.97	2.33	7.32	63.3	2.92	11.94	16.63	1.5	5.77	70.56	2.04
		6		8.797	6.905	0.294	46.95	2.31	8.64	74.38	2.9	14.02	19.51	1.49	6.67	84.55	2.07
		7		10.16	7.976	0.294	53.57	2.3	9.93	84.96	2.89	16.02	22.18	1.48	7.44	98.71	2.11
		8		11.503	9.03	0.294	59.96	2.28	11.2	95.07	2.88	17.93	24.86	1.47	8.19	112.97	2.15
		10		14.126	11.089	0.293	71.98	2.26	13.64	113.92	2.84	21.48	30.05	1.46	9.56	141.71	2.22
8	80	5	9	7.912	6.211	0.315	48.79	2.48	8.34	77.33	3.13	13.67	20.25	1.6	6.66	85.36	2.15
		6		9.397	7.376	0.314	57.35	2.47	9.87	90.98	3.11	16.08	23.72	1.59	7.65	102.5	2.19
		7		10.86	8.525	0.314	65.58	2.46	11.37	104.07	3.1	18.4	27.09	1.58	8.58	119.7	2.23
		8		12.303	9.658	0.314	73.49	2.44	12.83	116.6	3.08	20.61	30.39	1.57	9.46	136.97	2.27
		10		15.126	11.874	0.313	88.43	2.42	15.64	140.09	3.04	24.76	36.77	1.56	11.08	171.74	2.35

型号	尺寸/mm			截面面积/cm²	理论质量/(kg·m⁻¹)	外表面积/(m²·m⁻¹)	参考数值										
							x—x			x_0—x_0			y_0—y_0			x_1—x_1	z_0/cm
	b	d	r				I_x/cm⁴	i_x/cm	W_x/cm³	I_{x_0}/cm⁴	i_{x_0}/cm	W_{x_0}/cm³	I_{y_0}/cm⁴	i_{y_0}/cm	W_{y_0}/cm³	I_{x_1}/cm⁴	
9	90	6	10	10.637	8.35	0.354	82.77	2.79	12.61	131.26	3.51	20.63	34.28	1.8	9.95	145.87	2.44
		7		12.301	9.656	0.354	94.83	2.78	14.54	150.47	3.5	23.64	39.18	1.78	11.19	170.3	2.48
		8		13.944	10.946	0.353	106.47	2.76	16.42	168.97	3.48	26.55	43.97	1.78	12.35	194.8	2.52
		10		17.167	13.476	0.353	128.58	2.74	20.07	203.9	3.45	32.04	53.26	1.76	14.52	244.07	2.59
		12		20.306	15.94	0.352	149.22	2.71	23.57	236.21	3.41	37.12	63.22	1.75	16.49	293.76	2.67
10	100	6	12	11.932	9.366	0.393	114.95	3.1	15.68	181.98	3.9	25.74	47.92	2	12.69	200.07	2.67
		7		13.796	10.83	0.393	131.86	3.09	18.1	208.97	3.89	29.55	54.74	1.99	14.26	233.54	2.71
		8		15.638	12.276	0.393	148.24	3.08	20.47	235.07	3.88	33.24	61.41	1.98	15.75	267.09	2.76
		10		19.261	15.12	0.392	179.51	3.05	25.06	284.58	3.84	40.26	74.35	1.96	18.54	334.48	2.84
		12		22.8	17.898	0.391	208.9	3.03	29.48	330.95	3.81	46.8	86.84	1.95	21.08	402.34	2.91
		14		26.256	20.611	0.391	236.53	3	33.73	374.06	3.77	52.9	99	1.94	23.44	470.75	2.99
		16		29.627	23.257	0.39	262.53	2.98	37.82	414.16	3.74	58.57	110.89	1.94	25.63	539.8	3.06
11	110	7	12	15.196	11.928	0.433	177.16	3.41	22.05	280.94	4.3	36.12	73.38	2.2	17.51	310.64	2.96
		8		17.238	13.532	0.433	199.46	3.4	24.95	316.49	4.28	40.69	82.42	2.19	19.39	355.2	3.01
		10		21.261	16.69	0.432	242.19	3.38	30.6	384.39	4.25	49.42	99.98	2.17	22.91	444.65	3.09
		12		25.2	19.782	0.431	282.55	3.35	36.05	448.17	4.22	57.62	116.93	2.15	26.15	534.6	3.16
		14		29.056	22.809	0.431	320.71	3.32	41.31	508.01	4.18	65.31	133.4	2.14	29.14	625.16	3.24
12.5	125	8	14	19.75	15.504	0.492	297.03	3.88	32.52	470.89	4.88	53.28	123.16	2.5	25.86	521.01	3.37
		10		24.373	19.133	0.491	361.67	3.85	39.97	573.89	4.85	64.93	149.46	2.48	30.62	651.93	3.45
		12		28.912	22.696	0.491	423.16	3.83	41.17	671.44	4.82	75.96	174.88	2.46	35.03	783.42	3.53
		14		38.367	26.193	0.49	481.65	3.8	54.16	763.73	4.78	86.41	199.57	2.45	39.13	915.61	3.61
14	140	10	14	27.373	21.488	0.551	514.65	4.34	50.58	817.27	5.46	82.56	212.04	2.78	39.2	915.11	3.82
		12		32.512	25.522	0.551	603.68	4.31	59.8	958.79	5.43	96.85	248.57	2.76	45.02	1 099.28	3.9
		14		37.567	29.49	0.55	688.81	4.28	68.75	1 093.56	5.4	110.47	284.06	2.75	50.45	1 284.22	3.98
		16		42.539	33.393	0.549	770.24	4.26	77.46	1 221.81	5.36	123.42	318.67	2.74	55.55	1 470.07	4.06
16	160	10	16	31.502	24.729	0.63	779.53	4.98	66.7	1 237.3	6.27	109.36	321.76	3.2	52.76	1 365.33	4.31
		12		37.441	29.391	0.63	916.58	4.95	78.98	1 455.68	6.24	128.67	377.49	3.18	60.74	1 639.57	4.39
		14		43.296	33.987	0.629	1 048.36	4.92	90.95	1 665.02	6.2	147.17	431.7	3.16	68.24	1 914.68	4.47
		16		49.067	38.518	0.629	1 175.08	4.89	102.63	1 865.57	6.17	164.89	484.59	3.14	75.31	2 190.82	4.55
18	180	12		42.241	33.159	0.71	1 321.35	5.59	100.82	2 100.1	7.05	165	542.61	3.58	78.41	2 332.8	4.89
		14		48.896	38.383	0.709	1 514.48	5.56	116.25	2 407.42	7.02	189.14	621.53	3.56	88.38	2 723.48	4.97
		16		55.467	43.542	0.709	1 700.99	5.54	131.13	2 703.37	6.98	212.4	698.6	3.55	97.83	3 115.29	5.05
		18		61.955	48.634	0.708	1 875.12	5.5	145.64	2 988.24	6.94	234.78	762.01	3.51	105.14	3 502.43	5.13
20	200	14	18	54.642	42.894	0.788	2 103.55	6.2	144.7	3 343.26	7.82	236.4	863.83	3.98	111.82	3 734.1	5.46
		16		62.013	48.68	0.788	2 366.15	6.18	163.65	3 760.89	7.79	265.93	971.41	3.96	123.96	4 270.39	5.54
		18		69.301	54.401	0.787	2 620.64	6.15	182.22	4 164.54	7.75	294.48	1 076.74	3.94	135.52	4 808.13	5.62
		20		76.505	60.056	0.787	2 867.3	6.12	200.42	4 554.55	7.72	322.06	1 118.04	3.93	146.55	5 347.51	5.69
		24		90.661	71.168	0.785	3 338.25	6.07	236.17	5 294.97	7.64	374.41	1 381.53	3.9	166.65	6 457.16	5.87

5. 不等边角钢

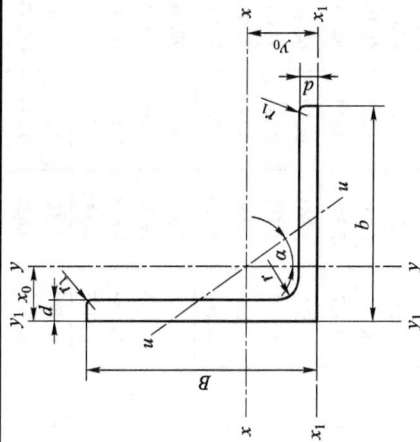

符号：
B—长边宽度；
b—短边宽度；
d—边厚；
I—惯性矩；
W—截面模量；
i—回转半径；
r₁—边端圆弧半径；
r—内圆弧半径；
x₀—重心距离；
y₀—重心距离。

型号	尺寸/mm B	b	d	r	截面面积/cm²	理论质量/(kg·m⁻¹)	外表面积/(m²·m⁻¹)	$x-x$ I_x/cm⁴	i_x/cm	W_x/cm³	$y-y$ I_y/cm⁴	i_y/cm	W_y/cm³	x_1-x_1 I_{x_1}/cm⁴	y_0/cm	y_1-y_1 I_{y_1}/cm⁴	x_0/cm	$u-u$ I_u/cm⁴	i_u/cm	W_u/cm³	$\tan\alpha$
4	25	16	3	3.5	1.162	0.912	0.08	0.7	0.78	0.43	0.22	0.44	0.19	1.56	0.86	0.43	0.42	0.14	0.34	0.16	0.392
			4		1.499	1.177	0.079	0.88	0.77	0.55	0.27	0.43	0.24	2.09	0.9	0.59	0.46	0.17	0.34	0.2	0.381
3.2/2	32	20	3	3.5	1.492	1.171	0.102	1.53	1.01	0.72	0.46	0.55	0.3	3.27	1.08	0.82	0.49	0.28	0.43	0.25	0.382
			4		1.939	1.522	0.101	1.93	1	0.93	0.57	0.54	0.39	4.37	1.12	1.12	0.53	0.35	0.42	0.32	0.374
4/2.5	40	25	3	4	1.89	1.484	0.127	3.08	1.28	1.15	0.93	0.7	0.49	6.39	1.32	1.59	0.59	0.56	0.54	0.4	0.386
			4		2.467	1.937	0.127	3.93	1.26	1.49	1.18	0.69	0.63	8.53	1.37	2.14	0.63	0.71	0.54	0.52	0.381
4.5/2.8	45	28	3	5	2.149	1.687	0.143	4.45	1.44	1.47	1.34	0.79	0.62	9.1	1.47	2.23	0.64	0.8	0.61	0.51	0.383
			4		2.806	2.203	0.143	5.69	1.42	1.91	1.7	0.78	0.8	12.13	1.51	3	0.68	1.02	0.6	0.66	0.38
5/3.2	50	32	3	5.5	2.431	1.908	0.161	6.24	1.6	1.84	2.02	0.91	0.82	12.49	1.6	3.31	0.73	1.2	0.7	0.68	0.404
			4		3.177	2.494	0.16	8.02	1.59	2.39	2.58	0.9	1.06	16.65	1.65	4.45	0.77	1.53	0.69	0.87	0.402
5.6/3.6	56	36	3	6	2.734	2.153	0.181	8.88	1.8	2.32	2.92	1.03	1.05	17.54	1.78	4.7	0.8	1.73	0.79	0.87	0.408
			4		3.59	2.818	0.18	11.45	1.79	3.03	3.76	1.02	1.37	23.39	1.82	6.33	0.85	2.23	0.79	1.13	0.408
			5		4.415	3.466	0.18	13.86	1.77	3.71	4.49	1.01	1.65	29.25	1.87	7.94	0.88	2.67	0.78	1.36	0.404

参考数值

续表

型号	尺寸/mm B	b	d	r	截面面积/cm²	理论质量/(kg·m⁻¹)	外表面积/(m²·m⁻¹)	I_x/cm⁴	i_x/cm	W_x/cm³	I_y/cm⁴	i_y/cm	W_y/cm³	I_{x_1}/cm⁴	y_0/cm	I_{y_1}/cm⁴	x_0/cm	I_u/cm⁴	i_u/cm	W_u/cm³	$\tan\alpha$
6.3/4	63	40	4	7	4.058	3.186	0.202	16.49	2.02	3.87	5.23	1.14	1.7	33.3	2.04	8.63	0.92	3.12	0.88	1.4	0.398
			5		4.993	3.92	0.202	20.02	2	4.74	6.31	1.12	2.71	41.63	2.08	10.86	0.95	3.76	0.87	1.71	0.396
			6		5.908	4.638	0.201	23.36	1.96	5.59	7.29	1.11	2.43	49.98	2.12	13.12	0.99	4.34	0.86	1.99	0.393
			7		6.802	5.34	0.201	26.53	1.98	6.4	8.24	1.1	2.78	58.07	2.15	15.47	1.03	4.97	0.86	2.29	0.389
7/4.5	70	45	4	7.5	4.547	3.569	0.226	23.17	2.26	4.86	7.55	1.29	2.17	45.92	2.24	12.26	1.02	4.4	0.98	1.77	0.41
			5		5.609	4.403	0.225	27.95	2.23	5.92	9.13	1.28	2.65	57.1	2.28	15.39	1.06	5.4	0.98	2.19	0.407
			6		6.647	5.218	0.225	32.54	2.21	6.95	10.62	1.26	3.12	68.35	2.32	18.58	1.09	6.35	0.98	2.59	0.404
			7		7.657	6.011	0.225	37.22	2.2	8.03	12.01	1.25	3.57	79.99	2.36	21.84	1.13	7.16	0.97	2.94	0.402
7.5/5	75	50	5	8	6.125	4.808	0.245	34.86	2.39	6.83	12.61	1.44	3.3	70	2.4	21.04	1.17	7.41	1.1	2.74	0.435
			6		7.26	5.699	0.245	41.12	2.38	8.12	14.7	1.42	3.88	84.3	2.44	25.37	1.21	8.54	1.08	3.19	0.435
			8		9.467	7.432	0.244	52.39	2.35	10.52	18.53	1.4	4.99	112.5	2.52	34.23	1.29	10.87	1.07	4.1	0.429
			10		11.59	9.098	0.244	62.71	2.32	12.79	21.96	1.38	6.04	140.8	2.6	43.43	1.36	13.1	1.06	4.99	0.423
8/5	80	50	5	8.5	6.375	5.004	0.255	41.96	2.56	7.78	12.82	1.42	3.32	85.21	2.6	21.06	1.14	7.66	1.1	2.74	0.388
			6		7.56	5.935	0.255	49.49	2.56	9.25	14.95	1.41	3.91	102.53	2.65	25.41	1.18	8.85	1.08	3.2	0.387
			7		8.724	6.848	0.255	56.16	2.54	10.58	16.96	1.39	4.45	119.33	2.69	29.82	1.21	10.18	1.08	3.7	0.384
			8		9.867	7.746	0.254	62.83	2.52	11.92	18.86	1.38	5.03	136.41	2.73	34.32	1.25	11.38	1.07	4.16	0.381
9/5.6	90	56	5	9	7.212	5.661	0.287	60.45	2.9	9.92	18.32	1.59	4.21	121.32	2.91	29.53	1.25	10.93	1.23	3.4	0.385
			6		8.557	6.717	0.286	71.03	2.88	11.74	21.42	1.58	4.96	145.59	2.95	35.58	1.29	12.9	1.23	4.13	0.384
			7		9.88	7.756	0.286	81.01	2.86	13.49	24.36	1.57	5.7	169.66	3	41.71	1.33	14.67	1.22	4.72	0.382
			8		11.183	8.779	0.286	91.03	2.85	15.27	27.15	1.56	6.41	194.17	3.04	47.93	1.36	16.34	1.21	5.29	0.38
10/6.3	100	63	6	10	9.617	7.549	0.32	99.06	3.21	14.64	30.94	1.79	6.35	199.71	3.24	50.5	1.43	18.42	1.38	5.25	0.394
			7		11.111	8.722	0.32	113.45	3.2	16.88	35.26	1.78	7.29	233	3.28	59.14	1.47	21	1.38	6.02	0.393
			8		12.584	9.878	0.319	127.37	3.18	19.08	39.39	1.77	8.21	266.32	3.32	67.88	1.5	23.5	1.37	6.78	0.391
			10		15.467	12.142	0.319	153.81	3.15	23.32	47.12	1.74	9.98	333.06	3.4	85.73	1.58	28.33	1.35	8.24	0.387
10/8	100	80	6	10	10.637	8.35	0.354	107.04	3.17	15.19	61.24	2.4	10.16	199.83	2.95	102.68	1.97	31.65	1.72	8.37	0.627
			7		12.301	9.656	0.354	122.73	3.16	17.52	70.08	2.39	11.71	233.2	3	119.98	2.01	36.17	1.72	9.6	0.626
			8		13.944	10.946	0.353	137.92	3.14	19.81	78.58	2.37	13.21	266.61	3.04	137.37	2.05	40.58	1.71	10.8	0.625
			10		17.167	13.476	0.353	166.87	3.12	24.24	94.65	2.35	16.12	333.63	3.12	172.48	2.13	49.1	1.69	13.12	0.622

续表

型号	尺寸/mm				截面面积/cm²	理论质量/(kg·m⁻¹)	外表面积/(m²·m⁻¹)	参考数值														
								x—x			y—y			x₁—x₁		y₁—y₁		u—u			tan α
	B	b	d	r				I_x/cm⁴	i_x/cm	W_x/cm³	I_y/cm⁴	i_y/cm	W_y/cm³	I_{x_1}/cm⁴	y_0/cm	I_{y_1}/cm⁴	x_0/cm	I_u/cm⁴	i_u/cm	W_u/cm³	
11/7	110	70	6	10	10.637	8.35	0.354	133.37	3.54	17.85	42.92	2.01	7.9	265.78	3.53	69.08	1.57	25.36	1.54	6.53	0.403
			7		12.301	9.656	0.354	153	3.53	20.6	49.01	2	9.09	310.7	3.57	80.32	1.61	28.95	1.53	7.5	0.402
			8		13.944	10.946	0.353	172.04	3.51	23.3	54.87	1.98	10.25	354.39	3.62	92.7	1.65	32.45	1.53	8.45	0.401
			10		17.167	13.476	0.353	208.39	3.48	28.54	65.88	1.96	12.48	443.13	3.7	116.83	1.72	39.2	1.51	10.29	0.397
12.5/8	125	80	7	11	14.096	11.065	0.403	227.98	4.02	26.86	74.42	2.3	12.01	454.99	4.01	120.32	1.8	43.81	1.76	9.92	0.408
			8		15.989	12.551	0.403	256.77	4.01	30.41	83.49	2.28	13.56	519.99	4.06	137.85	1.84	49.15	1.75	11.18	0.407
			10		19.712	15.474	0.402	312.04	3.98	37.33	100.67	2.26	16.56	650.09	4.14	173.4	1.92	59.45	1.74	13.64	0.404
			12		23.351	18.331	0.402	364.41	3.95	44.01	116.67	2.24	19.43	780.39	4.22	209.67	2	69.53	1.72	16.01	0.4
14/9	140	90	8	12	18.038	14.16	0.453	365.64	4.5	38.48	120.69	2.59	17.34	730.53	4.5	195.79	2.04	70.83	1.98	14.31	0.411
			10		22.261	17.475	0.452	445.5	4.47	47.31	146.03	2.56	21.22	913.2	4.58	245.92	2.12	85.82	1.96	17.48	0.409
			12		26.4	20.724	0.451	521.59	4.44	55.87	169.79	2.54	24.95	1 096.09	4.66	296.89	2.19	100.21	1.95	20.54	0.406
			14		30.456	23.908	0.451	594.1	4.42	64.18	192.1	2.51	28.54	1 279.26	4.47	348.82	2.27	114.13	1.94	23.52	0.403
16/10	160	100	10	13	25.315	19.872	0.512	668.69	5.14	62.13	205.03	2.85	26.56	1 362.89	5.24	336.59	2.28	121.74	2.19	21.92	0.39
			12		30.054	23.592	0.511	784.91	5.11	73.49	239.06	2.82	31.28	1 635.56	5.32	405.94	2.36	142.33	2.17	25.79	0.388
			14		34.709	27.247	0.51	896.3	5.08	84.56	271.2	2.8	35.83	1 908.5	5.4	476.42	2.43	162.23	2.16	29.56	0.385
			16		39.281	30.836	0.51	1 003.04	5.05	95.33	301.6	2.77	40.24	2 181.79	5.48	548.22	2.51	182.57	2.16	33.44	0.382
18/11	180	110	10	14	28.373	22.273	0.571	956.25	5.8	78.96	278.11	3.13	32.49	1 940.4	5.89	447.22	2.44	166.5	2.42	26.88	0.376
			12		33.712	26.464	0.571	1 124.72	5.78	93.53	325.03	3.1	38.32	2 328.38	5.98	538.94	2.52	194.87	2.4	31.66	0.374
			14		38.967	30.589	0.57	1 296.91	5.75	107.76	369.55	3.08	43.97	2 716.6	6.06	631.95	2.59	222.3	2.39	36.32	0.372
			16		44.139	34.649	0.569	1 443.06	5.72	121.64	411.85	3.06	49.44	3 105.15	6.14	726.46	2.67	248.94	2.38	40.87	0.369
20/12.5	200	125	12	14	37.912	29.761	0.641	1 570.9	6.44	116.73	483.16	3.57	49.99	3 193.85	6.54	787.74	2.83	285.79	2.74	41.23	0.392
			14		43.867	34.436	0.64	1 800.97	6.41	134.56	550.83	3.54	57.44	3 726.17	6.62	922.47	2.91	326.58	2.73	47.34	0.39
			16		49.739	39.045	0.639	2 023.35	6.38	152.18	615.44	3.52	64.69	4 258.86	6.7	1 058.86	2.99	366.21	2.71	53.32	0.388
			18		55.526	43.588	0.639	2 238.3	6.35	169.33	677.19	3.49	71.74	4 792	6.78	1 197.13	3.06	404.83	2.7	59.18	0.385

思考题答案

项目1　静力学基础

1. 解：（1）杆 *BC* 的受力图，如图 1.1 所示。

（2）杆 *AB* 的受力图，表示法一，如图 1.2 所示；表示法二，如图 1.3 所示。

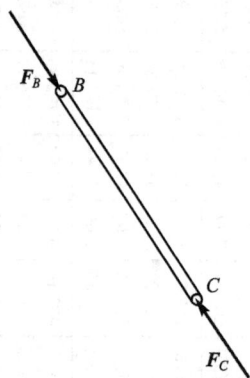

图 1.1　杆 *BC* 的受力图

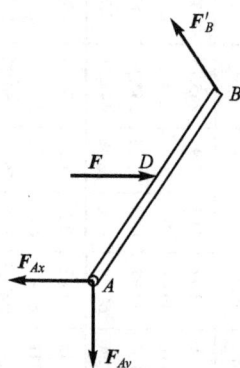

图 1.2　杆 *AB* 的受力图（表示法一）

2. 解：碾子的受力图如图 1.4 所示。

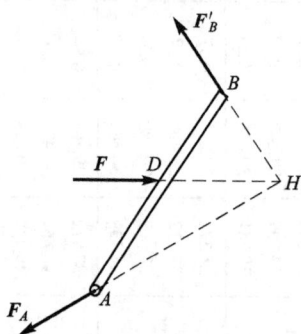

图 1.3　杆 *AB* 的受力图（表示法二）

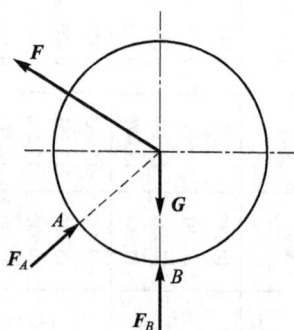

图 1.4　碾子的受力图

3. 解：左半拱片 *AB* 的受力图，如图 1.5 所示。

4. 解：（1）梯子 *AB* 部分的受力图，如图 1.6 所示。

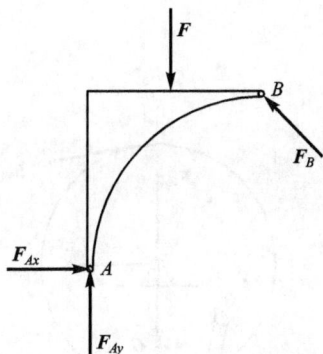

图 1.5 左半拱片 *AB* 的受力图

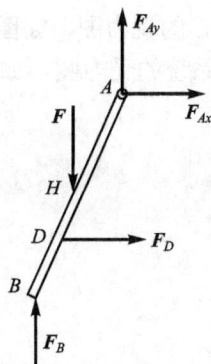

图 1.6 梯子 *AB* 部分的受力图

（2）梯子的 *AC* 部分的受力图，如图 1.7 所示。

（3）梯子整个系统的受力图，如图 1.8 所示。

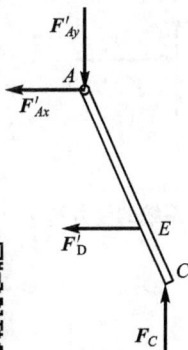

图 1.7 梯子的 *AC* 部分的受力图

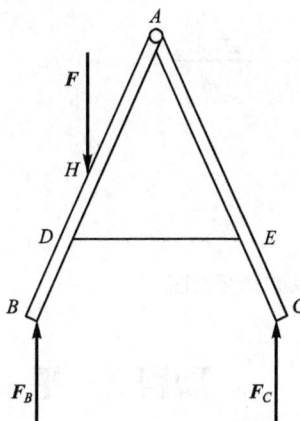

图 1.8 梯子整个系统的受力图

5. 解：（1）带轮 *A* 的受力图，如图 1.9 所示。

（2）连杆 *BC* 的受力图，如图 1.10 所示。

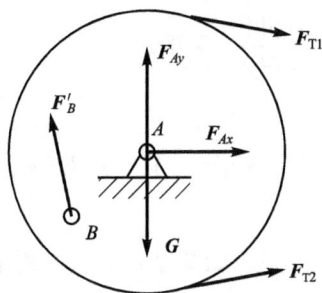

图 1.9 带轮 *A* 的受力图

图 1.10 连杆 *BC* 的受力图

（3）冲头 C 的受力图，如图 1.11 所示。

（4）整个系统的受力图，如图 1.12 所示。

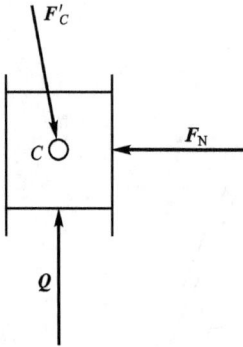

图 1.11　冲头 C 的受力图

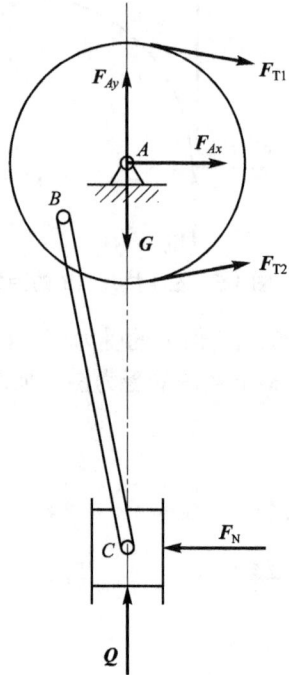

图 1.12　整个系统的受力图

项目 2　平 面 力 系

1. 解：取坐标系 Oxy。

（1）求向 O 点简化结果。

① 求主矢 $\boldsymbol{R}_O$。

$$R_{Ox} = \sum F_x = -F_2 \cos 60° + F_3 + F_4 \cos 30° = 4.598\,\text{kN}$$

$$R_{Oy} = \sum F_y = F_1 - F_2 \sin 60° + F_4 \sin 30° = 1 - 2 \times \frac{\sqrt{3}}{2} + 3 \times \frac{1}{2} = 0.768\,（\text{kN}）$$

$$R_O = \sqrt{R_{Ox}^2 + R_{Oy}^2} = 4.662\,\text{kN}$$

$$\cos(\boldsymbol{R}_O,\ x) = \frac{R_{Ox}}{R_O} = \frac{4.598}{4.662} = 0.986$$

② 求主矩。

$$M_O = \sum m_O(\boldsymbol{F}_i) = 2F_2 \cos 60° - 2F_3 + 3F_4 \sin 30° = 0.5\,\text{kN} \cdot \text{m}$$

（2）求合成结果。

合成为一个合力 $\boldsymbol{R}$，$\boldsymbol{R}$ 的大小、方向与 $\boldsymbol{R}_0$ 相同，如图 2.1 所示。其作用线与 O 点的垂直距离为

$$d = \frac{M_O}{R_O} = \frac{0.5}{4.662} = 0.107 \ (\text{m})$$

2. 解：（a）$M_O(\boldsymbol{F}) = Fl$；

（b）$M_O(\boldsymbol{F}) = Fl\sin\beta$；

（c）$M_O(\boldsymbol{F}) = Fl\sin\theta$；

（d）$M_O(\boldsymbol{F}) = 0$；

（e）$M_O(\boldsymbol{F}) = -Fa$；

（f）$M_O(\boldsymbol{F}) = F(l+r)$；

（g）$M_O(\boldsymbol{F}) = F\sqrt{l^2+b^2}\sin\alpha$。

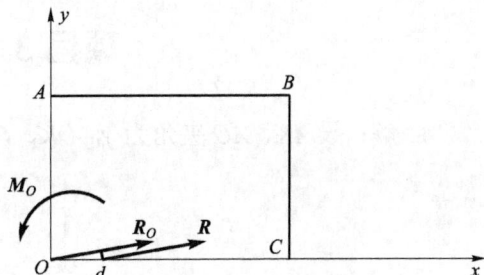

图 2.1　合成结果

3. 解：（1）取研究对象：整体。

（2）受力分析。特点：力偶系。

（3）平衡条件：

$$\sum m_i = F \cdot 2a - F_A \cdot l = 0$$

所以

$$F_B = F_A = \frac{2Fa}{l}$$

4. 解：（1）取研究对象：整体。

（2）受力分析。特点：力偶系。

（3）平衡条件：

$$\sum m_i = F \cdot 2a - F_A \cdot \cos\alpha \cdot l = 0$$

所以

$$F_B = F_A = \frac{2Fa}{l\cos\alpha}$$

5. 解：由砖的受力图与平衡要求可知，$F_{\text{fm}} = 0.5G = 0.5F$；$F_{NA} = F_{NB}$ 至少要等于 $F_{\text{fm}} / f_s = F = G$。

再取 AHB 讨论，受力图如图 2.2 所示。

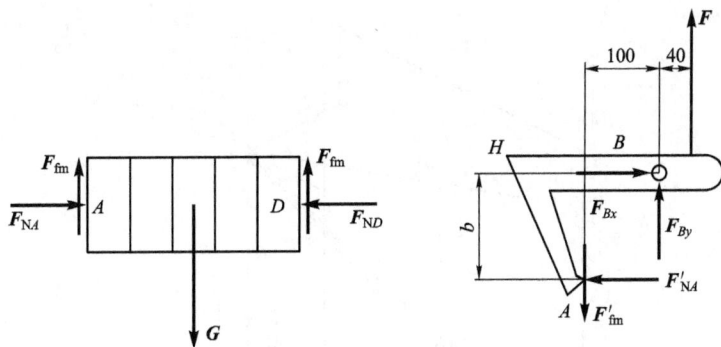

图 2.2　砖和 AHB 的受力图

要保证砖夹住不滑掉，图中各力对 B 点逆时针的矩必须大于各力对 B 点顺时针的矩。

即

$$F \times 0.04 + F'_{\text{fm}} \times 0.1 \geqslant F_{NA} \times b$$

代入 $F_{\text{fm}} = F'_{\text{fm}} = 0.5G = 0.5F$，$F_{NA} = F'_{NA} = F = G$，可以解得 $b \leqslant 0.09 \ \text{m} = 9 \ \text{cm}$。

项目 3　空　间　力　系

1. 解：设 AK、AO 夹角为 γ，OK、Ox 夹角为 θ，如图 3.1 所示。

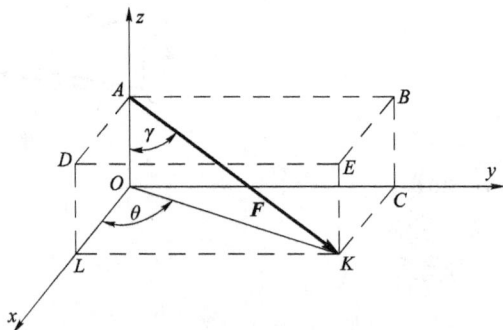

图 3.1　空间力 F

$$F_x = F\sin\gamma\cos\theta = F \times \frac{\sqrt{3^2+12^2}}{\sqrt{3^2+12^2+4^2}} \times \frac{3}{\sqrt{3^2+12^2}} = 143 \times \frac{3}{13} = 33 \ (\text{N})$$

$$F_y = F\sin\gamma\sin\theta = F \times \frac{\sqrt{3^2+12^2}}{\sqrt{3^2+12^2+4^2}} \times \frac{12}{\sqrt{3^2+12^2}} = 143 \times \frac{12}{13} = 132 \ (\text{N})$$

$$F_z = -F\cos\gamma = -143 \times \frac{4}{\sqrt{3^2+12^2+4^2}} = -143 \times \frac{4}{13} = -44 \ (\text{N})$$

$$M_x(\boldsymbol{F}) = -F_z \times AB = -44 \times 0.12 = -5.28 \ (\text{N}\cdot\text{m})$$

$$M_y(\boldsymbol{F}) = F_z \times CK = 44 \times 0.03 = 1.32 \ (\text{N}\cdot\text{m})$$

$$M_z(\boldsymbol{F}) = 0$$

2. 解：以铰 A 为研究对象，建立如图 3.2 所示坐标。

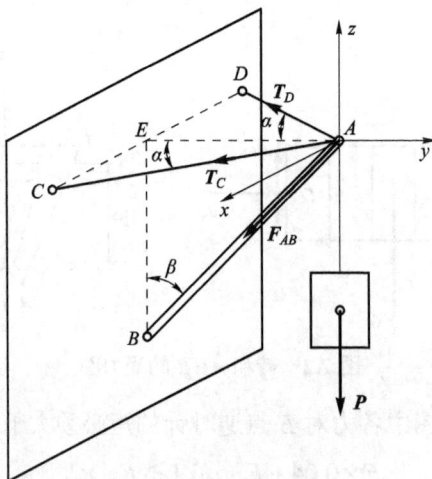

图 3.2　铰 A 的受力图

$$\sum F_x = 0 \Rightarrow T_C \sin\alpha - T_D \sin\alpha = 0$$

$$\sum F_y = 0 \Rightarrow -T_C \cos\alpha - T_D \cos\alpha - F_{AB} \sin\beta = 0$$

$$\sum F_z = 0 \Rightarrow -F_{AB} \cos\beta - P = 0$$

由几何关系

$$\cos\alpha = \frac{24}{\sqrt{12^2 + 24^2}} = \frac{2}{\sqrt{5}}$$

解得

$$F_{AB} = -1\,414.214\ \text{N}\ ,\quad T_C = T_D = 559.017\ \text{N}$$

项目 4 轴向拉伸与压缩

1. 解：各杆指定截面的轴力及轴力图如图 4.1 所示。

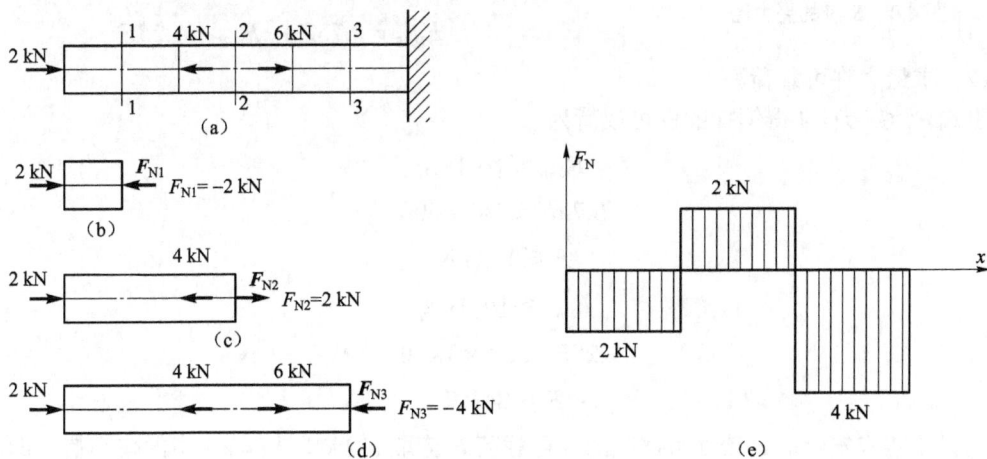

图 4.1 各杆指定截面的轴力及轴力图

2. 解：假设左右两端应力为 σ_1，中间部分应力为 σ_2。

$$\sigma_1 = \frac{F_{N1}}{A_1} = \frac{150 \times 10^3}{\dfrac{\pi \times 50^2}{4}} = \frac{240}{\pi}\ (\text{N/mm}^2) = 76.433\ (\text{MPa})$$

$$\sigma_2 = \frac{F_{N2}}{A_2} = \frac{150 \times 10^3}{\dfrac{\pi \times 30^2}{4}} = \frac{2\,000}{3\pi}\ (\text{N/mm}^2) = 212.314\ (\text{MPa})$$

$$\Delta l_1 = \frac{F_{N1} \times \left(\dfrac{l - l_1}{2}\right)}{EA_1} = \frac{150 \times 10^3 \times 50}{200 \times 10^3 \times \dfrac{\pi \times 50^2}{4}} = \frac{3}{50\pi}\ (\text{mm}) = 0.019\ (\text{mm})$$

$$\Delta l_2 = \frac{F_{N2} \times l_1}{EA_2} = \frac{150 \times 10^3 \times 150}{200 \times 10^3 \times \dfrac{\pi \times 30^2}{4}} = \frac{1}{2\pi}\ (\text{mm}) = 0.159\ (\text{mm})$$

$$\Delta l_3 = \frac{F_{N3} \times \left(\dfrac{l - l_1}{2} \right)}{EA_1} = \Delta l_1 = \frac{3}{50\pi} \text{ mm} = 0.019 \text{ mm}$$

$$\Delta l = \Delta l_1 + \Delta l_2 + \Delta l_3 = \frac{31}{50\pi} \text{ mm} = 0.197 \text{ mm}$$

3. 解：（1）受力分析。

用截面法截取 B 铰为研究对象，画受力图如图 4.2 所示。由平衡条件可求得各杆轴力 F_{NAB} 和 F_{NBC} 与载荷 F 的关系。

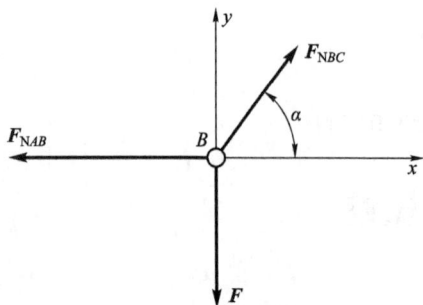

图 4.2　B 铰的受力图

$$\sum F_y = 0 \Rightarrow F_{NBC} \sin\alpha - F = 0$$

$$\sum F_x = 0 \Rightarrow F_{NBC} \cos\alpha - F_{NAB} = 0$$

$$\sin\alpha = \frac{4}{5}, \quad \cos\alpha = \frac{3}{5}$$

$$F_{NAB} = 0.75F, \quad F_{NBC} = 1.25F$$

（2）求最大许可载荷。

由式 $F_N \leqslant [\sigma] \cdot A$ 得钢杆的许可载荷为

$$F_{NAB} \leqslant [\sigma_1] \cdot A_1$$

即　　　　　　　　　　　$0.75F \leqslant 140 \times 600$

得　　　　　　　　　　　$F \leqslant 112 \text{ kN}$

$$F_{NBC} \leqslant [\sigma_2] \cdot A_2$$

即　　　　　　　　　　$1.25F \leqslant 3.5 \times 3 \times 10^4$

得　　　　　　　　　　　$F \leqslant 84 \text{ kN}$

为保证结构安全，B 铰处可吊起的许可载荷 F 应取 112 kN、84 kN 中的较小值，即

$$[F] \leqslant 84 \text{ kN}$$

项目 5　扭　　转

1. 解：按右手螺旋法则规定，以右手四指代表扭矩的转向，若此时大拇指的指向离开截面，即与横截面的外法线方向相同时，扭矩为正；反之为负。

2. 解：最大剪应力相同，扭转角不同。因为剪应力只与扭矩及抗扭截面系数有关；而扭转角与材料常数——切变模量 G 有关。从下面公式也可得到相同的结论：

$$\tau_{max} = \frac{T}{W_p}, \quad \varphi = \frac{Tl}{GI_p}$$

3. 解：轴横截面上的应力，越靠近轴心应力越小，这说明实心轴中间的材料发挥的作用很小，所以用空心的能更充分地发挥材料的作用。

4. 解：（由课本上的公式可知）最大剪应力为原来的 $\dfrac{1}{8}$，扭转角为原来的 $\dfrac{1}{16}$。

5. 解：单位长度扭转角与截面的扭矩、轴的截面几何参数及材料有关；而扭转角除了与上述因素有关外，还与两截面间的距离有关。

另外，单位长度扭转角可以描述一个截面的变形情况，而扭转角描述的是两个截面相对的变形情况。

6. 解：扭矩图如图 5.1 所示。扭矩计算过程略。

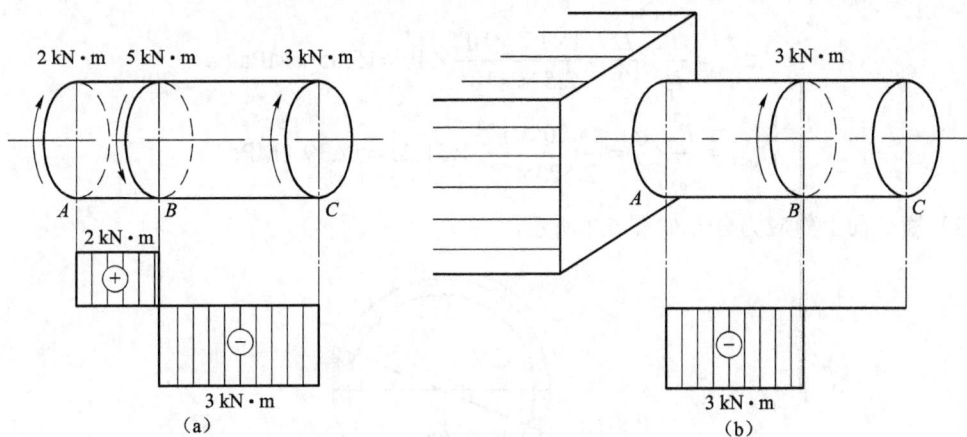

图 5.1 扭矩图

7. 解：（1）计算扭矩。

由截面法可得，$T = M_e = 14\,\text{kN} \cdot \text{m}$。

（2）计算剪应力。

设轴上距轴心 50 mm、25 mm 和 12.5 mm 三点分别为 A、B、C，则由 $\tau_\rho = \dfrac{T \cdot \rho}{I_p}$ 可得，三点应力分别为

$$\tau_A = \frac{T \cdot \rho_A}{I_p} = \frac{T \cdot \rho_A}{\pi D^4 / 32} = \frac{14 \times 10^3 \times 50 \times 10^{-3}}{3.14 \times 0.1^4 / 32} = 71.34\,(\text{MPa})$$

$$\tau_B = \frac{T \cdot \rho_B}{I_p} = \frac{T \cdot \rho_B}{\pi D^4 / 32} = \frac{14 \times 10^3 \times 25 \times 10^{-3}}{3.14 \times 0.1^4 / 32} = 35.67\,(\text{MPa})$$

$$\tau_C = \frac{T \cdot \rho_C}{I_p} = \frac{T \cdot \rho_C}{\pi D^4 / 32} = \frac{14 \times 10^3 \times 12.5 \times 10^{-3}}{3.14 \times 0.1^4 / 32} = 17.83\,(\text{MPa})$$

（3）计算最大剪应力。

$$\tau_{\max} = \frac{T}{W_p} = \frac{T}{\pi D^3 / 16} = \frac{14 \times 10^3}{3.14 \times 0.1^3 / 16} = 71.34\,(\text{MPa})$$

（4）计算单位长度扭转角。

$$\theta = \frac{T}{GI_p} \times \frac{180°}{\pi} = \frac{T}{G \cdot \dfrac{\pi d^4}{32}} \times \frac{180°}{\pi} = \frac{14 \times 10^3 \times 32 \times 180}{80 \times 10^9 \times 3.14^2 \times 0.1^4} = 1.02° / \text{m}$$

8. 解：（1）求 $\tau_{\max}$ 和 $\tau_{\min}$。

$$\alpha = \frac{d}{D} = \frac{62.5}{80} = 0.7813$$

$$I_p = \frac{\pi D^4}{32}(1-\alpha^4) = \frac{3.142 \times 80^4}{32} \times (1-0.7813^4) = 2.523 \times 10^6 \ (\text{mm}^4)$$

由 $\tau = \dfrac{T}{I_p}\rho$ 得

$$\tau_{max} = \frac{T}{I_p} \times \frac{D}{2} = \frac{1 \times 10^3 \times 10^3}{2.523 \times 10^6} \times 40 = 15.85 \ (\text{MPa})$$

$$\tau_{min} = \frac{T}{I_p} \times \frac{d}{2} = \frac{1 \times 10^3 \times 10^3}{2.523 \times 10^6} \times 31.25 = 12.39 \ (\text{MPa})$$

（2）横截面上剪应力分布如图 5.2 所示。

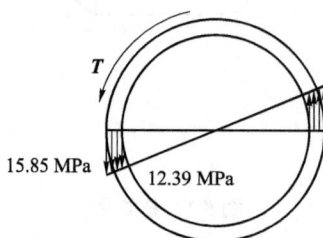

图 5.2 横截面上剪应力分布

（3）单位长度扭转角。

$$\theta = \frac{T}{GI_p} = \frac{1 \times 10^3 \times 10^3}{80 \times 10^3 \times 2.523 \times 10^6} \ \text{rad/mm} = 4.95 \times 10^{-6} \ \text{rad/mm} = 0.00495 \ \text{rad/m}$$
$$= 0.28° / \text{m}$$

项目 6 剪切和挤压

1. 解：

$$\sigma = \frac{F_N}{A} = \frac{F_N}{\dfrac{\pi d^2}{4}} \leqslant [\sigma]$$

$$F_N \leqslant \frac{\pi \times 16^2}{4} \times 120 \ \text{N} = 24127.432 \ \text{N} = 24.127 \ \text{kN}$$

$$\tau = \frac{Q}{A} \leqslant [\tau]$$

$$Q \leqslant \pi dh[\tau] = \pi \times 16 \times 12 \times 70 \ \text{N} = 42223.005 \ \text{N} = 42.223 \ \text{kN}$$

$$\sigma_{jy} = \frac{P_{jy}}{A_{jy}} \leqslant [\sigma_{jy}]$$

$$P_{jy} \leqslant \frac{\pi}{4}(D^2 - d^2)[\sigma_{jy}] = \frac{\pi}{4}(32^2 - 16^2) \times 170 \ \text{N} = 102541.584 \ \text{N} = 102.542 \ \text{kN}$$

许用荷载 $[F]$ 取 F_N、 Q、 P_{jy} 三个力中的最小值，为 24.127 kN。

项目 7　弯　　曲

1. 解：用 $n—n$ 截面把梁截开，取右段为研究对象。假设剪力 F_S 和弯矩 M 都是正值。

$$\sum y = 0 \Rightarrow F_S - F_1 - F_2 = 0$$

$$\sum M = 0 \Rightarrow -M - F_1 \times 1 - F_2 \times 3 = 0$$

解得： $F_S = 14\,\text{kN}$， $M = -26\,\text{kN} \cdot \text{m}$（ M 与图 7.1 所示方向相反）。

2. 解：求支座反力，梁的受力图如图 7.2 所示。

$$\sum M_B(F) = 0 \Rightarrow -F_A \times 4 + q \times 6 \times 1 = 0$$

解得： $F_A = 6\,\text{kN}$。

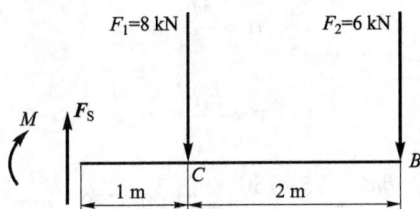

图 7.1　截面法

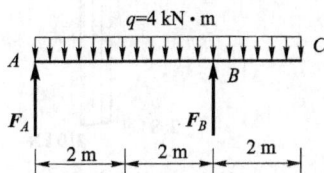

图 7.2　梁的受力图

用 $n—n$ 截面把梁截开，取左段为研究对象。假设剪力 F_S 和弯矩 M 都是正值。

$$\sum y = 0 \Rightarrow F_A - F_S - q \times 2 = 0$$

$$\sum M = 0 \Rightarrow -F_A \times 2 + q \times 2 \times 1 + M = 0$$

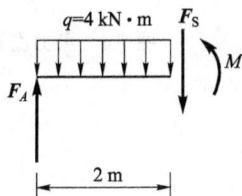

图 7.3　截面法

解得： $F_S = -2\,\text{kN}$（ F_S 与图 7.3 所示方向相反）， $M = 4\,\text{kN} \cdot \text{m}$。

3. 解：（1）作 F_S、 M 图，如图 7.4 所示。

（2）按正应力强度选择工字钢型号。

$$W_z = \frac{M_{\max}}{[\sigma]} = \frac{45 \times 10^3}{160 \times 10^6} = 281.25 \times 10^{-6}\,(\text{m}^3) = 281.25\,(\text{cm}^3)$$

查表： $W_z = 309\,\text{cm}^3$，即选用 No.22a 工字钢。

（3）剪应力强度校核。

查 $I_z : S_z$，得 $\dfrac{I_z}{S_z} = 18.9\,\text{cm}$， $d = 0.75\,\text{cm}$。

由剪力图知， $F_{S\max} = 210\,\text{kN}$，代入剪应力强度条件。

由此校核可见： $\tau_{\max} = \dfrac{F_S S_z}{I_z b} = \dfrac{F_S}{A} = 4\,753.428\,\text{MPa}$，超过 $[\tau]$ 很多。故应重新设计截面。

（4）按剪应力强度选择工字钢型号。

现以 No.25b 工字钢进行试算。由表查出：

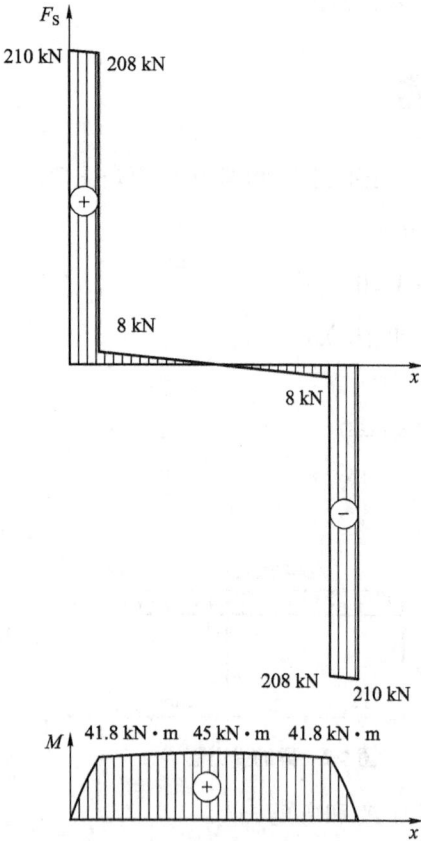

图 7.4 剪力图和弯矩图

$\dfrac{I_z}{S_z} = 21.27 \text{ cm}$，$d=1 \text{ cm}$，$\tau_{\max} = \dfrac{210 \times 10^3}{21.27 \times 10^{-2} \times 1 \times 10^{-2}} =$ 98.731（MPa）$<[\tau]$

要同时满足正应力和剪应力强度条件，应选用型号为 No.25b 的工字钢。

4. 解：求支座反力。

$$\sum M_B(\boldsymbol{F}) = 0 \Rightarrow -F_A \times 2.2 + F \times 1 = 0$$

求得 $F_A = \dfrac{40}{11} \text{ kN}$。

1—1 截面的剪力 $F_S = F_A = \dfrac{40}{11} \text{ kN}$；弯矩 $M = F_A \times 1 = \dfrac{40}{11} \text{ kN} \cdot \text{m}$。

$$\sigma = \frac{My}{I_z}$$

$$\tau = \frac{F_S S_z^*}{I_z b}$$

$$I_z = \frac{bh^3}{12} = \frac{75 \times 150^3}{12} = 21\,093\,750 \ (\text{mm}^4)$$

a 点：

$$\sigma_a = \frac{My}{I_z} = \frac{\dfrac{40}{11} \times 10^6 \times 35}{21\,093\,750} = 6.034 \ (\text{MPa})$$

$$\tau_a = \frac{F_S S_z^*}{I_z b} = \frac{\dfrac{40}{11} \times 10^3 \times 75 \times 40 \times 55}{21\,093\,750 \times 75} = 0.379 \ (\text{MPa})$$

b 点：

$$\sigma_b = \frac{My}{I_z} = \frac{\dfrac{40}{11} \times 10^6 \times 75}{21\,093\,750} = 12.929 \ (\text{MPa})$$

$$\tau_b = \frac{F_S S_z^*}{I_z b} = \frac{\dfrac{40}{11} \times 10^6 \times 0}{210\,937\,50 \times 75} = 0$$

5. 解：（1）为求最大弯矩，作弯矩图，由图 7-71 可见：

$$|M|_{\max} = FL = 20 \text{ kN} \cdot \text{m}$$

校核强度：

$$\sigma_{\max} = \frac{M_{\max}}{W_z} = \frac{FL}{\dfrac{a(2a)^2}{6}} = \frac{20 \times 1\,000 \text{ N} \times 1 \text{ m} \times 6}{70 \times 10^{-3} \text{ m} \times (140 \times 10^{-3} \text{ m})^2} = 87.464 \text{ MPa} < [\sigma]$$

故梁的强度安全。

（2）选择截面尺寸。

$$W_z \geqslant \frac{M_{\max}}{[\sigma]} = \frac{20 \times 1\,000 \text{ N} \times 1 \text{ m}}{140 \times 10^6 \text{ Pa}} = 142.857 \times 10^{-6} \text{ m}^3 = 142.857 \text{ cm}^3$$

由 $W_z = \dfrac{a(2a)^2}{6}$，得

$$a = \sqrt[3]{\frac{6W_z}{4}} = \sqrt[3]{\frac{6 \times 142.857 \times 10^{-6} \text{ m}^3}{4}} \approx 0.06 \text{ m} = 60 \text{ mm}$$

（3）根据以上 W_z 的计算结果，查表可知，选 No.18 工字钢比较合适，其 $W_z = 185 \text{ cm}^3$。

项目 8 应力状态和强度理论

1. 解：（1）求主应力。

由式（8-3）得

$$\begin{array}{c} \sigma_{\max} \\ \sigma_{\min} \end{array} = \frac{\sigma_x + \sigma_y}{2} \pm \sqrt{\left(\frac{\sigma_x - \sigma_y}{2}\right)^2 + \tau_x^2} = \frac{\sigma}{2} \pm \sqrt{\left(\frac{\sigma}{2}\right)^2 + \tau^2}$$

三个主应力分别为

$$\sigma_1 = \frac{\sigma}{2} + \sqrt{\left(\frac{\sigma}{2}\right)^2 + \tau^2}, \quad \sigma_2 = 0, \quad \sigma_3 = \frac{\sigma}{2} - \sqrt{\left(\frac{\sigma}{2}\right)^2 + \tau^2}$$

（2）建立强度条件。

由式（8-10）、式（8-11）得第三和第四强度理论的强度条件为

$$\sigma_{r3} = \sqrt{\sigma^2 + 4\tau^2} \leqslant [\sigma]$$

$$\sigma_{r4} = \sqrt{\sigma^2 + 3\tau^2} \leqslant [\sigma]$$

2. 解：工程上常见的蒸汽锅炉和储气罐等都可以视为圆筒形薄壁容器，如图 8-35（a）所示。

（1）计算蒸汽锅炉圆筒部分横截面上的应力 σ'。

由圆筒及其受力的对称性可知，圆筒底部蒸汽压力的合力 **P** 的作用线与圆筒的轴线重合，如图 8-35（b）所示。由此可认为，圆筒横截面上各点处的正应力 σ' 相等，称为轴向应力，可按轴向拉伸公式求得

$$\sigma' = \frac{P}{A} \approx \frac{p \cdot \dfrac{\pi D^2}{4}}{\pi D t} = \frac{pD}{4t}$$

（2）计算蒸汽锅炉圆筒部分纵截面上的应力 σ''。

用相距为 l 的两个横截面和一过轴线的纵向平面，假想从圆筒中截取一部分作为研究对象，如图 8-35（c）所示。由于圆筒上、下部分的对称性，纵截面上没有切应力。对这种 $t \ll D$ 的薄壁圆筒，可以认为纵截面上各点处的正应力 σ'' 相等，称为周向应力。

圆筒筒壁纵向截面上的内力为 $F_N = \sigma'' tl$，内壁微面积上的压力为 $pl\dfrac{D}{2}\mathrm{d}\varphi$，列平衡方程：

$$\sum F_y = 0, \quad \int_0^{\pi} pl\frac{D}{2}\sin\varphi \mathrm{d}\varphi - 2F_N = 0$$

求得

$$\sigma'' = \frac{pD}{2t}$$

（3）校核锅炉强度。

锅炉圆筒臂上任一点 A 的应力状态如图 8-35（a）所示。由于径向压力 p 远远小于 σ' 与 σ''，故可将单元体视为平面应力状态，其三个主应力为

$$\sigma_1 = \frac{pD}{2t}, \quad \sigma_2 = \frac{pD}{4t}, \quad \sigma_3 = 0$$

又因为低碳钢是塑性材料，根据第三强度理论，有

$$\sigma_{r3} = \sigma_1 - \sigma_3 = \frac{pD}{2t} = \frac{3 \times 1\,000}{2 \times 10} = 150\,(\mathrm{MPa}) < [\sigma]$$

根据第四强度理论，有

$$\sigma_{r4} = \sqrt{\frac{1}{2}\left[(\sigma_1 - \sigma_2)^2 + (\sigma_2 - \sigma_3)^2 + (\sigma_3 - \sigma_1)^2\right]} = 129.904\,\mathrm{MPa} < [\sigma]$$

可见，此锅炉对第三和第四强度理论的强度条件都能满足。

项目 9　组 合 变 形

解：图 9.1 所示为圆轴受弯扭计算简图。图 9.2 所示为扭矩图和弯矩图。

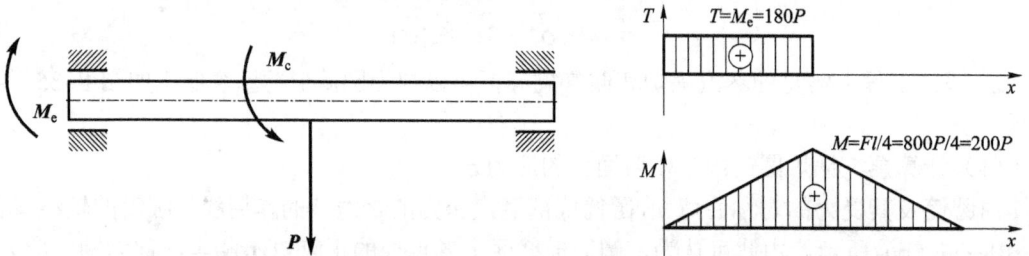

图 9.1　圆轴受变扭计算简图

图 9.2　扭矩图和弯矩图

$$\sigma_{r3} = \sigma_1 - \sigma_3 = \frac{\sqrt{M^2 + T^2}}{W_z} \leqslant [\sigma]$$

$$\frac{\sqrt{40\,000\,G^2 + 32\,400\,G^2}}{\dfrac{\pi \times 30^3}{32}} \leqslant [\sigma] = 80\,\mathrm{MPa}$$

求得

$$P \leqslant 788.107\,\mathrm{N}$$

项目 10　压 杆 稳 定

解：由表查得 $\mu = 2$。

因为 $h > b$，则

$$I_y = \frac{hb^3}{12} < \frac{bh^3}{12} = I_z$$

由公式得

$$F_{cr} = \frac{\pi^2 EI}{(\mu l)^2} = \frac{\pi^2 \times 200 \times 10^3 \times 40 \times 20^3}{12 \times (2 \times 1\,000)^2} = 13\,159 \text{（N）} = 13.159 \text{（kN）}$$

项目 11　动载荷与交变应力

解：（1）分析运动状态，确定动载荷。

当轴 AB 以等角速度 ω 旋转时，杆 CD 上的各个质点具有数值不同的向心加速度，其值为

$$a_n = x\omega^2$$

式中，x 为质点到 AB 轴线的距离。AB 轴上各质点，因距轴线 AB 极近，加速度 a_n 很小，故不予考虑。

杆 CD 上各质点到轴线 AB 的距离各不相等，因而各点的加速度和惯性力也不相同。

为了确定作用在杆 CD 上的最大轴力，以及杆 CD 作用在轴 AB 上的最大载荷，首先必须确定杆 CD 上的动载荷，即沿杆 CD 轴线方向分布的惯性力。

为此，在杆 CD 上建立 Ox 坐标，如图 11-9（b）所示。设沿杆 CD 轴线方向单位长度上的惯性力为 q，则微段长度 dx 上的惯性力为

$$q dx = (dm)a_n = (A\rho dx)(x\omega^2)$$

由此得到

$$q = A\rho\omega^2 x$$

上式表明，杆 CD 上各点的轴向惯性力与各点到轴线 AB 的距离 x 成正比。

为求杆 CD 横截面上的轴力，并确定轴力最大的作用面，用假想截面从任意处（坐标为 x）将杆截开，假想这一截面上的轴力为 F_N，考察截面以上部分的平衡，如图 11-9（b）所示。

建立平衡方程式

$$\sum F_x = 0 \Rightarrow F_N - \int_x^l q dx = 0$$

代入 q 解出

$$F_N = \int_x^l q dx = \int_x^l A\rho\omega^2 x dx = \frac{A\rho\omega^2}{2}(l^2 - x^2)$$

根据上述结果，在 $x=0$ 的横截面上，即杆 CD 与轴 AB 相交处的 C 截面上，杆 CD 横截面上的轴力最大，其值为

$$F_{\text{Nmax}} = \frac{A\rho\omega^2 l^2}{2}$$

（2）画 AB 轴的弯矩图，确定最大弯矩。

上面所得到的最大轴力，也是作用在轴 AB 上的横向载荷。于是，可以画出轴 AB 的弯矩图，如图 11-9（a）所示。轴中点截面上的弯矩最大，其值为

$$M_{\max} = \frac{F_{\text{Nmax}} 2l}{4} = \frac{A\rho\omega^2 l^3}{4}$$

（3）应力计算与强度校核。

对于杆 CD，最大拉应力发生在 C 截面处，其值为

$$\sigma_{\max} = \frac{F_{\text{Nmax}}}{A} = \frac{\rho\omega^2 l^2}{2}$$

将已知数据代入上式后，得到

$$\sigma_{\max} = \frac{\rho\omega^2 l^2}{2} = \frac{7.95\times10^3\times40^2\times0.6^2}{2} = 2.290\ (\text{MPa}) < [\sigma] = 70\ \text{MPa}$$

故杆 CD 强度足够。

对于轴 AB，最大弯曲正应力为

$$\sigma_{\max} = \frac{M_{\max}}{W} = \frac{A\rho\omega^2 l^3}{4}\times\frac{32}{\pi d^3} = \frac{2\rho\omega^2 l^3}{d}$$

将已知数据代入后，得到

$$\sigma_{\max} = \frac{2\times7.95\times10^3\times40^2\times0.6^3}{80\times10^{-3}} = 68.688\ (\text{MPa}) < [\sigma] = 70\ \text{MPa}$$

故轴 AB 强度足够。

项目 12　运动学基础

解：　　　$\omega_0 = \frac{\pi n_0}{30} = 10\pi\ (\text{rad/s}),\ \omega = 0,\ \varphi = 2\times2\pi = 4\pi\ (\text{rad})$

根据主轴匀变速转动时 $\omega = \omega_0 + \varepsilon t$ 及 $\varphi = \varphi_0 + \omega_0 t + \frac{1}{2}\varepsilon t^2$，得

$$\omega^2 = \omega_0^2 + 2\varepsilon(\varphi - \varphi_0)$$

设 $\varphi_0 = 0$，将 ω_0、ω、φ 值代入上式，即

$$0 = (10\pi)^2 + 2\varepsilon\times4\pi$$

故　　　$\varepsilon = -\frac{100\pi^2}{8\pi} = -39.27\ (\text{rad/s}^2)$

负号表示 ε 的转向与主轴转动方向相反，故为减速运动。

项目 13 点的合成运动和刚体的平面运动

解：如图 13.1 所示，很显然速度瞬心在轮子与地面的接触点 A_1。

$$v_{A_1} = 0, \quad v = r\omega$$

各点的速度方向分别为各点与 A 点连线的垂线方向，转向与 ω 相同，由此可见车轮顶点的速度最快，最下面点的速度为零。

$$v_{A_1} = v_{A_4} = \sqrt{2}r\omega = \sqrt{2}v$$

$$v_{A_3} = 2r\omega = 2v$$

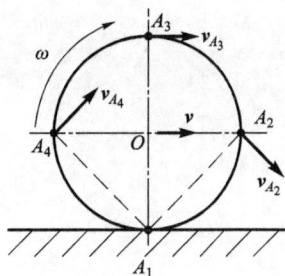

图 13.1 轮子

项目 14 动力学基础

解：取重物为研究对象，其上受 G、F 两力作用，取图 14-10 所示坐标轴 x，由动力学基本方程可得

$$F - G = \frac{G}{g}a$$

故

$$F = G\left(1 + \frac{a}{g}\right)$$

由此可知，重物对台面的压力为 $G(1 + a/g)$。它由两部分组成，一部分是重物的重力 G，它是升降机处于静止或匀速直线运动时台面所受到的压力，称为静压力；另一部分为 Ga/g，它是由于物体作加速度运动而附加产生的压力，称为附加动压力。它随着加速度的增大而增大。在工程计算中，常令

$$1 + \frac{a}{g} = K_{\mathrm{d}}$$

式中，K_{d} 称为动荷因数。

项目 15 动 能 定 理

解：如图 15.1 所示，车辆由静止开始，$E_{k1} = 0$，运行到 C 处停止，$E_{k2} = 0$，运行中受到重力 W、法向反力 F_{N} 和摩擦力（运行阻力）F 的作用。根据动能定理，有

$$0 - 0 = Wh - KW\cos\alpha l - KWs$$

即

$$Wh - KWs' - KWs = 0$$

得

$$K = \frac{h}{s + s'}$$

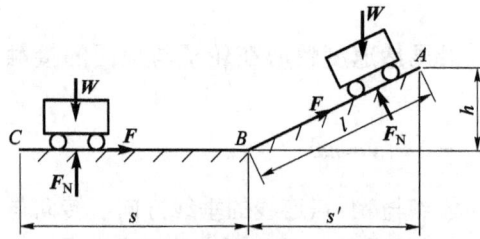

图 15.1　车辆运动阻力系数的测定

参 考 文 献

[1] 蒙晓影，王显彬.工程力学 [M]. 大连：大连理工大学出版社，2010.

[2] 张百新. 工程力学 [M]. 北京：冶金工业出版社，2008.

[3] 纪元，智刚. 工程力学 [M]. 长春：吉林科学技术出版社，2012.

[4] 赵爱梅，王亚飞，陈光. 工程力学 [M]. 济南：山东大学出版社，2005.